나의 상처를 아이에게

대물림하지 않으려면

나의 상처를 아이에게

**푸름아빠
거울육아
실천편**

김유라 · 송애경 · 송은혜 · 이수연 · 이지연 · 조영애 · 조은화 지음

대물림하지 않으려면

한국경제신문

'싫은데요' 라는 마음으로 메일함을 열었다.

첨부글을 열어보기도 전에.

책임 못 질 남 인생 개입해서 감 놔라 배 놔라 하는 거

진짜 웃기잖아.

그런 꼴불견이 또 없잖아…

'나나 잘하자'가 평생 인생모토인 나 따위가

추천하긴 뭘 추천해.

하지 말자. 안 그래도 바쁘잖아… 절대 수락 하지 마 김선미…

…

그렇게 됐다. 일이.

…

1년 전 우연한 기회에 진행했던 방구석 콘서트 때

잠깐 만난 것 말고는 친분이 전혀 없던 작가님의 글에

내가 왜 뻑이 갔을까.

아_나_씨_ 이건 아니잖아… 이렇게 다 풀어버리면 안 되잖아요.

육아의 고통, 부부간의 불화, 시댁과의 갈등, 후진 내 인생…

그 문제의 근원에 내 안의 작고도 여린 아이의

울부짖음이 있다는 깨달음.

어린 내 자식 처잡으며 수천만 원 쓰고 간신히 알게 된 그 진리를

이런 책 한 권에 싹 다 써버리면 안 되는 거잖아 이 사람아…

허 참 하.. 진짜.. 뒷목 잡고 한참을 혀를 차다 자리에 누웠다가

벌떡 일어나 답 메일을 보냈다.

'할게요. 쓸게요, 추천사.'

글이 너무 곱고도 잔인했다.

내가 썼나? 한 줄 한 줄 굳이 이렇게까지 적나라하게 써야 해?

"아 놔.. 이런.. 내 말이.. 끄덕끄덕.. 내가 그랬다니까~~"

눈물로 범벅이 된 팝콘을 먹으며 본 슬픈 영화 같은 글이었다.

너무 리얼하고 언짢고 불편해서 '이거 내지 말자…'

속으로 뇌까리며 읽어내려 갔는데

슬금슬금 맺힌 눈물이 결국은 후두둑... 윗도리에 떨어졌더랬다.

그래... 내가 요즘 좀 힘든 일이 있어서야.

나 이렇게 약한 사람 아니야... 으흐흑흑흑... ㅠㅠ

많은 걸 이루고 성취하고 온갖 영예를 누리며

수많은 팬을 몰고 다니지만

결국은 내가 원초적으로 받고 싶었던 건, 받아야 마땅했던

'엄마'로부터의 '무조건적인 사랑'.

허나 너무도 가난했고 무시당하며 살아왔던 불쌍하고도 짠한,

지금의 나보다도 훨씬 어린 나이였던 내 엄마의 척박한 상황에서의

처절한 사랑이었다는 걸 깨닫는 이 고역스러운 대면.

그런데 결국은 맞닥뜨리고 나서야 뚫어낼 수 있는 이 큰 벽을

정면 돌파 해낸 위대한 엄마들의 이야기다, 이 책은.

아이를 낳고 키우는 과정에서 그 누구도 알려주지 않아 답답해

미치겠는 마음을 한 방에 뻥 뚫어주는 대답들이 곳곳에 들어 있다.

각자 다른 상황과 여건 속에서도 내 자식만큼은 나보다 더 나은

사람으로 키우고자 하는 엄마들의 열망을 완전히 충족시켜줄…

절대 나처럼은 안 크게 하고 싶다는 절실함에서 출발해

울며불며 뚫고 나가는 진짜 육아, 아니 인생 이야기다.

진짜 이 지난한 육아의 난제들, 결단코 풀어내 버리겠다고 덤벼들지만

육아와 현업을 내팽개치고 튀어나가 박사 학위에 도전할 수도,

유학길에 오를 수도 없는 답 없는 지구인 엄마들에게

유일한 해답이자 돌파구가 될 수 있겠다는 희망, 그 자체다.

은하계 최고 호로잡년(전라도 토박이였던 엄마한테 평생 들었던, 그리운… 나의 애칭)

불량육아 전도사 언니의 근본 없는, 허나 최고의 솔루션이 될 이 책.

숨기고 싶고, 숨겼다 크게 빵 터뜨리고 싶던 궁중비책을

거침없이 가감 없이 폭로해버린 이 책을

읽어.

그냥.

그리고

짐승처럼 목 놓아 울어

그리고 훨훨 날아~

내가 그랬던 것처럼…

《불량육아》하은맘 김선미

내 아이를
사랑으로
키우고자 했던
진솔한
성장 이야기

이 책은 배려 깊은 사랑의 실천서, 거울육아의 현실판입니다. 저자 모두는 푸름이교육의 배려 깊은 사랑으로 아이를 잘 키운 엄마들이며, 배려 깊은 사랑을 실천하는 과정에서 어린 시절에 받은 상처를 치유하고 온전하게 자신이 되는 성장의 길을 간 사람들입니다.

처음에는 내 자식만큼은 나처럼 자라지 않았으면 좋겠다는 마음에서 배려 깊은 사랑을 선택하고 실천하지요. 자신이 어린 시절에 받고 싶어 했던 사랑을 내 자식에게 주고 싶다는 것이 부모의 마음이니까요. 그런데 자식에게 배려 깊은 사랑을 주면 줄수록 아이의 빛이 강해지면서, 부모의 무의식에 있는 한계인 어린 시절에 받은 깊은 상처를 드러내게 하지요. 우리가 받아보지 못한 것을 아이에게 주려면, 배려 깊은 사랑을 하나하나 배우면서 육아를 해야 합니다.

이 책에는 아이를 키우면서 겪어야 했던 불안과 혼란과 착오를 피하지 않고, 몸으로 겪고 일상에서 육아를 하면서 배운 풍부한 지혜와 구체적으로 따라 할 수 있는 실천 방법이 담겨 있습니다. 아이를 키우면서 어떻게 하는 것이 좋을지 몰라 망설일 때 분명한 방향과 기준이 되어줄 것입니다. 저자들은 각자의 분야에서 실천한 배려 깊은 사랑을 다양한 색깔의 꽃으로 피워냈습니다. 한 분 한 분의 글을 읽으면서 모두가 배려 깊은 사랑 안에서 하나가 되는 조화의 아름다움을 느꼈습니다. 제가 그랬듯이, 독자 여러분도 이 책을 통해 자신의 내부에 있는 사랑을 찾게 되고 읽은 내용을 실천하겠다는 의욕이 솟아날 것입니다.

이 책에는 푸름이교육에서 다루는 모든 주제가 녹아 있습니다. 1장과 2장에서는 배려 깊은 사랑과 아이들의 발달과 성장에 관한 이야기부터 시작합니다. 아이들이 어떤 단계를 거쳐 성장하는지를 안다면 아이와의 힘겨루기는 하지 않게 되지요. 배려 깊은 사랑이 모든 것을 허용하는 것은 아닙니다. 남에게 피해를 주거나 생명 또는 안전과 관계된다면 아이들에게 경계를 주어야 하며, 그럴 때 아이들은 안도합니다. 아이를 키울 때 중요한 것은 부정당하는 환경을 최소화하고 상처를 주지 않으면서 건강한 경계를 주는 것이지요. 발달과 경계를 알려주는 두 저자는 모두 쌍둥이를 잘 키운 엄마입니다. 두 아이를 동시에 키우면서 서로 좋은 관계를 유지하게 하느라 많은 시간을 울고 고민해야 했지요. 그런 만큼 이 저자들의 이야기는 일상에서 실천할 수 있는 분명한 메시지를 줍니다.

아이들과 어떻게 소통하고 대화해야 할까요? 푸름이교육에서는 대화와 소통을 중요시하며, 책도 대화의 매개물이라고 이야기합니다. 어릴 적에 소통을 배우지 못한 부모는 아이들과의 소통이 무척이나 어렵습니다. 아이들에게 상처를 주지 않고 대화하는 방법이 이 책 3장에 구체적으로 나와 있어요. 소통의 핵심이 무엇인지 알고 사랑으로 대화하면, 부모와 자식 사이는 행복한 관계가 됩니다.

배려 깊은 사랑을 실천한 엄마들은 자신이 어린 시절에 배려 깊은 사랑을 받지 못해 자신의 내면에 상처로 남아 있는 내면아이를 만나게 됩니다. 이 상처를 치유하기 위해 내면 여행을 시작하면 자신의 어린 시절로 돌아가 억압된 감정을 만나지요. 그때는 감정의 변화가 급격하게 일어납니다. 그 과정이 어떻게 진행되는지를 알지 못하면 자신의 모든 것이 무너질 것 같은 두려움이 몰려옵니다. 4장을 읽으면 성장의 과정이 그림처럼 그려지기에 안전하게 앞으로 나갈 수 있습니다.

푸름이교육은 지성과 감성이 조화로운 인재를 기르는 교육입니다. 과학자의 두뇌와 시인의 감성을 가졌다고 표현하지요. 푸름이교육에서 책육아가 시작되었고, 많은 아이가 책을 좋아하는 아이로 성장하고 있습니다. 5장에서는 아이들이 어떤 단계를 거쳐 책을 좋아하는 아이로 자라는지를 실제 그렇게 책을 좋아하는 아이로 키운 엄마가 말해줍니다. 누구나 그렇게 키우면 모든 아이가 책을 좋아하는 아이로 자랄 것입니다.

엄마표 영어로 우리 아이를 영어든 우리 말이든 상관없이 자신을 자유롭게 표현하는 아이로 키우고 싶다면 6장이 실제적인 답을 줄 것입니다. 아이들은 어떤 언어든 엄마가 두려움 없이 주면 자연스럽게 배웁니다. 아이들에겐 낯선 언어라는 개념이 없어요.

마지막으로 7장에서는 의식이 어떻게 부를 창조하고, 어린 시절부터 우리 아이들에게 어떤 부의 마인드를 주어야 하는지를 다룹니다.

다양한 분야의 내용으로 구성되어 있지만, 모든 저자가 공통으로 말하는 것은 아이를 잘 키우기 위해서는 결국 부모가 먼저 성장해야한다는 것입니다. 아이들은 부모를 따라 하고 부모처럼 살고 싶어하지요. 부모가 말하지 않아도 아이들은 부모의 모든 것을 흡수합니다. 부모가 두려움에 사로잡혀 있으면 아이들도 두려움이 많지요. 부모가 자신의 사랑을 발견하면 아이들도 자신을 사랑이라고 믿습니다. 아이들에게 배려 깊은 사랑을 주는 것은 부모 자신에게 어린시절에 받지 못한 배려 깊은 사랑을 주는 것입니다.

이 책의 저자들은 모두가 자신의 성장 이야기를 진솔하게 들려줍니다. 거짓 없이 사실을 말하기에 책이 주는 울림이 깊은 여운으로다가옵니다. 이 책은 내가 우리 아이를 이만큼 잘 키웠다는, 내 아이를 통해 내가 빛나려는 내용이 아닙니다. 고통 속에서 내 아이를 사랑으로 키우고자 몸부림치면서 자신이 빛을 찾았고, 우리 모두가 그빛을 찾았으면 좋겠다는 마음에서 자신의 경험을 나누려는 사랑입니다.

책을 읽으면서, 머리말을 쓰면서 기쁘고 행복했습니다. 저는 저자 모두가 고통 속에서 성장하는 모습을 옆에서 지켜본 사람이기 때문입니다. 저자 모두에게 책도 참 잘 썼고, 이렇게 좋은 책을 써서 모두에게 나누어주어 고맙고, 애 많이 썼다는 말을 해주고 싶어요.

푸름이교육연구소 소장

최희수

추천의 글 _《불량육아》하은맘 김선미 작가   004

머리말 _ 내 아이를 사랑으로 키우고자 했던 진술한 성장 이야기   008

1장   조영애

배려 깊은 사랑으로 키우는 거울육아

아이는 행복하게 키우고 싶어서   021

배려 깊은 사랑이란   024

어떻게 실천할까?   025

아이와 함께하는 시간이 힘들지 않은 '발육아'   038

아이의 질투가 두려운 당신에게   049

아이에게 'NO'라고 말해야 할 때   054

아이가 식사 시간을 즐거워할 수 있도록   056

배려 깊은 사랑이 나에게 가르쳐준 것   061

고유의 육아를 하자   065

무엇이든 물어보세요 Q&A   067

2장   이수연

고유의 발달 과정을 중시하는 푸름이교육

아이의 발달 과정에서 엄마는 어떤 역할을 해야 할까   073

책과 놀이, 자연으로 키우기　　　　　　　　　　　095

아이의 존재 자체로 사랑하자　　　　　　　　　　117

아이 내면의 힘을 믿자　　　　　　　　　　　　　121

육아는 아이와 엄마가 함께 성장하는 과정　　　　124

무엇이든 물어보세요 Q&A　　　　　　　　　　　130

3장　　　　　　　　　　　　　　　　　　송은혜

아이와 관계의 기적을 만드는 대화법

스스로 내면의 힘을 키우는 소통법　　　　　　　135

타인과 관계의 힘을 키워주는 소통법　　　　　　141

마음을 연결해주는 공감의 소통법　　　　　　　147

비교가 없는 행복의 힘을 키우는 소통법　　　　152

무엇이든 물어보세요 Q&A　　　　　　　　　　157

4장　　　　　　　　　　　　　　　　　　송애경

성장 없이 갈 수 없는 육아의 길

정화가 나에게 딸로 오기까지　　　　　　　　　167

나의 모든 것을 정화하기로 결심했다　　　　　170

잊고 있던 어린 시절, 그리고 비밀　　　　　　186

나를 키운 정화의 시간　　　　　　　　　　　　198

해가 뜨기 전이 가장 어둡다　　　　　　　　　　201

무엇이든 물어보세요 Q&A　　　　　　　　　　210

5장　　　　　　　　　　　　　　　　　　이지연

책을 좋아하는 아이로 키우는 거울육아

책육아의 핵심은 '책이 매개체가 되는 것'　　　219

책육아의 첫걸음: 책과 친숙해지기　　　　　　227

책이 재미있으면 아이들은 책을 읽는다　　　　238

책에 깊이 몰입하는 시기, 책의 바다　　　　　242

놀면서 진행하는 한글 떼기　　　　　　　　　249

읽기 독립의 시기　　　　　　　　　　　　　255

책육아는 기본 중의 기본이다　　　　　　　　261

무엇이든 물어보세요 Q&A　　　　　　　　　267

6장　　　　　　　　　　　　　　　　　　조은화

영포자 엄마도 되는 엄마표 영어 책육아

두 아이를 언어 영재로 키운 육아 철학　　　　279

아이가 영어책을 좋아하게 만드는 비법　　　　286

진짜 엄마표 영어란 무엇일까 290

엄마표 영어를 성공으로 이끄는 환경 293

영어 책육아의 키포인트 300

영어 책육아에 대한 오해와 진실 318

연령별 알맞은 영어 그림책 328

내 아이도 영어 영재로 키우는 법 343

엄마와 아이가 함께 성장한 영어 책육아 351

무엇이든 물어보세요 Q&A 358

7장 김유라

풍요를 창조하는 아이로 자라는 푸름이교육

어디서도 환영받지 못했던 어린 시절 365

내가 찾던 육아법, 푸름이교육 368

엄마 따라 부동산 372

세 아이, 돈 안 들이고 행복하게 키우다 378

풍요의 원천은 바로 나 386

내 아이들에게 물려줄 부의 비밀 세 가지 392

무엇이든 물어보세요 Q&A 398

맺음말 _ 자식을 사랑하는 마음이 부모를 변화시킵니다 406

1장

배려 깊은 사랑으로
키우는 거울육아

푸름이교육을 처음 알았을 때, 저의 마음이 가장 먼저 머문 곳은 '영재'가 아니라 '배려 깊은 사랑'이었습니다. 그리고 '행복한 영재'였지요.

배려 깊은 사랑은 푸름이교육의 기본 정신이자 전부라고도 말할 수 있습니다. 푸름이교육이 처음 알려진 건 '책육아'라는 키워드 덕분이지만, 단순히 아이에게 책을 많이 읽히고 아이를 영재로 키우는 것이 교육 철학이었다면 이토록 오랫동안 많은 부모님의 선택을 받으며 이어져 오지 못했을 것입니다. 아이를 영재로 키우고 싶어 푸름이교육을 선택했더라도, 사실 푸름이교육의 철학이 배려 깊은 사랑 안에서 '아이의 행복'에 초점을 맞춘다는 것을 알게 되면 영재에 대한 관점이 바뀌며 아이를 온전히 사랑하는 것에 한 걸음 더 다가가게 됩니다.

저 또한 그랬습니다. 배려 깊은 사랑과 행복한 아이에 이끌려서 푸름이교육을 선택하고 행하면서 배려 깊은 사랑이 얼마나 아름다운 것인지 시간이 갈수록 깨닫게 되었어요. 부모로서 배려 깊은 사랑을 아이들에게 줄 수 있다는 것이 제 육아 인생에서 가장 잘한 일이었다고 생각될 만큼요. 아이에게 책과 자연과 놀이를 주지만, 언제나 아이의 형편을 먼저 생각하며 강요 없이 세심하게 배려합니다. 부모의 배려 안에서 아이는 책과 친구가 되고, 배움을 놀이처럼 자연스럽게 받아들이지요.

배려 깊은 사랑 안에서 자란 아이들은 자신이 배려받은 대로 타인을 배려합니다. 타인의 감정이나 행동에 대해서 편견 없이 생각하는 제 아이들을 보며 놀라곤 해요. 아이들이 자신의 감정을 온전하게 존중받으면서 모든 감정이 소중하다는 것을 배웠기에 가능한 것이라 생각됩니다.

세심한 배려 안에서 자신이 좋아하는 분야에 행복하게 몰입하는 경험을 했기에 스스로 좋아하는 것들을 찾아가는 힘이 있으며, 즐겁게 몰입하고 확장하지요. 무언가를 할 때 순식간에 집중하며 깊이 빠져드는 아이들을 볼 때마다 아이들에게 '정서의 안정'이 얼마나 중요한 것인지 깨닫습니다. 부모가 자신을 도와주거나 보살펴주려고 깊게 마음을 쓴다는 것을 알고 있는 아이는 그런 부모의 사랑 안에서 두려움 없이 세상을 탐험하는 행복한 아이로 자랍니다.

아이는 행복하게 키우고 싶어서

저는 아들 쌍둥이를 키우고 있습니다. 제 아이들은 아홉 살이지만 저는 미혼이던 15년 전에 푸름이교육을 처음 접했어요. 조카를 몇 달 동안 돌봐준 적이 있는데 그때 동생 집에 푸름아빠 최희수 작가 님의《배려 깊은 사랑이 행복한 영재를 만든다》강연 CD가 있었거든요. 조카를 돌보면서 그 CD를 틀어놓고 들었습니다. 그때는 제가 미혼이었기에 솔직히 큰 감흥은 없었지만, '나중에 아기를 낳으면 꼭 이 교육법으로 아기를 키워야지' 하고 생각했습니다.

그로부터 6년 후에 임신을 했어요. 그리고 임신이 안정기에 접어들자 너무도 당연하다는 듯이 '푸름아빠'를 검색했고,《배려 깊은 사랑이 행복한 영재를 만든다》라는 책을 주문했습니다. 동생 집에서 강연 CD를 들은 후로 푸름이교육에 대해서 따로 접할 기회는 없었어요. 지금에 와서 생각해보니 6년이라는 시간 동안 '배려 깊은 사랑'이 제 마음속에 자리 잡고 있었다는 사실이 정말 놀랍습니다.

저는 두 번의 유산을 경험하고 세 번째 임신에서 제 아이들을 만났어요. 앞서 경험한 두 번의 유산 때문에 임신을 확인하자마자 입원을 했습니다. 처음에는 아기가 한 명이었어요. 며칠 동안 입원했다가 퇴원 전날 초음파를 보는데 의사 선생님이 고개를 갸웃거리는 거였어요. 저도 초음파 화면에서 까만 동그라미 두 개를 보며 '저건 뭐지' 하고 있던 참이었어요. 선생님께서 말씀하셨어요.

"쌍둥이인가?"

그 말씀을 듣자마자 너무 좋아서 소리를 질렀어요. 그런데 이어지는 선생님의 말씀은 절망적이었습니다.

"그런데 나중에 생긴 아기의 심장 박동이 너무 느려요. 대부분 이러다가 자연적으로 소멸합니다."

저는 너무나 놀라고 안타까워서 "선생님, 안 돼요" 할 뿐이었어요. 그렇게 착잡한 마음을 안고 집으로 돌아왔어요. 그리고 그때부터 저의 간절한 기도가 시작됐습니다. 아기들에게 개똥이, 말똥이라고 태명을 지어주고 수시로 태담을 나누었어요.

"개똥아, 말똥아. 살 수 있어. 너희는 반드시 살 거야. 개똥아, 말똥이에게 힘을 주렴. 일주일 후에 가면 건강하게 만날 수 있을 거야. 엄마랑 약속하자. 우린 할 수 있어."

간절한 마음을 담아 그렇게 기도했어요. 그리고 일주일 후에 병원에 가서 초음파를 보는데 정말 기적 같은 일이 일어났어요. 말똥이의 심장이 정상적으로 뛰고 있는 거예요. 그때 그 기분을 어떻게 말로 설명할 수 있을까요? 저는 지금도 그때 생각만 하면 눈물이 납니다. 그 아이가 생명을 붙들기 위해 얼마나 애를 썼을까. 두 아이가 마음을 주고받으며 서로를 응원하고 의지했을 것을 생각하면 엄마로서 아이들의 위대함에 고개가 절로 숙여져요. 저와 배 속 아기들이 한마음으로 보냈던 그 일주일은 절대 잊지 못할 거예요.

저는 힘겹게 세상에 온 아기들의 인생이 제 손에 달려 있다는 생각에 부모로서 막중한 책임감을 느꼈어요. 그래서 임신이 안정기에 접어들자마자 푸름아빠의 책을 주문한 거예요. 저의 의식은 몰랐어도 저의 본능은 배려 깊은 사랑의 위대한 힘을 알았나 봐요. 책을 읽으며 배려 깊은 사랑에 대한 확신은 더 강해졌어요.

저는 자신이 행복하지 않은 사람이라고 생각한 적이 많았습니다. 그래서 아이들을 잘 키우고 싶었어요. 저처럼 살지 않았으면 해서요. 배려 깊은 사랑은 그런 제가 아이들에게 줄 수 있는 최고의 선물이라는 생각이 들었어요.

그런데 한편으로는 두려움도 올라왔습니다. 제가 배려 깊은 사랑을 받아본 적이 없다는 사실이 너무 슬펐고, 받은 적이 없는 사랑을 어떻게 줄 수 있을까 막막하기도 했어요. 배려 깊은 사랑을 실천하기에는 제 안의 사랑이 너무 작다는 생각이 들었어요. 그때만 해도 저는 사랑이란 가슴에서 저절로 우러나오는 것으로 생각했기에 제 안의 사랑이 작다는 생각에 절망했습니다.

그러나 저는 꼭 제 아이들을 행복한 사람으로 키우고 싶었어요. 저는 스물아홉 살에 내적 불행이라는 말을 처음 들었고, 그동안 제 삶이 그토록 불행했던 이유가 내적 불행의 대물림 때문이라는 것을 깨달았어요. 그래서 내적 불행의 대물림을 꼭 끊어내겠다고 다짐했습니다. 그것을 가능케 하는 것이 '배려 깊은 사랑'뿐이라고 믿었어요. 그렇게 배려 깊은 사랑이 시작되고 있었습니다.

배려 깊은 사랑이란

'사랑'은 우리 모두가 아는 말이지만 '배려 깊은 사랑'은 왠지 낯설게 느껴질지도 모르겠어요. 저도 그랬습니다.

푸름이교육에서는 아이에게 책을 주든, 놀이를 주든, 자연을 주든 그 바탕에 언제나 배려 깊은 사랑이 있습니다. 언제나 아이의 눈빛을 보면서 아이가 행복한지 아닌지를 섬세하게 살피고 배려하지요. 모든 것을 강요 없이 사랑으로 경험하는데 어떻게 아이가 행복하지 않을 수 있을까요?

'배려'는 '도와주거나 보살펴주려고 마음을 씀'이라는 뜻을 가지고 있습니다. 배려 깊은 사랑은, '아이가 갖고 태어난 무한계 인간으로서의 가능성을 마음껏 펼칠 수 있도록, 부모가 따뜻한 눈빛으로 도와주고 보살펴주려고 깊이 마음을 쓰는 사랑'이라고 말씀드리고 싶어요. 배려 깊은 사랑은 아이를 있는 그대로 사랑하며, 하나의 온전한 인격체로 인정하고 존중합니다. 아이의 잘못된 행동에 대해서는 부모가 정확한 경계와 분별로 알려주지만, 아이의 감정은 섬세하게 존중하고 배려해주지요.

아이는 하나의 우주입니다. 아이의 우주 안에서 어떤 세상이 펼쳐지고 있는지는 아무도 몰라요. 그렇지만 아이가 자기 세상의 주인이 되어 자신의 가능성을 마음껏 펼치며 살 수 있도록 우리가 배려 깊은 사랑으로 보살펴주었으면 좋겠습니다.

M. 스캇 펙의 《아직도 가야 할 길》을 읽으며, 아이가 더 나은 삶을 위해 즐거움을 뒤로 미루도록 훈육할 수 있고, 자기 삶을 책임지는 어른으로 성장하는 데 배려 깊은 사랑보다 좋은 것은 없다는 확신이 들었어요.

배려 깊은 사랑은 아이가 통제와 제한을 통해 배우는 것이 아니라 부모의 온전한 사랑 안에서 스스로 깨우쳐가도록 도와줍니다. 배려 깊은 사랑 안에서 아이는 행복한 아이로 자랄 거예요.

어떻게 실천할까?

🌱 폭넓은 허용

저는 배려 깊은 사랑의 핵심이 폭넓은 허용에 있다고 생각합니다. 폭넓은 허용은 비단 아이를 마음껏 놀게 해주고, 원하는 것을 하게 해주는 것만을 의미하지는 않아요. 감정과 신체 변화, 신체 발달 등 모든 부분에서 아이를 있는 그대로 인정하고 존중하는 데 큰 의미가 있다고 생각해요. 폭넓은 허용을 '있는 그대로 사랑하는 일'이라고 표현할 수도 있다고 봅니다.

저는 《배려 깊은 사랑이 행복한 영재를 만든다》를 지침 삼아서 참 열심히 실천하려고 노력했습니다. 그런데 이 '폭넓은 허용' 부분이 많이 헷갈리고 어려웠어요. 그러나 그때는 딱히 방법이 없었어요. 그저 '허용'이라는 말에 꽂혀서 '싫어도 해주어야 하나 보다' 생각하며 해줄 수밖에 없었습니다.

그렇게 긴가민가하면서 허용의 폭을 늘려가던 어느 날, 머리를 한 대 얻어맞은 듯 순간적으로 깨달음이 왔어요. 그리고 그 후로 육아가 정말 많이 수월해졌습니다. 기준이 없다고 생각했으나 기준이 있었다는 것을 알게 된 거예요. 다만, 제 안에 저의 기준이 없었던 거지요.

육아를 하면서 육아가 우리 삶과 참 많이 닮았다는 생각이 들었습니다. 엄마가 되기 이전의 삶과 엄마가 된 이후의 삶은 많이 달라요. 삶을 다시 배운다고 생각하고 기준을 만들어나가야 합니다.

'폭넓은 허용'은 무분별한 허용이 아닙니다. '위험한 것'과 '타인에게 피해를 주는 것'에는 부모가 분별 있게 경계를 지어주어야 합니다. 다시 말해, 폭넓은 허용은 부모 자신이 정한 기준을 자신의 양심과 소신에 따라 행하는 거지요. 푸름이교육을 하더라도 사람마다 가치관이 다르기에 자신만의 기준을 정립하는 것이 필요합니다.

예를 들어, 15개월 된 아이가 소파에서 뛰어내리겠다고 합니다.

허용하는 것이 맞을까요, 아니면 허용하지 않는 것이 맞을까요? 저는 이런 경우 허용했습니다. 제가 볼 때 제 아이들이 그 정도 운동 신경은 갖고 있기에 위험하다는 생각이 안 들었기 때문입니다. 소파의 높이가 낮기도 했고요. 그래도 안전을 생각해서 바닥에 이불을 깔아주고 아이들이 놀도록 허용했습니다.

저와 달리 허용하지 않는 분들도 계실 거예요. 위험하다고 생각되면 허용하지 않는 것이 좋아요. 아이들은 부모의 무의식을 읽습니다. 위험하다고 생각하면서도 아이의 성화에 못 이겨 허용한다면, 그것은 아이를 위험에 빠트리는 방임이 됩니다. 그런데 이런 상황에서 아이가 계속하고 싶다고 떼를 쓸 수도 있지요. 그럴 때는 어떻게 하면 좋을까요? 아이에게 이렇게 말해주세요.

"소파에서 뛰어내리고 싶었구나. 그래, 재미있을 것 같구나. 하지만 엄마 생각에 너 혼자 하기엔 위험해 보여. 엄마가 도와줄게. 우리 같이 해볼래?"

그러고는 소파에서 뛰어내리는 기분이 들도록 엄마가 아이를 가볍게 안고 바닥으로 내려가도록 도와주는 방법이 있을 거예요. 이렇게 하면 규제를 하면서도 아이의 마음에 최대한 공감해줄 수 있어요. 그러면 아이도 엄마의 정성을 알지요. 그리고 자신의 욕구 또한 충족됐기에 다툼 없이 사랑 안에서 상황을 부드럽게 만들어갈 수 있습니다.

또 다른 예를 들어보겠습니다. 미술관에 조각상이 있고, '올라가지 마시오'라는 안내 문구가 있어요. 그런데 아이가 거기에 올라가고 싶다고 떼를 씁니다. 아이가 많은 것을 경험했으면 좋겠다는 마음에 부모가 아이를 조각상에 올라가게 했어요. 이것도 폭넓은 허용일까요? 아닙니다. 아이에게 공공질서를 지켜야 한다는 사실을 알려주지 않았기에 방임이라고 할 수 있습니다. 부모가 '허용'과 '방임'을 잘 구분해야 아이는 폭넓은 허용 아래 행복하게 자랍니다.

아이가 화장실 바닥에 물 묻힌 휴지를 던지면서 놀겠다고 하는데 그걸 보는 엄마는 화가 나서 그만하라고 합니다. 계속하고 싶은 아이는 뒤집어지지요. 이럴 때도 자신에게 질문을 던져보면 도움이 됩니다.

'위험한 일인가?'
'타인에게 피해를 주는 일인가?'

엄마들이 폭넓은 허용 앞에서 힘들어하는 이유는 대부분 자신의 한계의 폭이 좁기 때문입니다. 저 역시 그랬고요. 이유 없이 그냥 해주기 싫다는 마음이 올라올 때는 제 마음을 들여다봤습니다.

'왜 해주기 싫을까? 아이가 저렇게 원하는데 신나게 놀게 해주고 샤워기로 싹 쓸어 모아 물기 꼬옥 짜서 버리면 되는데.'

이렇게 혼자서 문답을 해보니 허용하는 게 맞다는 걸 알 수 있었어요. 저는 "안 돼", "하지 마"라는 말을 최대한 아끼며 폭넓은 허용 아래 아이들을 키웠지만, 도저히 여력이 안 돼서 허용하지 못한 부분도 많습니다. 그저 해주기 싫은 마음이 올라올 때는 제 마음을 들여다보고, 자신에게 질문을 던지며 허용의 폭을 하나둘 넓혀갔어요.

엄마가 너무 힘들고 괴로운데 굳이 허용하시라고 말씀드리기는 어렵습니다. 하지만 허용하면 아이는 행복해해요. 해보고 싶은 것이 정말 많은 아이는 그것들을 해볼 수 있을 때 신이 납니다. 오늘 허용해주지 못했다고 해서, 내일도 허용해주지 못하라는 법 또한 없습니다. 아이들만 하루하루 자랍니까? 엄마도 하루하루 자라는걸요.

폭넓은 허용이 좋다고 들어서 노력은 하지만 엄마 마음속에는 두려움이 올라옵니다.

'이렇게까지 허용하는 것이 맞는 걸까?'

아이가 자라서 되는 것과 안 되는 것을 구분하지 못하는 안하무인이 되진 않을까 겁이 납니다. 뭐든지 제멋대로인 천방지축이 되지는 않을까 걱정이 됩니다. 그러나 부모의 건강한 분별과 함께 폭넓은 허용 아래서 자란 아이들은 경계가 정확하고 사려 깊은 사람으로 자랍니다.

제 아이들이 20개월 즈음, 저녁 시간에 소음이 크게 나는 장난감을 가지고 놀고 있었어요. 소리가 너무 큰 것 같아서 아이들에게 말했지요.

"○○아, □□아. 지금은 저녁 시간이라서 뿡뿡이 타면 아래층에 소리가 들려서 피해가 갈 거야. 뿡뿡이는 내일 타고 우리 놀이방 가서 다른 놀이 하자."

아이들이 많이 어렸기에 말을 하면서도 조금 걱정이 됐어요. 아이들이 과연 들어줄까 싶었거든요. 그런데 아이들은 흔쾌히 제 말을 들어주었습니다. 그때 저는 처음 깨달았어요.

'폭넓게 허용했더니, 폭넓게 수용하는구나.'

아이들을 키우면서 두려움이 올라올 때마다 제 마음을 들여다보면서 자신을 다독였어요.

'경험해보지 못해서 그래. 아이들은 행복하고 자연스럽게 잘 자라고 있어.'

제 걱정과 두려움을 비웃기라도 하듯, 아이들은 정말로 잘 자랐습니다. 약속 어기지 않고, 공공질서도 칼같이 지킵니다. 지구를 사랑하는 아름다운 마음을 지녔고요. 위험한지, 안전한지 잘 판단합니다. 그리고 무엇보다, 사람 귀한 줄 알아요.

우리는 자기만의 기준을 정립하고, 선택하고, 선택한 것을 지켜내는 경험을 통해서 내 육아와 삶을 책임지는 어른으로서의 삶을 살 수 있습니다. 그래서 아이를 키우며 부모도 함께 자란다고 하는가 봅니다.

🌱 전능한 자아

배려 깊은 사랑을 받은 아이들은 발달 단계를 섬세하게 거치면서 성장합니다.

제 아이들이 어느 날 갑자기 일등에 집착하기 시작했어요. 서로 자기가 일등을 하겠다고 하는 겁니다. 전능한 자아 시기에 대해서 잘 몰랐던 저는 그런 아이들을 보면서 두려웠어요. 그래서 꼭 일등이 아니어도 괜찮다며 아이들을 설득했지요. 그런데도 아이들의 그런 행동은 계속됐고, 저도 다 이유가 있을 거야 싶어서 인정하고 존중해주었어요. 아침에 일어나 어젯밤에 누가 일등으로 잠들었냐고 묻는 아이들에게, 엄마가 꼴등이고 너희가 일등으로 잠들었다고 말해주었어요.

그 후로도 몇 년 동안 아이들은 이겨야 했고, 일등을 해야 했어요. 그 시기가 너무 오래가는 것 같아서 도중에 두려움이 올라오기도 했지만, 그동안의 육아를 통해서 '채워지면 넘어간다'는 것을 경험했기에 기다릴 수 있었습니다. 아이들이 일곱 살이 됐을 때 게임을 하던 아이가 저에게 말했어요.

"엄마, 이제 엄마가 이겨요. 엄마가 일등 해요."

올 것이 왔구나 싶었습니다. 아이들은 더 이상 이기고 지는 것에 연연하지 않았고, 일등에 집착하지도 않았어요. 쌍둥이 형제의 그림이 아름답다며 칭찬을 해주었죠. 두 아이는 자신이 잘하는 것에 스스로 뿌듯해하는 아이로 자랐어요.

제 주변에는 전능한 자아 시기를 제대로 겪으며 성장한 사람이 없었어요. 그래서 지는 것도 배워야 한다며 가끔은 아이를 꺾으려고 했어요. 그런 순간마다 제가 아이들을 지켜주어야 했는데, 정말 힘들었어요. 저 또한 경험해보지 않았기에 속상해하는 아이를 달래며 두려움이 올라와 괴로울 때도 있었습니다. 지나고 보니 모든 것이 그저 두려움일 뿐이었다는 것을 알겠습니다. 아이들은 자신의 감각을 믿으며 경험해야 할 것들을 경험할 뿐이라는 것을요.

🌱 소유욕

아이들이 어릴 때는 소유욕을 통제하거나 조종했습니다. 갖고 싶어 하는 아이들의 마음에 공감해주지 못했어요. 그러던 어느 날 그 부분에 대한 자각이 왔어요. '얼마나 갖고 싶었을까?', '얼마나 맛보고 싶었을까?' 하는 생각이 들면서 아이들의 마음이 느껴져 눈물이 났습니다. 그때부터는 아이들의 소유욕을 채워주기 위해서 노력했어요.

매일같이 동네에 있는 편의점과 생활용품점에 들렀어요. 저는 그때 '갖고 싶어 하는 마음'에 집중했어요. 생일이나 크리스마스, 어린이날과 같은 특별한 날에는 가격이 비싸더라도 꼭 갖고 싶어 하는 것을 사주었어요.

그렇게 소유욕을 채워주기 위해서 노력했음에도 사준 것보다 사주지 못한 것이 훨씬 많지요. 그저 제가 처한 상황에서 최선을 다했을 뿐입니다. 생활용품점에서 돈을 많이 써버린 날은 별다른 반찬없이 김과 달걀과 김치에 밥을 먹으면서도 행복해하는 아이들을 보면서 저도 마음을 다독일 수 있었어요.

아이들은 자신의 물건을 소중하게 생각해요. 책에서 오려낸 작은 종잇조각 하나도 버리지 못하게 합니다. 그런 아이들을 보면서 진정한 소유욕이란 무엇일까 생각해봤습니다. 아이들에게 물건을 사주는 것도 '소유'를 경험하게 하는 데 큰 도움이 되지만, 그것보다 더 중요한 것은 그 물건의 주인이 바로 '아이 자신'이라는 것을 알게 해주는 거예요.

아이에게 원하는 물건을 사주었다면 아이가 그것으로 무엇을 하든 간섭하지 말아야 합니다.

500원짜리 장난감은 아이 마음대로 하게 두면서, 10만 원짜리 장난감을 아이가 마음대로 하면 "그게 얼마짜리인데 그렇게 함부로 하니?" 하지 말아야 합니다.

저도 사람인지라 아이들이 비싼 장난감을 함부로 사용하는 것 같으면 마음이 불편했어요. 그런 마음이 올라올 때는 '그래, 저건 아이 물건이야. 아이에게 주었다면 간섭하지 말자'라며 자신을 다독였습니다.

엄마가 무언가를 사줘 놓고, 자꾸 주시하고 간섭하면 아이는 자신의 것으로 생각하기 어려워요. 간섭이 들어가면, 아이는 가졌어도 가진 것이 아닙니다. 그러면 진정한 '소유'를 경험하지 못하지요. 내 물건이면 나한테 소중해야 하는데, 진정한 내 것이 아니기에 소중하지가 않습니다.

아이가 자신의 것과 타인의 것 모두가 소중하다는 것을 배우는데는 물건의 많고 적음보다 진짜 자신의 것이 있느냐 없느냐가 더 중요합니다. 줄 때는 시원하게 주세요. 아이가 자신의 것을 온전히 가져볼 수 있도록. 그리고 자신의 것을 온전히 책임지는 경험을 할 수 있도록. 아이에게 '내 물건의 주인은 나야'라는 것을 깨달을 기회를 주세요.

🌱 '순간'을 사는 아이들

아이들은 순간을 삽니다. 제 아이들을 보면서도 그 말을 정말 실감할 때가 많아요. 아이들은 순수하기에 머릿속에 스토리를 쓰지 않습니다. 엄마는 그런 아이들을 온전히 바라보기가 쉽지가 않아요. 그래서 '지금'에 집중하는 연습이 필요합니다.

놀고 있는 어린아이에게 엄마가 밥을 먹여주고 있습니다. 밥을 잘 받아먹던 아이가 갑자기 싫다는 의사 표현을 하네요. 그 순간 엄마의 머릿속에는 여러 생각이 스칩니다. '반찬이 맛이 없나?', '배가 부른 건가?', '왜 안 먹겠다는 걸까?' 하면서 엄마는 답을 찾아 헤맵니다. 그런데 아이는 그저 그 순간 먹기 싫었던 것일 수 있어요. 아직 입에 음식이 남아 있거나, 놀이에 너무 집중해서일 수도 있고요. 그 이유는 아이만이 알겠지요. 엄마가 많은 스토리를 쓰지 않고 '아, 지금 먹기 싫은 거구나' 한다면 잠시 후에 다시 시도해볼 수 있습니다.

씻기 싫다고 하는 아이에게도 마찬가지로 해보면 도움이 됩니다. 씻자고 했는데 싫다고 하는 아이의 말을 "씻지 않을 거예요"가 아니라 "지금 씻기 싫어요"라는 메시지로 받아들이는 연습을 해보세요. 그러면 아이를 위해 한 발짝 물러나서 조금 기다려줄 수 있을 거예요. 아이와 힘겨루기를 할 필요도 없이, 몇 분이 지난 후에 행복한 목욕을 할 수 있습니다.

아이는 엄마의 말을 거절하고 거부하는 것이 아닙니다. 싫다는 아이의 말이 "엄마, 저는 아직 준비가 안 됐어요"라는 메시지가 아닌지 잘 살펴보세요.

아토피가 있는 아이에게 목욕 후 바로 로션을 발라주고 싶은 엄마가, 싫다고 하는 아이의 '지금'을 존중해주었어요. 사랑을 선택한 엄마는 몇 분이 지난 후에 웃는 아이를 보며 로션을 발라줄 수 있었습니다. 아이의 '지금'을 존중해주면 아이와 엄마 모두 행복할 수 있습니다. 순간을 사는 아이를 위해 '지금'에 집중해보세요.

✿ 아이를 보는 관점이 바뀔 때 육아는 수월해진다

아이들이 다섯 살 때 어린이집에 잠깐 다닌 적이 있어요. 어느 날 원장님과 상담을 하는데, 원장님께서 아이들이 정말 예쁘다면서 칭찬을 많이 하셨습니다. 그리고 덧붙이기를, 아이들이 여린 것 같다고 조금 드세져도 된다고 말씀하시는 거예요.

남편에게 그 말을 했더니 자기도 그게 걱정이래요. 저는 남편한테 말했어요.

"여보. 그게 뭐가 걱정이야? 아니, 그거 하나 조금 걸린다고 하는 거잖아. 그것 말고는 다 좋다잖아. 난 너무 기쁜데? 관점을 바꿔서 생각해봐. 그리고 그건 우리 아이들이 섬세하고 배려심이 있는 거지. 여려서 그런 게 아니야."

그즈음 제가 그 부분에 대해서 깨달아가고 있었어요. '아이를 보는 관점을 바꾸자'라는 말이 제 머릿속에 딱 입력되는 순간 제 것이 됐다는 느낌이 들었습니다. 사실 저도 우리 아이들이 너무 섬세하고 예민해서 힘들었거든요. 오감이 다 민감해서, 그냥 넘어가는 것이 없어 피곤했어요. 얼굴에 물이 튀는 것을 싫어해서 지금도 샴푸 의자에 누워 머리를 감습니다. '왜 이렇게 까다롭지? 그냥 좀 무던했으면 좋겠다'라고 생각한 적도 있어요. 그런데 있는 그대로의 모습을 인정하고, 관점을 바꾸니 달라졌어요. 우리 아이들은 까다로운 것이 아니라, 감각이 섬세해요. 섬세한 감각을 필요로 하는 일을 할 때 이 점이 큰 장점으로 작용할 것으로 생각해요.

아이들을 키우며 많은 시행착오를 겪었어요. 그때마다 '아이를 키우며 가장 어려운 것은 기다리는 것이다'라는 푸름아빠의 말씀을 절감했습니다. 아이의 어떤 부분이 부족하다는 생각이 들 때, '지금 내 아이가 이 부분이 조금 느리고 서툴구나. 때가 되면 하겠지' 하면 아이를 믿고 기다릴 수 있는 마음의 여유가 생겼어요. 그런데 '왜 안 되지? 내가 이러려고 고생하며 키운 게 아닌데, 뭐가 문제지? 왜 못 할까?'라고 집착하면 아이와 나의 아픈 시간이 시작돼요.

내 아이는 누구와도 비교되어서는 안 되는 고유한 존재입니다. 수 없이 많은 순간이 모여 지금의 내 아이가 있는 거지요. 그 수없이 많은 것 중에 고작 몇 가지가 느릴 뿐인데 우리 눈에는 부족해 보이는 거죠. 지금 내 아이가 조금 부족해 보인다고 해서, 예쁘고 빛나는 모습을 잊지 말았으면 합니다. 내 아이의 예쁘고 사랑스러운 점을 떠올려보세요. 셀 수도 없이 많아요. 그렇지 않나요? 몇 년 전, 몇 달 전을 떠올려보세요. 지금은 어떤가요? 그때는 문제라고 생각했던 것들이 지금은 추억이 되지 않았나요?

우리 삶이 그러하듯, 육아도 긴 마라톤과 같아요. 아이들은 하루가 다르게 변하고, 계속해서 자신의 빛을 찾아가고 있습니다. 자신만의 속도로, 자신만의 길을 찾아가는 아이를 묵묵히 지켜보면서 기다려주면 좋겠어요. 부모의 믿음과 기다림 속에 아이의 위대한 힘이 발현된다는 사실을 잊지 말았으면 해요. 한때는 저도 제 아이들이 여리다고 생각했고 문제라고 여겼지만, 지금 와서 보니 괜한 걱정이었어요. 아이들은 의사 표현 정확하고, 밝고 아름답고 건강하게 자라고 있습니다.

삶을 가로막는 낡은 생각은 떨쳐버리고, 새로운 생각으로 내 아이에게 날마다 새로운 날을 선물하면 좋겠습니다. 그리하여 가슴 가득 사랑을 안고, 오늘보다 더 나은 내일로 흘러갈 수 있기를. 막연하게 생각하는 것과 머리에 입력해서 내 것으로 만드는 것은 차이가 있더라고요. 잊어버리지 않도록, 늘 깨어 있는 엄마가 되기 위해 노력합니다.

아이와 함께하는 시간이 힘들지 않은 '발육아'

❦ 발육아는 아이의 '요청'에 귀 기울이는 것에서 시작된다

발육아가 무엇인지 정말 궁금했어요. 언제쯤 되면 나도 발육아를 하게 될까? 손꼽아 기다렸습니다. 지금도 발육아가 무언지 잘 모르겠지만 제가 요즘 하는 게 발육아인 것 같아요. 제가 생각하는 발육아는 '아이와 함께하는 것이 힘들지 않은 상태'입니다.

예전에는 아이들과 함께하는 시간이 힘들었어요. 허벅지 꼬집어가며 버틴 날이 많았어요. 오늘 하루가 언제 끝날까 하며 느리게 흘러가는 시간을 원망했어요. 그리고 밤이 찾아오면 하루 동안 아이들에게 잘못했던 일들이 떠올라 죄책감에 가슴을 쳤습니다.

많은 엄마가 온종일 아이에게 무엇을 해줄지를 생각하면서 시간을 보내죠. 저도 그랬습니다. 다른 엄마들은 모두 유능해 보이고, 아이에게 많은 것을 해주는 것 같은데 저는 제 아이들에게 뭐 하나 해주는 데에도 정말 많은 노력이 필요했어요. 무기력한 날이 많았고,

해주고 싶어도 몸이 따라주지 않는 날이 많았습니다.

그렇게 자신을 비난하며 자책하고 있을 수만은 없습니다. 우리가 할 수 있는 것을 선택하고 그것에 집중하기로 해요.

아이가 달걀 프라이를 먹고 싶다고 하면, 엄마는 이런 생각이 올라옵니다.

'달걀 프라이 한 가지에 밥을 먹인다고? 그건 너무 성의 없잖아.'

아이의 요청은 안드로메다로 날아가 버리고, 그때부터 엄마는 '뭘 해줄까? 무슨 반찬이 좋을까?' 생각을 해요. 그럴싸한 음식을 해주고 싶지만 생각만 할 뿐 실천은 쉽지가 않습니다. 그리고 잠자리에 누워서는 '오늘도 한 개도 못 해줬어. 오늘 육아 빵점이야'라면서 죄책감에 괴로워하지요.

아이의 요청에 귀를 기울여보세요. '뭐를 해줄까?' 고민하는 시간을 아이가 요청하는 것을 해주는 것으로 채워보세요. 아이의 요청을 들어주는 것만으로도 하루가 꽉 찰 거예요. 다른 엄마들 따라 하면서 비교하느라 힘들어하지 마시고, 내 아이의 목소리를 따라가세요. 아이의 목소리를 따라가다 보면 내가 가야 할 육아의 방향이 보입니다.

🌱 사랑을 표현하는 훌륭한 도구, 말

따뜻한 말 한마디가 아이를 살려요: "네 잘못이 아니야"
아이를 낳기 전 저는 사랑 표현이 참 어색한 사람이었어요. 그런데 아이들을 만나고 나서는 저도 모르게 표현을 많이 하게 됐습니다. 사랑을 표현하는 데에는 여러 가지 방법이 있지만, 저는 말도 참 중요하다고 생각했습니다. 내 마음을 말로 한 번 더 표현해준다면 맥락이 없는 아이에게는 더없이 좋을 것 같았거든요.

쌍둥이가 함께 놀다가 한 아이가 귀를 다친 적이 있습니다. 상처가 커서 꿰매야 할 정도였어요. 순간 화가 나서 다른 아이를 탓하고 싶은 마음이 올라왔습니다. 서둘러 병원 갈 준비를 하면서 그런 제 마음을 마주했고, 사랑을 선택하기로 했지요. 거실로 나가니 다른 아이가 힘없이 소파에 앉아 있었습니다.

"이리 와. 엄마가 안아줄게" 하고 아이를 안았는데 아이의 몸이 뜨겁습니다. 얼마나 가슴이 아프던지요. 아이에게 말해주었습니다.

"○○아, 놀다가 그렇게 된 거 알아. 네 잘못이 아니야. □□이 상처가 커서 엄마가 많이 놀랐어. 다음부터는 조심하기로 하자."

아이는 이내 가벼워졌고, 활짝 웃는 아이를 보며 만감이 교차했어요. 따뜻한 말 한마디가 아이를 살린 거예요.

바로바로 표현해주세요: "귀여운 내 아기"

저는 소중한 것일수록 아껴야 한다고 생각해왔습니다. 사랑 표현도 그중 하나였고요. 아이들을 키우면서 그것은 저의 두려움이었다는 것을 깨달았어요. 제 안에 사랑이 적어서 갖고 있는 사랑을 다 꺼내면 사라질 것으로 생각했던 거예요. 그런데 아이들이 그 믿음을 깨주었어요. 사랑은 끝없이 샘솟는 것이라는 사실을 아이들이 알려주었습니다.

아이들 때문에 힘든 날도 많았지만 행복한 날도 많았어요. 아이들을 보고 있으면 정말 예쁘고 사랑스러워서 저도 모르게 물고 빨고 했습니다. 아이들을 키우면서 제 안의 사랑이 깨어나기 시작했고, 정말 많이 표현했어요. 순간순간 아이들을 보는 제 마음을 주저 없이 표현했어요.

"아이 귀여워. 예쁜 내 아기."

"이렇게 예쁜 아기가 어떻게 엄마 배 속에서 나왔지?"

아이는 엄마의 사랑을 먹고 자라잖아요. 아이에게 엄마의 사랑을 아낌없이 표현해주세요. 행복해하는 아이를 보면 엄마도 행복해집니다.

눈을 보며 말해요

어느 날 아이가 말했어요.

"엄마, 엄마 눈 속에 내가 있어요."

그때 처음으로 아이 눈 속에 비친 저를 봤습니다. 아이가 사랑으로 저를 비춰주었고, 아이 눈 속에서 제가 빛나고 있었어요. 아이와 마주 보면서 눈으로 대화를 합니다. "○○아. 우리 눈으로 대화할까?"라고 말하고서 한참을 눈으로 교감하지요. 아이가 말해요.

"엄마, 내가 뭐라고 했는지 알아요?"

정답은 언제나 "엄마가 이 세상에서 제일 좋아요"입니다. 아이와 눈으로 대화하는 순간에는 어떤 생각도 나지 않고, 오직 아이만을 보고 사랑을 이야기합니다. "엄마에게 와서 사랑을 알려주어 고마워"라고 말하고 또 말합니다.

아이와 눈으로 대화해보세요. 아이 눈 속에 비친 엄마 자신을 바라보세요. 아이는 언제나 엄마를 사랑으로 비춥니다.

아이 말에 대답만 잘해줘도 괜찮아요

아이와의 대화가 부담스러울 수 있습니다. 어릴 때 부모님과 대화해본 경험이 없는 사람이라면 더더욱 그럴 거예요. 대화는 주고받을 때 풍성해지지만, 대화 자체가 어려운 엄마에게는 여간 괴로운 것이 아닙니다. 그럴 때는 아이의 말에 대답해주는 것으로 시작해보세요.

엄마인 내가 대화를 이끌어가야 한다고 생각하면 부담이 크지요. 그런데 아이가 말을 배우느라 쫑알거리기 시작하면 엄마가 대답을 해주는 것만으로도 충분합니다. 엄마가 내 말을 잘 들어준다고 느끼면 아이는 행복하고, 그러면 더 말이 많아지지요.

아이 말을 잘 들어주면 아이는 엄마에게 많은 이야기를 합니다. 아이의 속마음이 알고 싶다면, 엄마에게 스스럼없이 말할 수 있도록 아이 말에 귀를 기울이고 성실하게 대답해주세요.

❦ 자꾸만 사랑을 달라고 하는 아이 때문에 힘이 들 때

아이들에게 사랑을 주고 싶은데 방법을 몰라서 배우고 노력했습니다. 배우면 배울수록 '아는 만큼 줄 수 있겠다' 싶어졌어요. 수많은 저항이 올라와도 한 번, 두 번 사랑을 선택하는 연습을 하다 보니 갈수록 수월해지는 것을 느꼈습니다.

그러나 늘 한계 앞에서 무너졌어요. 끝이 없는 아이들의 요구에 원망하는 마음도 들었습니다. 어떻게 더 짜내라는 걸까요. 어디서 더 끌어모아야 하는 걸까요. 막막했습니다. 끝이 없을 것만 같아서요. 언젠가는 내 사랑이 바닥 날 것만 같아서요.

'저 아이들의 채워지지 않는 사랑의 샘을 내가 어떻게 채워주어야 하는 걸까?'

아이들이 끊임없이 사랑을 달라고 하는 건 부족해서라고 생각했어요. '내가 부족해. 더 해야 해'라는 생각에 힘들었어요.

이제는 조금 알 것 같아요. '사랑받아본 아이가 더 받으려고 한다'라는 말의 깊은 뜻을요. 아이는 부족해서 그런 게 아니었어요. '사랑' 그거 정말 좋잖아요. 말이 필요 없을 정도로 좋은 거잖아요. 좋아서 그래요. 사랑이 무언지 알아버린 아이는 그 사랑이 좋아서 그러는 거예요. "엄마! 사랑이 부족해요. 더 주세요!" 하는 게 아니에요. "엄마! 사랑 너무 좋아요. 받아도 받아도 좋은 이 사랑 더 주세요!" 하는 거예요.

부족한 걸 채워주기 위해 더 줘야 한다고 생각할 때는 쥐어 짜내야 할 것 같아서 힘들었어요. 그런데 아이가 행복해서 더 달라고 한다고 생각하니 쥐어 짜내야 한다는 중압감이 사라졌어요. 이제 기쁘게 사랑을 줄 수 있어요. 아이들은 엄마가 노력하고 있다는 걸 알아요. 엄마 안의 죄책감으로 자신을 채찍질하지 마시고, 사랑으로 아이를 바라보세요.

❦ 아이들 다툼에 힘이 들 때: 형제자매 사이 소유와 경계 지켜주기

아이들 물건은 각자 따로 사주기

함께 갖고 놀게 하는 건 좋지 않아요. 아이들이 어릴 때는 같은 공간에 있더라고 따로 놀아요. 협동 놀이가 아닌 병행 놀이를 합니다. 어린아이들이 함께 놀기를 기대하는 건 엄마의 욕심이에요. 그래서 저는 무조건 두 개씩 샀습니다. 책도 사운드북이나 플랩북 같은 건 두 개씩 사주었어요. 각자 자기 책을 가지고 놀아야 하니까요.

네임 스티커 활용하기

글자를 모르는 월령이라도 반복해서 보다 보면 자기 이름 정도는 읽을 수 있어요. 아이들이 어릴 때는 백 마디 설명보다 시각적으로 보여주는 것이 도움이 된다고 생각했어요. 그래서 아이들이 돌이 됐을 때부터 이름 스티커를 제작해서 각자의 장난감에 붙였습니다. 그리고 말로 설명을 해주었어요.

"이건 ○○ 거고, 저건 □□ 거야. 남의 거는 꼭 허락받고 만지는 거야."

집 안의 모든 장난감에 이렇게 이름을 붙여놓으면, 이것만으로도 문제의 상당 부분이 해결돼요.

각자의 서랍 만들어주기

아이들이 20개월이 됐을 때쯤 각자의 수납 상자를 하나씩 만들어주었습니다. 그리고 설명을 덧붙였지요.

"이것은 너희가 소중하게 여기는 물건을 보관하는 상자야. 이 상자의 주인만이 열어볼 수 있는 거야. 남의 상자는 절대로 열어보지 않기."

아이들이 자신의 물건을 소중하게 여길 줄 알아야 타인의 물건 또한 그렇게 여길 것으로 생각했어요.

집 안에서의 경계는 엄마가 꼭 지켜주기

엄마가 좀 피곤해도 아이들의 경계는 일관되게 지켜주어야 합니다. 동생이 형 것을 만지고 싶어 하는데 뜻대로 되지 않아 속상해할 때, "저건 형의 물건이니까 반드시 형의 허락을 받아야 해"라고 알려주고 꼬옥 안아주었어요.

두 아이의 경계를 지켜주는 것도, 경계를 넘으려다 좌절해 속상해하는 아이의 마음을 알아주는 것도 모두 엄마의 몫입니다. 이런 상황에서 자신의 경계를 보호받은 형은 동생에게 "이거 만져도 돼"하면서 친절을 베풀기도 해요.

나누기 싫어하는 마음 인정하기

자기 것을 충분히 가져본 아이가 나눌 줄도 알아요. 그것은 이기적인 것이 아니라 당연한 마음이라고 생각하고, 나누기 싫어하고 함께하기 싫어하는 아이 마음에 공감해주었습니다. '이렇게까지 싫어할까' 싶어 공감하기 힘든 순간에는 어릴 적 내 것을 가져보지 못했던 저를 생각하면서 마음을 다독였어요.

남의 집 놀러 갈 때는 신중하게 생각하기

아이들이 어릴 때는 부정당하거나 거절당하는 경험을 최소화하기 위해 노력했습니다. 남의 집에 가면 그 집의 물건을 탐색하고 싶어할 것을 알기에, 그 집 엄마와 충분히 얘기를 나누고 허락해준다고 하면 놀러 가게 했습니다. 우리 아이들은 친구 집에 놀러 가도 친구 물건을 절대 허락 없이 만지지 않아요. 친구 엄마가 만져도 된다고 말해도, 친구가 직접 말해주기 전에는 안 만지더라고요. 아이가 돌아오면 "친구가 장난감을 갖고 놀게 해줘서 너희가 재밌게 놀았네" 정도의 얘기만 해주었어요.

우리 집에 친구를 부르려고 할 때 아이들에게 꼭 물어보기

우리 집에 누가 놀러 온다고 하면 아이들에게 꼭 물어봤어요. "친구가 너희 물건을 만져도 괜찮아?"라고요. 만약 싫다고 하면, 양해를 구하고 놀러 오지 않게 했습니다.

아이들 사이의 감정적인 경계 지켜주기

아이들 물건의 경계가 잘 지켜지니 아이들의 감정적인 부분에도 경계가 생기더라고요. 사실 그때는 저도 좀 당황했어요. 다섯 살 때까지는 뭘 해도 함께 놀던 쌍둥이였는데, 어느 날 형이 혼자서 놀고 싶다는 거예요. 장난감 자동차로 자기 혼자 해보고 싶은 게 있다면서요. 동생은 형과 같이 놀고 싶은데 그러질 못하니 너무 속상해하더군요. 그때 동생을 안고 달래는데 아이의 속상한 마음이 전해져 제가 마음이 아팠어요. '거절당함'에 대한 저의 내면이 건드려지는 것 같았어요.

"형과 같이 놀고 싶었는데 그러지 못해서 진짜 속상하겠다. 엄마도 속상해. 그래도 형의 마음을 우리가 이해해주자. 조금만 있으면 형이 같이 놀자고 할 거야."

아니나 다를까, 조금 있으니 형이 자기 다 했다며 동생에게 달려와 둘이 즐겁게 놀더라고요.

엄마의 인내심 키우기

아이들은 한두 번 말해서는 절대로 알아듣지 못해요. 수십 번, 수백 번, 수천 번 말해줘야 한다고 미리 마음을 먹으세요. 아이를 가르친다는 감각으로 하면 분노가 올라와요. '엄마가 알려주는 거야'라는 감각으로 하세요.

속상해하는 아이를 보는 엄마 마음 다잡기

형 물건을 만지지 못해 속상해하고 떼쓰는 아이 마음을 알아주고 다독여주어야 하는 건 맞지만, "그래도 형 물건은 형이 허락해야 만질 수 있어. 이리 와. 엄마가 안아줄게"라고 말해야 해요. 형도 그렇게 자신의 경계를 존중받을 때 동생한테 더 너그러워져요.

"형인 네가 양보해라. 동생이니까 네가 좀 봐줘" 같은 말은 절대 안 돼요. 형도 아직 어린아이랍니다. 안 그래도 동생 태어나면서 자기 것 다 뺏겼으니 얼마나 속상하겠어요.

자기 물건 스스로 고르게 하기

엄마 기준으로 골라주지 말고, 아이가 자신이 좋아하는 것으로 고르게 하세요. 그래야 자기 물건에 대한 애착이 생겨요.

음식도 개인 접시에 주기

아이들이 어릴 때부터 저는 항상 개인 접시에 각자의 양을 주었습니다. 그래서인지 아이들은 큰 접시에 과일을 담아 여럿이 함께 먹는 것을 싫어하더라고요. 살짝 걱정이 되기도 했지만, 여행 가서 큰 그릇에 음식을 담고 다 같이 포크로 먹는데 잘 먹더라고요. 아이들은 말은 못 해도 다 알아요. 내 것, 네 것이 따로 있다는 걸요. 그리고 자신의 경계를 존중받은 아이들은 알아요. 내 것이 소중하면 남의 것도 소중하다는 걸 말이죠.

아이의 질투가 두려운 당신에게 ✳

아이들은 순수하고 솔직하기에 질투를 숨기지 않아요. 아이가 질투를 하면, 부모는 일단 힘들기에 부정적으로 반응하기가 쉽습니다. 우리 어릴 때는 부모님 앞에서 질투를 표현했을 때 수용받지 못한 경우가 많았으니까요. 그래서 질투는 부정적인 감정이라고 생각하지요. 내 아이가 질투를 있는 그대로 표현하는 모습을 볼 때도 불편한 마음이 올라오고, 엄마 자신도 모르게 무의식에서는 이미 회피와 저항이 작동합니다.

저는 제 아이들이 질투를 마음껏 표현하길 바랐어요. 제가 아무리 아이 한 명, 한 명을 고유하게 사랑하려고 노력한다고 해도 본의 아니게 비교하고 차별할 때도 있을 겁니다. 그래서 저는 아이들이 질투를 표현할 때 반가웠답니다. 저조차도 모르는 사이에 기울어버린

제 마음을 알아차릴 수 있으니까요.

아이들을 비교하거나 차별하지 않고 고유하게 사랑하는 팁을 알려드립니다.

🌱 질투하는 아이의 눈치를 보지 말고, 사랑을 마음껏 표현하자

저는 질투하는 아이가 신경 쓰인다는 이유로 다른 아이에게 사랑을 표현하고 싶을 때 숨기지 않았습니다. 그랬기에 아이의 질투가 미워 보이지 않았습니다.

둘째가 귀엽고 사랑스러워서 표현하고 싶을 때, 첫째의 눈치를 보지 않았습니다. 둘째가 사랑스러울 때 지체 없이 바로바로 마음껏 표현해주었고, 질투하는 첫째 또한 부족함 없이 사랑을 표현해주었습니다. 둘째에게 사랑을 주고 싶은 제 마음을 숨기고 억누르며, 첫째에게 탓을 돌리지 않았습니다. '네 눈치를 보느라 내가 ㅁㅁ이한테 사랑을 주지 못해' 이러지 않았습니다.

둘째가 예뻐서 사랑을 주고 싶을 때 첫째의 눈치를 보면 첫째의 탓을 하게 되고, 첫째 아이가 더 미워지지요. 그리고 표현하고 싶은데 그러지 못하는 상황에 엄마도 짜증이 날 수 있습니다. 첫째 눈치를 보느라 엄마 자신의 감정을 억눌러야 하기 때문이지요. 그런 상황이 반복되다 보면 엄마는 점점 더 사랑을 표현하는 데 주저하게 되고, "이게 다 너 때문이야"라면서 아이에게 죄책감을 안겨줄 수도 있습니다. 결국 엄마는 큰아이에게도, 작은아이에게도 사랑을 표현하기가 점점 더 어려워질 수 있어요.

둘째가 태어나고 자신에게 오는 사랑이 변할 때 첫째는 마음이 아픕니다. 그리고 예전처럼 자신을 사랑해달라며 뒤집어지지요. 엄마, 아빠가 예전처럼은 못 해준다고 해도 노력하는 모습을 보여주면 첫째는 마음이 누그러질 거예요.

두 아이의 엄마가 두 아이 모두에게 사랑을 주어야 하는 것은 숙명입니다. 피할 수 없지요. 둘째가 너무 예뻐서 표현하고 싶은데, 큰아이 눈치가 보인다고 사랑 표현을 주저하지 마세요. 둘째한테 사랑을 표현하고 싶은 만큼 실컷 표현하시고, 질투하는 큰아이도 안아주세요.

🌱 사랑을 감추지 말고, 사랑을 표현하는 쪽을 선택하자

두 아이 모두에게 사랑을 표현하지 않는 쪽을 선택하시겠어요, 아니면 두 아이 모두에게 사랑을 표현하는 쪽을 선택하시겠어요? 저는 두 아이 모두에게 사랑을 표현하는 쪽을 선택했습니다. 지금 저희 아이들은 질투를 자연스럽게 표현하기도 하고, 때로는 초연하다고 할 정도로 질투가 없기도 합니다.

제가 첫째랑 스킨십할 때 둘째가 질투하면서 말하기도 해요.

"엄마, 저도 안아주세요!"

그러면 저는 아이의 그런 마음을 가볍게 받아줍니다.

"그래그래. 당연히 안아줘야지."

언제 질투했냐는 듯 둘째의 마음은 어느새 사르르 녹는답니다.

어떨 때는 제가 첫째랑 스킨십을 하고 있어도, 아이는 신경도 안 쓰고 자기 일을 해요. 아이들은 채워지면 넘어갑니다. 질투라는 감정도 마음껏 표현하면서 수용받다 보면, 어느 순간 채워지고 자연스럽게 넘어갈 거라 믿어요.

❦ 아이의 질투는 잘 자라고 있다는 신호

아이가 질투를 표현할 때 이렇게 생각해주시는 건 어떨까요?

'내 아이가 엄마인 나를 믿고, 자신의 감정을 자연스럽게 표현하는구나. 내 아이 참 건강하네. 내 아이에게 내가 안전한 엄마구나. 내 아이 참 잘 자라고 있구나. 나도 아이 참 잘 키웠다.'

아이는 엄마를 믿기에, 자신의 감정을 그대로 표현하는 거예요. 엄마가 안전한 대상이 아니라면 아이는 자신의 감정을 숨길 겁니다. 내가 내 아이에게 안전하고 믿음이 가는 엄마라는 건 참 반가운 일이지요. 아이와 나를 바라보는 관점이 바뀌면 육아가 수월해집니다.

아이의 질투가 지극히 자연스러운 감정임을 받아들이고, 자신의 감정을 건강하게 표현하는 아이를 예쁘게 봐주세요. 사랑은 표현할수록 샘솟는다는 것을 아이들을 키우면서 깨달았습니다. 숨기고, 억누르고, 주저하는 데 쓰이는 에너지를 표현하는 에너지로 바꿔보세요. 다 같이 웃을 수 있을 거예요.

❦ 아이들 각자에게 고유한 사랑을 주자

사랑은 나누어주는 것이 아니더라고요. 큰아이에게는 큰아이에게 줄 수 있는 사랑을, 작은아이에게는 작은아이에게 줄 수 있는 사랑을 주는 것, 그러니까 두 아이에게 각각 고유한 사랑을 주는 것이더라고요.

제가 가진 사랑이 100이라고 할 때, 두 아이를 비교·차별하지 않고 어떻게 고유하게 사랑할 수 있을까요? 공평하게 50씩 나누어주면 될까요? 저는 제 사랑을 나누지 않았어요. 첫째를 볼 때 100의 사랑을 온전히 주려고 노력했고, 둘째를 볼 때도 100의 사랑을 온전히 주려고 노력했습니다.

사랑에는 비교가 없고 한계가 없다는 것을 아이들을 키우며 깨달았습니다. 각자 갖고 있는 사랑에 한계를 정하지 않았으면 좋겠어요. 두 아이를 사랑할 수 있는 마음이 내 안에 있다고 믿으시길 바랍니다. 사랑을 숨기지 마세요.

❦ 불행을 반복하지 않기 위해서는 '강한 의지'가 필요하다

제가 고등학교 때 어떤 선생님이 이런 말씀을 하셨어요.

"열 손가락 깨물어 더 아픈 손가락 있다."

저는 그 말을 듣고 굉장히 슬펐고, 좌절했어요. '나는 우리 부모님께 더 아픈 손가락일까, 덜 아픈 손가락일까?' 생각해보기도 했어요.

그런데 엄마가 된 지금, 저는 그 말을 안 믿어요. 예쁘다 예쁘다 하면 예쁘고요, 밉다 밉다 하면 정말 미워요. 나에게 자신의 인생을 맡긴, 귀하디귀한 우리 아이 우리가 예뻐해주기로 해요.

엄마인 당신에게 비교와 차별에 대한 상처가 있다면, 그 상처를 어루만져주세요. 엄마 자신을 안아주고 위로해주세요. 우리 그렇게 하기로 해요. 그리고 사랑하는 우리 아이들에게는 그 상처를 주지 않기로 해요. 우리는 '엄마'니까 할 수 있습니다.

아이에게 'NO'라고 말해야 할 때

아이에게 많은 부분을 사랑으로 허용해주고 싶지만 어쩔 수 없이 안 된다고 알려주어야 하는 순간들이 있지요. 엄마는 말하기 전부터 아이가 어떻게 반응할지 몰라 두렵습니다. 평소에 아이의 떼쓰기 때문에 힘들었던 엄마라면 더욱 그럴 거예요.

아이들은 하루하루 몸과 마음이 자라죠. 생각도 하루하루 자랍니다. 매일매일 새로운 상황들이 아이들을 기다리고 있어요. 아이들이 떼를 쓰는 심리는 이렇다고 합니다.

"엄마, 저는 지금 제가 하는 게 옳은 건지, 틀린 건지 모르겠어요. 엄마가 저에게 알려주세요."

이 얘기를 들었던 당시에는 '아 그렇구나. 좋은 말씀이다' 하고 넘어갔어요. 그런데 어느 날 아이가 떼를 쓰고 제가 안 된다고 말을 해줘야 하는 순간에, 제 아이에게서 저 메시지를 봤습니다. 떼쓰는 아이를 보며 '아이는 지금 나를 힘들게 하려고 이러는 게 아니다'를 또 열심히 되뇌는데, 아이가 간절한 얼굴로 저에게 손을 내밀고 있었습니다. 아이는 눈물로 이렇게 말하고 있었어요

"엄마, 저는 지금 너무 혼란스러워요. 제가 하는 행동이 옳은 것인지, 잘못된 것인지 모르겠어요. 엄마가 저를 도와주세요. 엄마, 부디 엄마가 저에게 알려주세요."

이런 아이에게 제가 엄마로서 할 수 있는 것은 사랑으로 알려주는 것뿐이라는 걸 깨달았습니다. 이런 상황에서 우리는 아이를 가르치는 게 아니라, 아이에게 알려주는 거라고 생각해보면 어떨까요. 아이가 떼쓸 때 단호하고 나지막한 목소리로 "○○아. 이건 안 되는 거야"라고 말해주세요. 마음속으로 이렇게 생각하면 도움이 됩니다.

'○○아, 그래 우리 ○○이 힘들구나. 그래 우리 아가. 엄마가 알려줄게. 이건 안 되는 거야. 세상에는 안 되는 것도 있는 거란다. 엄마가 너를 거절하는 것이 아니야. 엄마는 지금 너에게 안 된다는 것을 알려주어야 하지만 너를 사랑하는 마음에는 변함이 없단다.'

그리고 속상한 아이가 다 울고 편안해질 때까지 기다려주세요. 다

울고 나서 편안해진 아이를 보면 '사랑은 언제나 옳다'는 걸 알게 됩니다. 나는 엄마의 사랑을 믿지 못해 사랑을 잃을까 봐 떼를 써보지도 못하고 착한 딸로 자랐는데, 나를 믿고 그렇게 해주는 내 아이가 고맙습니다.

아이에게 'NO'라고 말해주어야 할 때는 엄마 마음에 경계가 있으면 도움이 됩니다. '아이와 상의하는 것이 아니라, 안 된다는 것을 알려주어야 할 때구나'라고 마음을 먹으세요. '안 된다고 하면 분명히 싫어할 텐데…' 하는 두려움을 거두고 부모로서 아이에게 안전한 경계를 알려주고, 올바른 분별을 주는 거라고 생각하세요.

아이에게 결정하라고 떠넘기면서 방임하는 것보다 부모가 안전한 틀을 정해줄 때 아이들은 안정감을 느껴요. 떼쓰는 아이는 사실 떼를 쓰는 게 아니라 엄마에게 도와달라고 손을 내밀고 있는 거라는 사실을 잊지 마세요.

아이가 식사 시간을 즐거워할 수 있도록

아이가 어리다면 밥 먹이기 힘드시죠? 밥을 잘 안 먹는 아이들도 많고요. 아이들은 무엇이든지 재미있고, 즐겁게 하는 걸 좋아합니다. 식사 시간 역시 마찬가지예요. 아이에게 식사 시간이 즐겁고 행복한 시간이 되면, 자연스레 밥을 잘 먹게 됩니다.

그러려면 아이에게 '너에게는 먹고 싶은 음식을, 먹고 싶은 만큼, 먹고 싶을 때 먹을 자유가 있단다'라는 메시지를 주는 게 좋습니다.

아이가 식사 시간을 즐거워하기를 바란다면, 다음 네 가지를 기억하면 됩니다.

- 아이가 먹고 싶어 할 때
- 아이가 먹고 싶어 하는 음식을
- 아이가 먹고 싶은 만큼만 먹게 해주자
- 아이가 원한다면 스스로 먹을 수 있도록 해주자

아이들이 이미 어느 정도 커버린 후라고 해도, 처음부터 다시 시작하면 아이들은 빨리 바뀝니다. 아이에게 먹을 음식을 선택할 기회를 주고 그 선택을 존중해주면, 아이는 먹는 일이 즐겁다는 것을 알아가요. 스스로 먹으면서 성취감을 맛볼 수 있을 때, 밥은 꿀맛이 되죠. 즐겁게 스스로 먹는 아이를 기특하게 바라보는 엄마 눈빛이, 세상에서 가장 감칠맛 나는 조미료가 되어 아이는 정말 맛있게 먹어요.

아이가 밥을 안 먹는다고 걱정하지 않으셨으면 합니다. 아이들이 커가면서 많은 음식을 접하게 되고, 먹고 싶은 메뉴를 직접 이야기하는 날이 찾아옵니다.

저희 아이들은 생후 6개월 딱 지나고 이유식을 시작했는데, 저는 그때부터 스스로 먹게 해주었습니다. 절반은 몸에 마사지하고, 절반은 입으로 들어가고 그랬지요. 물론 제가 옆에서 슬쩍슬쩍 떠먹이기도 했어요. 이유식을 먹을 때마다 씻기고 옷을 갈아입혀야 했지만 아이들이 잘 먹어주는 그 모습이 마냥 좋았어요.

이유식 시기와 죽 시기에는 그냥 그날의 메뉴를 그릇에 담아 자유롭게 먹게 했어요. 아이들이 어려서 알고 있는 음식의 수가 많지 않았던 밥 시기에는, 반찬 두세 가지를 놓고 아이들이 선택할 수 있게 했어요. 예를 들면 콩나물, 시금치, 생선을 차려놓고 이렇게 물어봅니다.

"○○아, □□아. 이 중에서 어떤 반찬에 밥 먹고 싶어?"

그렇게 아이가 원하는 반찬에 밥을 주었어요.

이유식 시기를 거치면서 이미 아이들에게 식사 시간은 즐거운 시간이었어요. 먹고 싶은 음식을 즐겁게 고르고, 먹을 수 있었거든요. 물어보지 않고, 제 마음대로 메뉴를 정했을 때는 "엄마가 짜장밥 해봤어. 우리 맛있게 먹어볼까?" 이 정도 이야기만 해주고, 아이가 싫어하면 다른 밥을 주었습니다. 아이들이 먹고 싶은 음식을 고를 수 있는 나이가 됐을 때는 먹고 싶은 게 있는지 미리 물어보고, 원하는 음식을 요리해서 주었어요.

아이가 밥을 안 먹는 것이 너무너무 힘들다면, 이유가 무엇인지 곰곰이 생각해보는 시간이 필요하겠지요.

아이가 골고루 먹었으면 좋겠다

아이가 편식하는 게 걱정이라면, 어린 시절의 엄마에게 같은 상처가 있는 건 아닌지 잘 들여다보시면 도움이 됩니다. 편식한다고 혼난 적이 있는 엄마라면 아이가 먹고 싶은 음식만 먹는 모습이 불편할 거예요. '내 아이는 먹고 싶은 것만 먹게 해주자. 행복하게 먹은 음식이 키로 가고, 살로 간다' 하는 마음으로 사랑을 선택하시길 바랍니다.

내가 요리를 못해서 아이가 밥을 잘 안 먹는 것 같다

이런 문제가 고민이라면, 아이에겐 맛도 맛이지만 분위기가 중요하다는 걸 잊은 건 아닌지 들여다보세요. 정말로 아이들은 밥을 대충 주어도, 편안한 분위기에서 자유롭게 먹을 수 있다면 행복해합니다. 아무리 좋은 음식이라도 억압된 분위기에서 먹는다면 좋을 리 없겠지요. 김에 싸서 밥 한 끼 때워도 하하 호호 웃으면서 즐겁게 먹으면 그것이 더 행복할 거예요.

밥상이 너무 초라해서 내가 무능해 보인다

그럴 때는 그냥 현실을 바라보는 것이 도움이 됐습니다. 우리는 완벽할 수 없고, 완벽해지려고 할수록 삶은 피곤해지기만 할 뿐이지요. 저는 육아 기계처럼 아이들을 키우고, 살림 또한 놓지 못했었는데요. 그럼에도 불구하고 아이들이 어릴 때는 도저히 요리를 할 시간이 없었습니다. 짬이 날 때 잠깐씩 아이들 먹을 음식을 만들었고,

남편과 저는 정말 대충 먹었습니다.

아이들이 세 돌 정도 지나니 마음 놓고 요리할 수 있는 시간이 생기더라고요. 그때부터는 요리를 많이 했고, 아이들은 늘 '먹방'을 찍곤 했습니다.

저부터가 먹기 싫은 것은 안 먹는 사람이기에, 아이들 또한 자유롭게 먹도록 해주었습니다. 스스로 먹든 제가 먹여주든, 배부르다고 하면 더는 권하지 않았습니다. 아이들이 편식을 하는 것처럼 보이지만, 자세히 관찰해보면 먹고 싶은 것을 먹으면서 영양소를 골고루 섭취하고 있다는 것을 알 수 있습니다.

아이는 먹고 싶을 때, 원하는 음식을, 원하는 만큼만 먹을 권리가 있습니다. 우리 아이들이 두 돌 즈음에는 갓 지은 맨밥을 좋아했어요. 몇 달 동안 갓 지은 맨밥을 물에 말아 맛있게 먹었습니다. 어른들께서 반찬도 좀 골고루 먹여야 하는 거 아니냐며 한 소리씩 하실 때마다 움츠러들기도 했지만, "이게 맛있대요" 그러면서 넘겼습니다.

또, 삼계탕을 좋아해서 한때는 3일 연속 삼계탕을 먹은 적도 있습니다. 엄마 욕심에 다른 메뉴를 해주고 싶었지만, 그건 엄마의 생각일 뿐 아이는 3일 연속 삼계탕을 원하더라고요. 그럴 때는 '우리 아들이 단백질이 당기나 보다' 생각하고 제 욕심을 내려놓았습니다. 지금 아이들은 골고루 먹고, 무엇보다 먹는 것을 즐기는 아이들로 자랐습니다. 아이들이 몸에 좋다는 음식만 골라서 먹는 것보다, 먹고 싶은 음식을 즐겁게 먹는 것이 좋다고 생각해요.

엄마에게도, 아이에게도 먹는 일이 스트레스가 되지 않았으면 좋겠습니다. 화려한 메뉴가 뭐 그리 중요할까요. 아이들 어릴 때는 밥 차려서 먹는 것만도 용하지요. 밥상이 초라하다고 속상해하지 마세요. 가족들 위해서 그 밥상 차려낸 것만으로도 이미 충분합니다.

먹는 일이 고통이 되지 않기를 바랍니다. 12첩 반상이 아니어도, 계란말이 하나에 밥을 먹어도, 즐겁다면 그걸로 충분합니다. 육아는 어쩌면 '다 잘할 순 없다'라는 것을 받아들이는 과정이 아닐까 싶습니다.

배려 깊은 사랑이 나에게 가르쳐준 것

세상의 모든 부모님이 아이들을 키우면서 자신 또한 성장한다는 것을 깨닫습니다. 한 걸음 더 나아가 배려 깊은 사랑은, 내 아이와 더불어 나의 내면아이도 키워야 하기에 보다 더 섬세하고 강한 힘으로 우리를 사랑으로 이끌어준다고 생각해요.

사랑이란 배워서 줄 수 있는 게 아니라고 믿으면서도, 해줄 수 있는 게 그것뿐이라서 열심히 배우고 실천하려고 노력했습니다. 아이의 마음에 공감할 때도 있었지만, 그렇지 않을 때가 더 많아서 그저 '~구나, ~구나' 했습니다. 아이들과 24시간 붙어서 모든 것을 함께 했지만 마음은 허공을 떠다닐 때가 많았습니다. 아이가 잠자기 싫어서 그러는 게 아니라 정말 책이 재미있어서 그런다고 하길래, 졸음을 참기 위해 허벅지 꼬집어가며 책을 읽어주었습니다. 몸은 여기 있어도 영혼은 안드로메다 어디쯤을 떠돌았지요.

정말 그랬어요. 질보다는 양으로 승부하던 시간이었습니다. 온전히 공감이 안 되고, 함께 즐기지도 못하고, 온전히 아이를 이해할 수 없었습니다. 해줄 수 있는 것이라고는 영혼이 있든 없든 그저 아이들이 원할 때 곁에서 빈 몸뚱이라도 함께하는 것이었습니다.

울어보지 못해서 우는 아이를 달래는 것이 죽을 만큼 힘들었어요. 화내보지 못해서 화를 내는 아이를 자연스럽게 바라보기가 힘들었어요. 기쁨을 억압했기에 기쁨에 방방 뛰는 아이가 유난스러워 보였어요. 사랑받으려고 오만 가지 척이란 척은 다 하며 살아와서 자유롭고 가벼운 아이를 보는 것이 힘들었어요. 눈칫밥만 먹고 살아온 사람이라 눈치 안 보는 아이들이 얄미웠어요.

하지만 갈수록 몸이 편해지고, 마음이 편해집니다. 나도 이제 울어도 보고, 화도 내보고, 기쁨도 느끼고, 눈치 안 보고 살겠다고 다짐하니 아이들과 함께하는 시간이 힘들지가 않습니다. 밑 빠진 독처럼 채워도 채워지지 않는 듯 엄마에게 들러붙던 아이들은 어느새 자라 자신들만의 놀이를 합니다. 모든 것을 엄마와 함께해야 직성이 풀리던 아이들이 이제는 둘이서 논다고 엄마는 나가달랍니다.

지난 시간을 생각하면 아이들에게 미안했고, 그렇게밖에 할 수 없었던 저 자신이 싫었습니다. 왜 진심으로 함께하지 못하고 시간만

때웠을까 자책하기 바빴지요. 이제는 알 것 같아요. 사랑을 '흉내' 낸 것이 아니라, 사랑을 배우기 위해 '노력'하는 시간이었다는 것을요. 제가 받아본 적 없는 것을 주기 위해서 피나는 노력을 했다는 것을요. 제가 노력했던 모든 순간이 이미 사랑이었다는 것을요.

나는 소중하지 않은 사람이라고 생각했어요. 그래서 불행하다고 생각했지요. 힘겹게 세상에 나온 내 아이들은 나처럼 살지 않았으면 해서 소중하게 키우고 싶었어요. 나는 귀한 대접을 받아본 적이 없지만, 내 아이들한테는 그렇게 해주고 싶었어요. 받아본 적이 없어 모르니 배워서 했어요. 내가 소중하게 대하려 노력했더니 내 아이들이 나를 소중하게 대해줘요. 나에게 내 아이들이 소중하듯, 내 아이들한테도 나라는 존재가 소중해요.

아픔에 힘겨워하는 저에게 "안아주세요" 하는 아이의 말이 "엄마, 안아줄게요"라고 들렸던 그날, 얼마나 많은 눈물을 흘렸는지 모릅니다. 왜 분노가 올라오는지도 모른 채 고통과 싸워야 했던 그 순간에 자꾸만 안아달라고 하는 아이를 원망했어요. 그런데 그것이 저의 내면아이를 안아주고자 했던 아이의 사랑이었다니…. 그때 알았다면 아이 마음을 그렇게 아프게 하지 않았을 텐데 하면서 가슴을 쳤습니다. 그렇게 사랑은 서로에게 흐르고 있었습니다.

배려 깊은 사랑의 힘에 이끌려 순간순간 흔들리면서도 멈추지 않았어요. 선명한 빛만 빛인가요? 희미한 빛도 빛입니다. 제 의식은 몰랐을지언정 아이들의 밝은 미소를 보며 제 안에 사랑이 차곡차곡 쌓이고 있었나 봐요.

배려 깊은 사랑을 실천하면서 '사랑'은 배우고 노력하는 것이라는 걸 깨달았어요. 우리는 우리 아이들에게, 우리 아이들은 우리에게 사랑을 배워요. 그렇게 서로를 사랑으로 비추어요. 저항을 이겨내고 사랑을 선택하는 순간은 너무 힘들어요. 가슴이 찢기고, 터지고, 내 몸이 산산조각 날 것만 같은 고통을 느낍니다. 내가 그렇게 키워놓고, 굴복하지 않는 아이를 보면 꺾어버리고 싶은 충동이 일어요. 아이를 꺾지 않으면 내가 죽어야 할 것만 같은 공포마저 느껴요. 그래도 사랑을 선택하면서 왔습니다. 몸은 서럽게 울지만, 가슴은 알더라고요.

소중한 내 아이, 소중한 나, 소중한 우리 모두를 위해서 사랑을 선택하며 가요. 당신 안에 사랑이 있다는 것을 믿으세요. 우리가 해야 할 일은 내 안에 이미 존재하고 있는 사랑을 발견하는 것뿐이랍니다. 배려 깊은 사랑을 통해 아이를 사랑하는 것이 곧 나 자신을 사랑하는 것임을 깨달았어요. 나 자신을 사랑하는 것이 모두를 사랑하는 것임을 깨달았어요.

사랑을 배우고 실천하기 위해 노력하는 것이 얼마나 아름다운 일인지 알겠습니다. 열심히 배우고 실천하려 노력하다 보니 어느새 자연스럽게 육아하고 있는 저를 봅니다. 저는 이제 더 이상 제가 배워야 사랑을 줄 수 있는 엄마였다는 것에 슬퍼하지 않습니다. 그 시간이 소중하고 감사할 뿐이지요. 배워서 하다 보면, 가슴으로 육아하는 날이 옵니다. 아이의 행복을 위해서 엄마인 저의 욕구를 억압했지만, 배려 깊은 사랑을 통해서 엄마인 제가 행복해야 아이도 행복할 수 있다는 것을 배웠습니다.

고유의 육아를 하자

저만의 육아를 하고 싶었어요. 외부의 영향에서 벗어나고 싶었어요. 누가 뭐라고 해도 흔들리지 않는 단단한 엄마가 되고 싶었습니다. 본능적으로 배려 깊은 사랑이 맞다는 걸 알고 가면서도 부정적인 말 한마디라도 들으면 갈대처럼 흔들렸지요. 제가 저 자신을 못 믿어 아이들을 저와 반대로 키우고 싶었어요.

그런 제가 아이들을 온전히 믿어주어야 했으니 그 과정이 얼마나 힘들었겠습니까. 나를 믿지 못하면서 아이들을 믿기 위해 노력했던 그 시간을 생각하니 가슴이 아픕니다. 받아본 적 없는 사랑을 주고 싶어서 배우고 실천했어요. 그렇게 순간순간 믿기로 선택하면서 왔습니다. 믿음마저 선택해야 한다는 것에 좌절한 적도 있었지만, 모든 것이 쌓이고 쌓여서 오늘의 저와 아이들이 있어요.

따라 하다 보니 저한테 무엇이 맞는지 알게 됐어요. 저와 맞는 육아법을 찾아 열심히 흉내 내고 시도했어요. 그렇게 하다 보니 어느새 저만의 육아를 하고 있었습니다.

엄마였기에 뭐라도 해야 했어요. 이것이 좋을까 저것이 좋을까 수없이 고민했어요. 남들과 비교하면서 왜 나는 안 될까 자책도 많이 했지요. 그러다가 깨달았어요.

'내가 잘하는 것을 하자. 내가 기쁘게 줄 수 있는 것을 주자.'

나만의 육아를 하세요. 내가 기쁘게 줄 수 있는 것을 주세요. 엄마가 기쁘게 줄 때 받는 아이도 기쁘게 받습니다. 내가 줄 수 있는 것을 하나둘 주다 보면 자신감이 생깁니다. 그리고 예전에 힘들었던 것들도 시도해볼 수 있는 용기가 올라오지요. 타인과 나를 비교하며 시간을 보내기엔 아이와 나의 하루가 너무 소중합니다. 나와 내 아이에게 집중하며 우리만의 이야기를 만들어가기로 해요. 나를 알고 내 아이를 알면 할 수 있는 것이 많아집니다.

잘해 보이고 싶었어요. 온전하지 못해서 특별해 보이는 데 에너지를 썼어요. 그것을 놓아버리고 내 아이 눈빛 한 번 더 바라보는 데 집중하기로 했습니다. 제가 타인을 평가하고 판단하는 마음을 내려놓으니 저 역시 타인의 평가와 판단에서 벗어난다는 걸 느낍니다. 제가 고유하듯, 모두가 고유하다는 것을 알아갑니다.

무엇이든
물어보세요
Q & A

Q 아이가 어릴 때는 이 정도까지는 아니었는데, 갑자기 요구가 많아져서 자꾸만 분노가 올라와서 미칠 것 같아요. 아이가 원하는 것을 하나도 해주기 싫습니다. 자꾸만 저를 힘들게 하는 아이에게 미운 마음도 들어요. 내면아이를 치유하면서 감정을 느끼기 시작하니 시도 때도 없이 분노가 올라오는데 제 분노를 그대로 표출하면 아이에게 부정적인 영향을 미칠까 봐 너무 걱정됩니다. 배려 깊은 사랑으로 아이를 잘 키우고 싶은데, 분노가 올라오니 모든 게 무너질 것만 같아서 두렵습니다. 저와 아이 모두 상처받지 않고 제 안의 분노를 해결할 수 있는 좋은 방법이 있을까요?

A 치유를 시작하면 그동안 억압했던 감정들이 하나둘씩 올라옵니다. 분노는 부정적인 감정이고 표현하면 안 된다고 배웠기에, 누르는 데 많은 에너지를 썼지요. 그러나 억압하는 것에도 한계가 있답니다. 이제는 그런 감정을 억압하기보다는 안전한 장소에서 안전한 방법

으로 표출하시는 게 좋아요.

자기 안에 분노가 있다는 것, 분노 역시 자연스러운 감정이라는 것을 인정하세요. 그 분노를 현명하게 잘 풀어내야 엄마도 살고 아이도 산다고 생각하세요.

아이는 엄마를 사랑으로 비추어줍니다. 아이가 엄마를 힘들게 하려고 그러는 것이 아님을 기억하세요. 그리고 '아이'의 문제로 바라봤던 시선을 '나'의 문제로 바꾸는 연습을 해보세요. '아이가 나를 힘들게 한다'가 아니라, '아이의 저 행동에 나는 왜 화가 날까?' 이런 식으로요.

분노가 계속 쌓이기만 하다 보면 예기치 못한 상황에서 가장 안전한 대상인 내 아이에게 쏟아내게 됩니다. 그러면 엄마와 아이 모두 상처를 받아요. 분노가 올라올 때 어머님께서 알아차릴 수 있는 시그널을 만드시고 실천하도록 노력해보세요. 하고 싶은 말을 글로 쓰면서 미운 상대에 대한 원망을 풀어내는 것도 좋습니다. 내면아이 상담을 받는 것도 도움이 되지요. 아무도 없는 차 안이나 공터에서 소리를 지르고, 울음을 마음껏 토해내는 것도 좋답니다.

감정이 한번 올라오기 시작하면 갑자기 눈물이 나기도 합니다. 그럴 수 있어요. 그럴 때는 아이에게 말로 차분하게 설명해주는 것이 좋습니다.

"아가야. 엄마는 울고 싶을 때 참아야 했던 적이 많았단다. 그때 참았던 눈물들이 엄마 가슴에 쌓여 상처가 됐어. 엄마가 우리 아가 정말 사랑하는데 자꾸만 화내고 상처를 주게 돼서 미안해. 엄마가 이제는 엄마의 상처를 치유하고 우리 아가랑 아빠랑 행복하게 살고 싶어. 엄마의 상처를 치유하려면 많이 울어야 한대. 엄마가 우는 건 아가 네 잘못이 아니란다. 이 눈물은 고마운 눈물이야. 엄마의 상처를 치유해줄 거야. 우리 아가가 나에게 와줘서 엄마가 치유하고 사랑으로 살고 싶다는 마음이 들었어. 엄마에게 사랑을 알려주어서 정말 고마워.”

이렇게 아이의 잘못이 아니라는 것, 그리고 엄마의 눈물이 치유의 눈물이라는 것을 알려주세요. 그리고 아이가 어릴 때는 엄마가 너무 격한 감정을 보이면 놀랄 수도 있으니 아이의 상황을 살피면서 어머님께서 잘 조절을 해보세요. 아이는 엄마가 자유로워지고 행복해지기를 바랍니다. 엄마 자신과 아이를 위해서 사랑을 선택하는 연습을 하세요.

2장

고유의 발달 과정을
중시하는 푸름이교육

'어휴, 나는 못 할 것 같아.'

푸름이교육을 막 시작했을 때, 믿음으로 기다려주고 사랑으로 함께하며 아이를 있는 그대로 비춰주어 온전한 아이로 키워내는 엄마들을 보면서 '넘사벽'이라는 생각에 주눅 들었습니다. 배려 깊은 사랑을 배우고 싶어서 푸름이교육 문을 두드렸지만 죄책감과 수치심 많은 내가 아이를 잘 키울 수 있을지, 아이를 잘 키우는 것이 정말 가능한 일인지 두려움과 의심이 많았기 때문입니다.

푸름이교육에서 전하는 메시지 중 가장 받아들이기 힘들었던 것은 '나는 사랑이고, 고귀하고 장엄한 존재'라는 말이었습니다. 폭군이 되어 매일 아이에게 고함을 지르고, 남편과 냉탕과 열탕을 오가는 신경전을 벌이는 내가 사랑이라니 입에 발린 말처럼 들려서 불신이 깊었어요. 보이지 않고, 증명할 수 없는 것에 대한 믿음을 회복하는 데 상당한 시간이 필요했습니다.

사랑과 두려움, 진실과 거짓에 끊임없이 의문을 품고 반기를 들었던 제가 '내가 사랑이고, 고귀하고 장엄한 존재'라는 사실을 받아들일 수 있었던 건 푸름이교육을 함께하는 많은 분들이 있었기 때문입니다. 내 안의 사랑을 회복하는 성장의 길을 함께 걸어가는 사람들과 의존과 독립을 반복하면서 내면아이를 성장시키는 과정이 있었습니다. 그리고 내면아이의 상처를 따뜻하게 보듬어주고, 사랑으로 있는 그대로 비추는 스승이 있기에 나를 믿고 세상을 믿는 나로 성장하는 기적을 경험했습니다.

이제는 압니다. 아이의 자연스러운 감정 표현을 존중하고 있는 그대로 사랑해주고 싶은 엄마의 마음이, 두려움에도 불구하고 대면을 통해 상처를 극복하려는 용기가, 무수히 흔들리더라도 길을 잃지 않고 성장의 길을 걷고자 하는 의지가 사랑이라는 것을 말이죠. 닿을 수 없이 멀게만 느껴졌던 배려 깊은 사랑이라는 의식이 바로 그곳에 있었습니다.

나밖에 모르는 이기적인 사람이 얼결에 쌍둥이를 낳았기에 당연히 '헬육아'일 수밖에 없다며 자책하고 한탄했었습니다. 그런데 푸름이교육을 만난 후 삶이 변화하고, 삶이 기적이고 축복임을 받아들이게 됐습니다. 그 성장 이야기를 시작합니다!

아이의 발달 과정에서 엄마는
어떤 역할을 해야 할까

부모가 된다는 것은 잠시나마 자신의 욕구를 접어두고 더 약한 존재인 아이의 욕구를 채워주는 것이라고 합니다. 이자벨 필리오자의 《아이 마음속으로》에 나오는 말입니다.

아이의 성장은 일정한 발달 과정을 거치게 되는데요. 아이의 행동이 어떤 의미인지, 어떤 심리적 특징을 가지는지 이해하면 아이를 키우면서 부딪히는 문제의 대부분이 해결됩니다. 육아하면서 겪는 문제들 중 대부분은 성장 발달에 대한 이해 부족에서 비롯되는 경우가 많기 때문에 아이가 일정한 성장 발달 과정을 겪는다는 사실만 인지하고 있어도 안정적이고 일관성 있는 육아를 할 수 있어요.

아이의 발달 단계별 특징

잉태부터 출산까지: 축복·환영기

- 특징: 존재로 환영받아야 하는 시기
- 부모의 역할: "사랑하는 우리 아가, 잘 왔다. 환영한다!"

~18개월: 애착 형성기

- 특징: 왕성한 호기심으로 세상을 탐험하며 자율감을 획득하는 시기
- 부모의 역할: 아이의 욕구를 따라가며, 스킨십을 통해 상호적 애착 관계를 형성한다.

~36개월: 제1 반항기

- 특징: 참된 의미의 자아에 눈뜨는 최초의 시기
- 부모의 역할: 허용 범위를 넓혀 아이가 자기주도성을 획득할 수 있도록 돕는다.

~48개월: 황금기

- 특징: 부모를 기쁘게 하기 위해 고집을 버리고 협조하는 시기
- 부모의 역할: "엄마, 이거 해도 돼요?" 함께하는 기쁨 속에서 행복한 추억을 많이 만든다.

~60개월: 무법자 시기

- 특징: '미운 다섯 살' 불안정한 시기
- 부모의 역할: 스스로 도전하고 성취하는 것에 만족하는 유능한 자아가 발달되도록 돕는다.

아이 교육과 성장에 대해 조금만 관심을 기울여도 위에 정리한 것과 같은 정보는 어렵지 않게 수집할 수 있습니다. 하지만 아이와 전쟁 같은 하루를 보내는 일상생활에서 매 순간 이런 내용을 상기하며 지내기란 쉬운 일이 아닙니다. 왜 그럴까요? 머리로 이해하는 학문적

정보가 가슴의 사랑으로 내려오지 않기 때문이에요. 다시는 그러지 않겠다고 다짐하지만 부지불식간에 올라오는 화를 참기 어려운 이유는 내 아이에게 온전한 사랑을 주는 것을 거부하는 상처받은 내면 아이가 있기 때문입니다.

🌱 잉태부터 출산까지: 축복과 환영의 시기

임신 9주가 됐을 때 초음파 검진으로 두 개의 아기집을 발견하고 쌍둥이를 임신했다는 사실을 알게 됐습니다. 그때 가장 먼저 든 생각은 '일을 해야 하는데…'였습니다. 아이 한 명을 키우는 것도 자신이 없었기에 두 아이의 인생을 책임져야 하는 엄마가 됐다는 사실은 굉장히 큰 중압감으로 작용했지요.

육아에 대한 엄청난 부담과 두려움 때문에 내심 딸이기를 바랐어요. 아들 쌍둥이를 키우는 것보다 수월할 것 같았거든요. 태아 성별을 감별할 수 있는 임신 중기에 이르렀을 때 초음파 검진으로 두 아이 모두 아들인 것을 확인했어요. 진찰실 문을 나오면서부터 울기 시작해 지하주차장 바닥에 주저앉아 목 놓아 엉엉 울어버렸지요.

푸름이교육을 알고 태아기에 아이들을 존재 자체로 환영해주지 못한 것이 아이들에게 큰 상처로 남는다는 사실을 알게 됐고, 오래도록 나의 가슴을 누르는 죄책감으로 남았습니다.

임신 중에 왜 행복한 기억을 남기지 못했을까 늘 의문이었는데,

내면 여행을 시작하면서 "네가 아들이었다면 더 이상 아이를 낳지 않았을 거야"라는 엄마 말이 떠올랐어요. 존재 자체로 환영받지 못하고 태어났음을 알 수 있었지요. 난 첫째 딸로 태어났기 때문에 당연히 사랑받았을 것이라는 환상을 가지고 있었는데, 대면 중 배 속 체험을 통해 태아가 느낀 감정은 따뜻함이나 평온함과는 거리가 멀었습니다. 배 속의 아기는 성장하기를 거부했고, 세상에 태어나는 것을 온몸으로 저항했어요.

사랑받았다는 환상을 깨고 그때 느꼈던 슬픔과 분노를 다시 느끼고 나서야, 내가 아이들을 진심으로 환영하지 않았다는 것을 인정하고 아이들에게 깊이 사과할 수 있었습니다.

"미안해. 엄마는 아이를 키우는 것이 너무 두려워서 너희를 환영하지 못했어. 너희가 딸이었으면 했어. 미안해. 엄마 아들로 태어나 줘서 고마워."

🌱 ~18개월: 애착 형성기

수면 교육이 필요해

아이가 태어나면 엄마는 달라진 환경에 적응해야 하며, 양육에 대한 부담감도 증가합니다. 나를 중심으로 규칙적으로 돌아가던 일상생활이 아이 중심으로 바뀌면서 불규칙적이며 다변적인 상황에 놓이게 되기 때문입니다. 그렇다 보니 수면 패턴이라도 규칙적으로 만들어 밤잠이라도 길게, 그리고 깊게 재우고 쉬고 싶은 마음이 간절해 집니다.

저 역시 한계에 부딪혔다는 생각이 들 때 '어릴 때부터 따로 재워서 독립심을 키워주어야 한다'라는 말을 들었어요. 그러기 위해서는 수유 패턴을 일정하게 하는 등 일종의 스케줄이 필요하며, 그 효과로 밤잠도 길어진다고 했습니다. 그래서 생후 한 달밖에 되지 않은 아이들을 놓고 수유 양과 수면 시간을 정하기에 이르렀습니다. 이렇게 한 건 솔직히 아이의 독립과 자립을 돕기 위해서라기보다 힘든 육아에서 벗어날 수 있는 유일한 방법이라는 생각 때문이었어요. 내 몸은 편하게, 마음은 가볍게, 아이에 대한 미안함에서 벗어날 수 있는 달콤한 말이었어요.

하지만 마음 한편에 갓난아이가 느끼는 두려움을 외면한다는 죄책감과 수면 교육에 대한 불신과 불확실성이 남아 있었습니다. "괜찮아. 잠들 수 있어"라는 말을 앵무새처럼 반복하다가, 얼굴이 새파래질 정도로 우는 아이를 보고는 더 이상 수면 교육이라는 명목으로 아이를 혼자 재우지 않았습니다.

육아를 힘들게 만드는 것은 '내가 아이를 잘못 보살피는 것이 아닌가?' 하는 두려움인 경우가 많습니다. 이것은 양육의 질과 효능감을 떨어뜨리는 장애물입니다.

누군가의 도움이 없으면 아이를 돌보지 못한다고 생각이 들 정도로 자신감이 낮아진 상태였기에 맘카페나 다른 사람들의 조언에 쉽게 흔들렸지요. 자는 시간도, 수유 양도 '내 아이가 정답'입니다. '아이가 원하는 것은 아이가 잘 안다'라는 믿음이 자리 잡혔을 때 비로소 육아의 부담감에서 벗어날 수 있었어요. 아이가 정답이기에 아이가 울면 안아주고, 아이가 배고프다고 하면 수유를 하고, 아이가 졸리다고 할 때 재워주면 됐거든요. 아이는 엄마가 무언가를 채워주어야만 하는 불완전한 존재가 아니라 스스로 성장할 수 있는 힘을 가지고 있다는 것을 믿어야 합니다.

도대체 왜 우는 거니

아이의 울음은 언어를 습득하기 전 단계에서 자신의 욕구를 표현하는 가장 강력한 의사소통 수단입니다. 자신의 욕구가 충족되지 못했다는 신호를 전달하여 양육자와의 연결을 시도하는 거지요.

신생아 때부터 유아기까지는 양육자와 정서적으로 친밀한 유대감을 형성해야 하는 시기입니다. 양육자의 반응을 통해 '세상은 믿을 만한 곳인가?' 하는 믿음을 형성하는 시기이기 때문에 아이의 요구에 즉각적이고 일관된 반응을 보여주어 신뢰감을 형성해야 합니다. 이때의 적절한 상호적 애착 관계가 후기 인간관계의 기초가 되기 때문에 무엇보다 중요한 시기라고 할 수 있어요.

하지만 아이 울음에 민감하게 반응한다는 것은 보통 어려운 일이 아닙니다. 저 역시 배가 고픈 건지, 기저귀가 젖은 건지, 졸린 건지, 이게 그 말로만 듣던 영아 산통인지 감을 잡을 수 없는 데다가 아이 울음소리를 듣는 것 자체가 너무 고통스러웠어요. 얼른 그치게 하고 싶다는 생각만 가득했어요. 그러다가 아이 둘이 동시에 얼굴이 새빨개지도록 울면 어쩔 줄을 몰라 허둥대다가 막막함과 두려움에 엉엉 울어버렸어요.

내면에 울지 못하는 아이가 있는 부모는 아이가 울면 이런 상황에 적극적으로 대응하기가 어려워집니다. 아이의 울음이 엄마 내면의 울지 못한 아이를 건드리기 때문에 그 아이를 달래느라 아이의 울음에 즉각 반응하지 못하는 거지요.

자꾸 안아주면 손 탄다

출산 후 산후조리를 도와주는 분께서 '아이가 벌써 손을 타서 큰일이다'라는 얘기를 하셨어요. 어릴 때 많이 안아주면 의존적이고 자립심이 부족한 아이로 자란다는 우려와 함께 말이지요. 그래서 자꾸 안아주어 손 타면 큰일 나는 줄 알고 아이들을 되도록 안아주지 않았습니다. 솔직히 말하면 그 말을 믿고 싶었는지도 모릅니다. 안아주지 않아도 되는 당위성을 얻게 되니까요.

풍족한 애정과 부드럽고 일관성 있는 양육과 스킨십으로 자란 아이가 정서적으로 안정되어 오히려 독립심이 강하고 지능도 발달한다는 사실을 그때 알았더라면, 내 몸이 힘들더라도 최선을 다해 안아주었을 거예요.

아이가 안아달라는 것은 손을 타서 부모를 힘들게 하기 위해서가 아니라 생존 본능입니다. 서로 살갗을 맞대며 따뜻한 체온을 느끼면서 부모는 아이에 대한 애정을 키워가고, 아이는 부모로부터 사랑을 느낍니다. 영유아기 때 부모에게 사랑을 많이 받은 사람일수록 자존감과 지능이 높으며 사회성이 발달한다고 합니다. 정서가 안정되어 있기 때문에 낯가림이나 분리불안도 빨리 해소합니다. 반대로 어릴 때 덜 품어준 아이는 부모와의 애착 관계가 부족하여 자라서도 정서적으로 불안정하며 뭔가에 집착하는 경향이 강합니다.

푸름이교육을 통해 스킨십이 얼마나 중요한지 알게 되면서 의식적으로 노력을 기울였어요. 그러자 원인도, 병명도 불명확한 피부질환을 앓기 시작했습니다. 계절의 변화, 화장품, 섬유 등과 관련 없이 이따금 피부가 가려웠어요. 어느 날은 쇄골 아래 가슴이 가려웠고, 어느 날은 위팔이 가려워 피멍이 들 때까지 긁었어요. 허벅지도 많이 가려웠지요. 이곳들이 내가 아이를 안아줄 때 가장 많이 닿는 부분이라는 것을 자각하고 얼마나 절망했는지 모릅니다. 아이와 사랑을 나누는 스킨십을 거부하는 나의 무의식이 만들어낸 질병이었던 거예요.

울음이 차올라 엉엉 울면서 "엄마 나 좀 안아줘. 나 좀 봐줘. 나 좀 사랑해줘. 낳았으면 잘 키웠어야지. 왜 내가 낳은 아이에게 사랑도 못 주게 키웠어" 하며 내면아이의 아픔과 슬픔을 대면했어요.

많은 눈물로 나의 상처를 대면하고, 내면아이를 안아주고 나서야 비로소 내 아이를 사랑으로 안아줄 수 있었어요.

왜 이렇게 낯을 가리는 거야

태어나서 18개월까지는 인간관계에 대한 감각이 발달하는 시기로, 부모와의 유대 관계를 바탕으로 타인에 대한 신뢰감을 얻게 되는 시기입니다. "할머니한테 낯을 가려서야 되겠냐" 하며 핀잔을 들으면, 이러지도 못하고 저러지도 못하고 참 난처해지지요. 어른들은 서운함에 "엄마가 자꾸 안아줘서 다른 사람을 경계한다" 같은 말을 덧붙이기도 합니다. 내면에 착한 아이가 있는 엄마는 자신이 큰 잘못을 한 것 같아 불편하고, 이런 상황에 어떻게 대처해야 할지 곤란해지지요.

할머니, 할아버지라고 해도 아이 입장에서는 낯선 사람입니다. 손주를 사랑하는 조부모로서 서운함을 표현하는 건 어쩔 수 없지만, 엄마는 아이의 보호자라는 것을 잊지 마세요. 이럴 때 아이의 표정과 감정을 섬세하게 살피고, 아이가 불편해한다면 아이를 만지려고 하거나 억지로 안으려 할 때 엄마가 경계하여 아이를 보호해주어야 합니다.

저는 낯선 곳을 방문할 때 5분에서 길게는 1시간 정도 꼭 안아주며 적응할 수 있는 시간을 만들어주었어요. 그리고 "오랜만에 봐서 얼굴을 익히는 데 시간이 필요해요. 낯을 많이 가리는 아이들이 영리하대요. 조금만 기다려주세요" 하고 말씀드렸어요. 손주가 영특해서 낯을 가린다는데 싫어하는 할머니, 할아버지는 없답니다.

뭔가를 가르쳐야 하지 않을까?

남들보다 뒤처질까 봐 국민 장난감, 각종 유아 프로그램, 값비싼 교구에 큰돈을 들이던 때가 있었어요. 교육은 엄마의 정보력, 할아버지의 재력, 아빠의 무관심으로 완성된다는데 재력은 둘째치고 나라도 민감하게 정보를 수집하지 않으면 아이들에게 최소한의 기회조차 만들어주지 못하는 엄마가 될까 봐, 그래서 아이들의 미래를 어둡게 할까 봐 너무 불안했어요. 지금 생각해보면 하나부터 열까지 몰라도 너무 모르는 엄마였어요.

아이가 백지상태로 태어난다고 보는 부모들은 무언가를 주입해 가르쳐야 한다고 생각해요. 하지만 아이들은 엄마가 기대하는 것 이상으로 엄청난 잠재력을 갖추고 태어납니다. 이 시기에는 세심한 주의와 관심을 기울여 반응해주는 것만으로도 자연스럽게 발달을 유도할 수 있습니다.

아이의 숨은 잠재력을 찾고 활짝 꽃피우게 하려면, 어린 시절 재미있고 흥미진진한 경험을 쌓게 해주세요. 이 경험은 특별한 이벤트를 말하는 것이 아니라 아이의 시선을 따라가며 아이가 매 순간 흥미를 보이는 것에 집중하는 것을 의미합니다. 아이의 시선이, 손끝이 나가는 방향에 레이더를 맞춰보세요. 무언가를 알려주어야 한다는 마음이 앞서면 아이의 관심사를 놓치게 됩니다. 부모의 뜻이 아닌 아이의 관심사를 따라가고, 아이의 관심이 더 깊어질 수 있도록 도와주는 것이 학습의 기초가 되는 경험을 많이 만들어주는 방법입니다.

　무엇보다 중요한 것은 부모의 사랑과 정성 어린 보살핌입니다. 충분한 애정 속에 자란 아이일수록 정서적인 발달뿐만 아니라, 인지 능력도 빠르게 발달합니다. 아이는 잠재된 능력을 발현하고 지적 성장을 이뤄가지요.

저 아이는 벌써 저걸 하네

쌍둥이 중 첫째 아이 강이는 생후 10개월까지 배밀이도 못 하는 아이였어요. 집 안 곳곳을 돌아다니며 탐색해야 하는 시기에 늘 제자리에 앉아 있거나 엎드린 자세로 하루를 보냈지요. 활동에 제약이 많다 보니 쉽게 지루해하고, 뜻대로 되지 않는 일이 많아 짜증이 심해지고, 울음을 자주 터트렸어요. 또래보다 한참 떨어지는 강이의 발달을 놓고 고민이 많았습니다.

　그때 아기의 신체적 발달 단계를 거치는 것은 뇌의 발달과 밀접한 관계가 있다는 글을 봤어요. 아이들의 언어 능력과 관계있는 중뇌 부분이 급속도로 성장하기 때문에 이 시기를 건너뛰면 중뇌가 충분히 발달하지 못하고 미숙한 채로 지나가 버린다고 경고하더군요. 초보 엄마가 몰라도 너무 몰라서 아이의 발달을 방치했구나 하는 생각에 덜컥 겁을 먹었어요. 자책이 원망으로 바뀌면서 다른 아이들은 제때 하는 것을 너는 왜 못 하느냐며 아이를 탓하게 됐어요.

　애간장을 태우던 강이가 어느 날 갑자기 배밀이를 하기 시작했어요. 드디어 배밀이를 하는구나 기뻐했는데 다음 날은 팔에 힘을 주어 네발로 기어 다녔고, 그다음 날은 기어가다가 주저앉는 방법을 익혔어요. 곧이어 소파를 잡고 서는가 하면 그다음 날은 소파를 잡고 옆으로 걷기 시작했지요. 오랜 시간 속앓이를 했던 시간이 무색할 정도로 배밀이부터 걸음마까지 빠르게 끝내버렸어요. 1주일 만에 말입니다.

아이들은 모두 일반적인 성장 발달을 거치지만 아이들 각자 고유의 속도와 방법이 있다는 사실을 깨달았습니다. 아이의 성장 발달 속도가 평균에 미치지 못한다고 해서 조급해하지 마세요. 때가 되면 자연스럽게 열매를 맺는 아이에게 봄에 꽃이 만발할 때 너는 왜 꽃을 피우지 않느냐며 재촉하는 실수를 하게 돼요. 아이들은 일률적으로 꽃을 피우지 않아요. 평균에서 벗어난다고 해서 다른 아이들과 비교하는 것은 육아를 지치고 괴롭게 만들 뿐입니다.

아이의 발달이 늦는 것 같아서, 나쁜 습관이 들기 전에 고쳐야 할 것 같아서, 늦기 전에 무언가를 가르쳐야 할 것 같아서 사회성과 기본 예의범절을 가르쳐야 한다는 생각에 아등바등하던 시절이 있었어요. 수유 간격과 수면 교육, 아이 발달과 기본 교육 등에 대해서요. 어른도 먹는 양, 자는 시간, 배우는 시기, 좋아하는 것과 잘하는 것이 제각기 다르잖아요. 그런데 왜 책 내용에, 전문가의 말에 맞춰 키우려 했을까요. 그러는 사이 아이의 웃음을 보지 못했고, 아이들이 주는 사랑을 놓치고 살았어요.

헬육아라고 생각했던, 그 영원할 것만 같았던 시간이 흘러가고 있습니다. 아이는 아이의 시간대로 자랄 거예요. 걱정 대신 훈계 대신, 오늘은 고맙고 사랑한다고 말해주세요.

"엄마 아들로 태어나줘서 고마워."

"세상 무엇과도 바꿀 수 없는 엄마 딸, 사랑해."

✿ ~36개월: 제1 반항기

훈육이 필요하지 않나요?

엄격한 규칙과 틀 안에서 성장한 엄마는 시스템화되어 있는 육아가 편합니다. 그리고 엄마가 설정한 틀과 한계에 아이가 순응하지 않으면 훈육이 필요한 상황으로 판단하죠.

울면서 떼를 쓰는 아이에게 네가 잘못한 것이니 '훈육'이 필요하다며 우는 아이를 외면했어요. 이때의 훈육은 아이의 감정에 공감하고, 속마음을 헤아릴 능력이 없다는 무능함과 무력함의 반증이었어요. 사실은 우는 아이의 감정을 읽어주고, 공감해주는 것이 힘들어서 '단호한 훈육이 필요하다'라는 전문가들의 말 뒤에 숨어버린 거예요.

아이 감정에 공감하는 부모는 아이를 훈육하려 하지 않아요. 마음에 공감해주면 아이가 떼를 쓰지 않기 때문에 애초에 훈육이 필요할 만한 상황이 전개되지 않습니다.

엄마를 미치게 하는 '싫어'

제1 반항기는 "안 돼!", "싫어!", "내 거야!"라고 말하면서 부모와 분리되어 내가 누구인지 알아가고, 자아에 눈뜨는 시기입니다. 아이의 말과 행동이 부정당할 상황과 장소를 피하고, 자신의 욕구대로 세상을 배워나갈 수 있도록 도와주는 것이 부모의 역할입니다.

두 돌 때쯤 푸름이교육을 제대로 해보겠다고 마음을 먹자마자, 아이들이 제1 반항기의 전형적인 행동들을 보이기 시작했어요.

"안 잘 거야."

"불 끄지 마!"

잠을 자려고 불을 끄면 "싫어!" 하면서 벌떡 일어나 후다닥 달려가 불을 켰어요. 내가 불을 끄면 아이가 달려가 불을 켜고, 내가 다시 끄고 아이가 다시 켜는 행동을 매일 반복했어요. 그러다가 숙면이고 뭐고 전기요금이고 뭐고 신경 쓰지 말자 싶어졌어요. 이렇게 싸우다가 아이 가슴에 상처 주는 것보다 전기요금 더 내는 것이 낫겠다며 생각을 바꾸었습니다.

무엇이 더 나은지 무엇이 아이를 위하는 일인지 고민하면서 잠자는 시간에 대한 통제를 내려놓으니 자연스럽게 취침 시간이 자정을 넘는 일이 잦아졌어요. 낮엔 싸우면서 새벽에 놀 땐 싸우지도 않고 어찌나 잘 노는지 "이제 자자"라는 말을 붙일 틈도 없었지요. 싸우기라도 하면 그 핑계 대고 재우려고 했는데 말이에요. 잠드는 시간이 새벽 2시, 3시, 4시, 5시, 6시로 점점 늦어졌어요. 밤을 꼬박 새운 채로 아빠한테 회사 잘 다녀오시라고 인사할 때도 있었어요. 실 컷 놀고 새벽 4~5시가 되면 만족스러운 표정을 지으며 "아, 잘 놀 았다!" 하고 웃으며 잠들었어요. 틀에 갇힌 유년 시절을 보낸 엄마 는 그 시간을 견디기가 무척 힘들었지만, 아이들에게는 자기 삶을 100% 활용하고 산 최고의 시간이었어요.

이제 초등학생이 된 아이들은 스스로 EBS 교육방송을 챙겨 보며, 자기가 정한 기상 시간에 알람을 맞추고 일어나 아침 독서 후에 학 교에 갑니다. 지금도 자정부터 1시 사이에 잠이 드는데, 또래에 비 하면 늦게 잠들지만 아이가 스스로 하루를 계획하고 실천하며 생활 합니다. 많은 부모가 우려하는 신체 발달 영역에서도 문제점을 찾을 수 없어요. 또래보다 키도 크고 건강합니다. 엄마 키가 커서 큰 거라 고 말하면 할 말 없지만 저는 유전의 영향을 받지 않았어요. 우리 엄 마 키는 평균 이하이지만 저는 평균 이상이고, 아빠보다도 키가 큽 니다. 어렸을 때 잠이 없어서 돌보기 까다로웠다던 아이였고, 유치 원에서도 또래 친구들이 낮잠을 잘 때 선생님이랑 한쪽에서 그림을 그리고 놀았습니다.

키는 태어날 때 얻은 DNA의 정보가 발현되는 거라 엄마가 어떻 게 한다고, 무엇을 더 해준다고 해서 달라지는 영역이 아닙니다. 하 지만 아이의 행복은 달라요. 엄마가 어떻게 해주느냐에 따라 아이의 삶은 180도 달라집니다. 엄마가 사랑해줄수록 자기 삶을 사랑하는 아이로 자랄 수 있어요.

내 거야!

물건에 대한 소유권 분쟁을 하며 감정을 소모하는 일이 잦아졌어요. 내 것도 내 것, 네 것도 내 것! 비슷한 물건 하나라도 쥐여주면 끝나던 시절과 달리 상대방의 손에 있는 것을 기어이 뺏어야 끝이 나는 거예요. 아이들이 어려 몸을 자주 움직여야 하던 때와는 다른 스트레스가 생겼습니다.

소유권을 명확히 함으로써 각자의 경계를 주기로 결정했어요. 색깔도 모양도 똑같은 옷과 장난감, 그리고 책도 무조건 두 개씩 준비했습니다. 심지어 재활용 쓰레기도 두 개씩 있어야 했어요. 온전한 내 것이 있음을 알려주어 불필요한 감정싸움을 최소화하려고 했어요. 돈 아까운 마음이 들지 않았다면 거짓말이지요. 하지만 온전한 내 것이 있다는 것을 알아야 다른 사람의 소유권도 존중할 수 있어요. 이때는 친구 집 놀러 가는 것도 신중하게 생각한 뒤 결정했고, 소유권 경계가 불분명한 키즈카페나 놀이터는 방문객이 드문 평일 낮을 주로 이용했어요.

형제자매 사이에서도 소유권의 경계를 분명하게 해주어야 하는 것은 물론이거니와 엄마도 그 경계를 함부로 침범해서는 안 됩니다. 장난감이 망가져 더는 가지고 놀지 않는다고 해서, 연령에 맞지 않는 책이라고 해서 아이의 동의 없이 정리해서는 안 됩니다. 힘의 균형에서 위에 있는 사람은 남의 경계를 넘어가도 된다는 무언의 메시지를 전달하는 것입니다. 장난감과 책의 소유권은 전적으로 아이에게 있다는 것을 잊지 마세요.

엄마를 공포로 몰아넣는 '왜요'병

3세 이후가 되면 언어 발달이 급속하게 이루어지면서 아이는 세상에 대한 궁금증을 "왜?"라는 질문으로 표현하기 시작합니다. 아이들과 책을 읽던 도중에 나눈 대화예요.

> "말라드 씨와 말라드 부인은 오리 부부입니다. 두 오리는 둥지를
>   틀 곳을 찾아다니고 있습니다."
> "왜? 왜 찾아다녀?"
> "알을 낳을 장소를 찾는 거야."
> "왜 찾아?"
> "새끼 오리를 키울 안전하고 먹이도 많은 장소가 필요하거든."
> "새끼 오리를 왜 키워?"
> "응?"
> "왜 키워?"

천진난만한 표정을 지으며 꼬리에 꼬리를 물고 끊임없이 던지는 아이의 질문에 말문이 막힐 때가 많았습니다. 어떨 때는 진짜 궁금해서 묻는 것인지, 아무 말이나 뱉는 것 같기도 하고, '나를 테스트하나?' 하는 생각도 들었어요. '왜?'는 부모의 인내심을 시험하기 위한

질문이 아니라 유아기에 최고조에 이르는 호기심을 표현하는 단어입니다. 호기심은 지식 습득의 원천이 되고, 인지 발달에 긍정적인 영향을 미치지요.

어린 시절 어른 말씀에 말대꾸한다며 혼이 난 부모들은 이 시기를 특히 힘들어합니다. 저 또한 아이의 질문 세례에 머리로는 성심성의껏 대답해주어야 한다는 걸 알았지만 마음에서 불기둥처럼 솟구쳐 오르는 분노를 참느라 머리를 쥐어뜯을 만큼 괴로워했습니다.

"제발 그만 좀 물어봐!" 하며 아이의 질문을 못 들은 체 무시하고 책을 줄줄 읽어버렸습니다. 엄마의 냉소적인 태도에 아이는 자신이 거부당했다고 느꼈고, 소통 의지를 상실한 표정을 지었어요. 아차 싶었어요. 아이가 때로는 엄마의 사랑을 확인하거나 관심을 끌기 위해 질문을 던지기도 한다는 걸 뒤늦게 알아차렸습니다.

"너는 왜 그런 것 같아?" 하며 되묻기도 하고, 사물의 원리나 지식을 알고 싶어 한다고 판단될 때는 "좋은 질문이야. 왜 그런지 찾아볼까?" 하며 지식 그림책이나 백과사전을 활용해 아이와 답을 찾아봤지요. 관련 서적이 없다면 유튜브로 관련 동영상을 찾아보며 확장해나가는 것도 좋은 방법입니다.

❦ ~60개월: 무법자 시기

제1 반항기가 지나면 부모를 기쁘게 하기 위해 고집을 버리고 협조하는 황금기가 옵니다. 안타깝게도 황금기는 눈 깜짝할 사이에 흘러가고, '황제의 시기'라고도 불리는 무법자의 시기를 맞이하죠.

'안녕하세요' 해야지

예의 있는 아이로 자랐으면 해서 부끄럽다며 뒤로 숨는 아이를 앞에 세우고 억지로 인사를 시켰어요. 사실은 아이를 제대로 교육하지 않은 엄마라는 소리를 들을까 봐 걱정됐어요. 남을 배려하는 아이로 자랐으면 해서 어린 동생에게 장난감을 나누라고 하고, 친구들끼리는 사이좋게 지내는 거라고 가르쳤지요. 아이의 감정보다는 다른 사람들의 시선을 더 중요하게 생각한 엄마였습니다.

아이를 키우면서 다른 사람들의 눈치를 보며 비난받지 않기 위해 했던 행동이 많았다는 것을 알게 되었어요. 좋은 모습만 보여 인정과 사랑을 받고 싶은 마음도 컸습니다. 좋은 사람인 척, 착한 척, 유능한 척, 괜찮은 척, 상처받지 않은 척하며 수없이 많은 가면을 만들어 쓰며 본래의 내 모습을 잊게 되었어요.

아이 키우면서 내 인생이 없어졌다고 말하는 부모를 이따금 만납니다. 치열한 육아의 시간이 지나고 보니 한 인간을 만들고 길러내는 육아를 통해 사람에 대한 깊은 이해가 생기고, 포용력이 넓어졌다는 걸 알게 되었습니다. 결국 육아의 시간은 나를 잃어버린 시간이 아니라 성장하고, 성숙해지는 시간이었습니다. 육아는 내 안의 상처받은 내면아이를 재양육하고 성장시켜 본성으로 돌아가는 길입니다. 나를 찾고 '진정한 나'를 만나는 시간입니다. 내 몸에 찔린 가시를 붕대로 칭칭 감는 과정에서 잃어버린 본성, 즉 사랑을 되찾는 과정입니다.

내가 할 거야!

아침에 누가 먼저 눈을 떴는지부터 시작해서 누가 더 밥을 많이 먹었는지, 누가 먼저 엘리베이터 버튼을 눌렀는지, 누가 먼저 문을 열고 들어왔는지 하나부터 열까지 우열을 가르는 분쟁이 잦았어요. 불필요한 감정싸움을 줄이고 협력하는 형제 관계를 만들어주기 위해 몇 가지 원칙을 세웠습니다.

- **경쟁 구도를 피하고, 공동의 목표를 세워 협력하는 관계 만들기:** 아이들을 한 팀으로 세우고, 함께 협력해서 목표를 달성했을 때의 기쁨을 느끼게 한다.
- **형제자매 간 비교하는 말 하지 않기:** "너는 왜 그래?", "너도 해봐"라는 말 속에도 은근한 비교가 있다.
- **아이의 소유권을 인정해주고, 경계를 분명하게 하기:** 각자의 비밀 장소를 만들어주는 방법이 유용하다.
- **장난감, 옷, 책 등 핫 아이템은 두 개씩 준비하기:** 심지어 재활용 쓰레기도 두 개씩!
- **역할을 구분하여 일방적인 희생을 강요하지 않기:** '언니니까', '형

이니까', '동생이니까'라는 말은 하지 않는다.

- **다툼이 생겼을 경우에는 "왜 그래?"가 아니라 "무슨 일이야?"라고 물어보기:** "왜 그래?"라는 말은 상황부터 감정까지 모든 걸 설명해야 하기 때문에 아이의 말문을 막히게 하지만 "무슨 일이야?"는 상황을 설명하면 되는 질문이기 때문에 답변하기가 낫다.
- **누구의 편도 들지 않기:** 부모는 죄의 유무를 판단하는 판사도, 한쪽 편에 서야 하는 변호사도 아니다.
- **갈등을 긍정적으로 보기:** 아이들이 싸우는 것은 당연하다. 갈등을 해결하는 과정에서 협상, 조정, 중재 스킬을 익히는 중이다.

우리 삶에서 '스트레스'라는 요소를 제거할 수는 없어요. 다만 위협으로 느껴지는 스트레스를 도전 과제로 받아들일 수 있도록 마음 성장에 집중해보세요. 적절한 도전 과제가 운동선수의 경기 능력 향상을 돕는 것처럼. 육아를 하면서 올라오는 화와 분노 그리고 슬픔의 감정은 내 안의 억압된 감정이 무엇인지 알게 해줍니다. 그리고 치유를 돕는 성장의 바로미터 역할을 하죠.

그리고 내면아이의 상처와 좁은 틀에 좌절하고 자책하기보다 그런 모습도 나의 일부임을 받아들이고 이해하고, 한계를 인정해주어야 합니다. 그 안에서도 아이와 충분히 잘 지낼 수 있습니다. 자신 안의 사랑을 경험한 사람은 지금은 아프지만 내면아이는 치유될 것이고, 한계나 틀은 점차 넓혀가면 되는 것임을 알기 때문에 성장을 조급해하지 않습니다.

푸름이교육이 말하는 메시지는 간단하고 분명하지만, 실천하기가 쉽지 않습니다. 그 이유는 아이에게 배려 깊은 사랑을 주기 위해서 우리가 경험하지 못한 길을 가야 하기 때문입니다. 가보지 않은 길을 가야 할 때는 두려움이 자랍니다. 두려움은 대면하면 사라지고 그것이 허상이라는 걸 알게 되지만, 대면하기 전까지는 두려움이 두려움을 먹으며 무한 증식하게 되죠. 시간이 흐를수록 더욱더 커집니다.

성장의 길은 피할 수도 없고, 지름길도 없고, 요령도 통하지 않습니다. 푸름이교육이 옳은지 그른지, 맞는지 틀리는지, 계속해야 할지 말아야 할지, 정말 가능한 것인지 아닌지를 끊임없이 저울질하는 것은 내 안의 고통을 마주하는 것에 대한 두려움 때문인 경우가 많습니다.

통제와 억압을 내려놓고 아이를 있는 그대로 바라보며, 엄마 안의 내면아이를 성장시키는 과정은 배려 깊은 사랑을 하지 않는다면 굳이 하지 않아도 되는 것들입니다. 상처를 붕대로 잘 감아서 저 무의식 깊은 곳에 넣어두었으니 굳이 할 필요가 있겠어요? 방어기제를 내려놓기보다 배려 깊은 사랑을 포기하는 것이 쉬운 선택이 될 수 있어요. 더 편한 시스템대로, 더 익숙한 양육 방식으로 키우면 분노와 슬픔을 마주할 일이 없겠죠?

하지만 고민이 된다는 것은 선택의 갈림길에 있다는 뜻입니다. '나'라고 생각했던 가치관과 사고방식, 나의 역사가 역전되는 것이기에 이 시기는 매우 혼란스럽습니다. 그럴 때 저는 이렇게 말씀드려요. 그저 '존버'하시라고…. '배려 깊은 사랑'이라는 높은 의식을 지향하는 사람들과 함께하다 보면 그 에너지에 동화되어 성장하는 부분이 있기 때문입니다.

책과 놀이, 자연으로 키우기

🌱 내가 책육아에 실패한 이유

아이들이 한글을 똑 떼었을 무렵 욕심이 생겨 아이들의 읽기 독립을 재촉했어요. 읽기 독립에 좋다는 '대박 책'을 구입하고, 하루에 읽을 양을 정하고 목표를 달성했을 경우, 선물 등으로 보상하는 방식이었어요.

효과가 있었을까요? 엄마가 세운 목표와 방향을 아이들이 잘 따라줄 리가 없습니다. 속이 부글부글 끓었어요. '내가 왜 이럴까?' 하고 이유를 가만히 생각해보니 책의 바다에 빠진 아이들은 하루에 수백 권의 책을 읽고, 속독을 하고, 원어민처럼 영어를 구사한다는 말에 마음이 조급해졌던 거예요.

아이들이 좋아하는 책이 아닌 엄마가 읽었으면 하는 책으로 고른 것이 실패의 원인으로 생각되어, 초심으로 돌아가 아이들의 눈빛을 살폈습니다. 아이들이 자동차 주행 시뮬레이션 게임을 많이 하는 것을 보고, 대박 책이 아닌 아이들이 좋아하는 자동차 책 위주로 사주었어요. 하지만 그런 책조차 아이들의 외면을 받았어요.

무엇이 문제인가 다시 고민해봤지요. '이 자동차 책에도 내 욕심이 있구나!'라는 걸 알아차릴 수 있었습니다. 나를 빛내줄 아이로, 잘 키우고 싶다는 욕심에 눈이 멀어서 아이의 눈빛을 보지 못했던 거예요. 보는 척만 한 거죠. 그런 나 자신이 너무 밉고 화가 났습니다.

내 욕심으로 사놓은 책들 위로 먼지가 쌓여가고, 전시하듯 세워져 있는 책장도 꼴 보기 싫었어요. 집 안을 가득 채운 수천 권의 책과 책장은 내 수치심을 감추기 위한 포장지였어요. 좋은 환경에 책 읽는 가족 문화를 가진 집, 그리고 그걸 만든 좋은 엄마라는 포장지였어요. 좋은 사람, 좋은 엄마로 보이고 싶어 하는 사람은 자신을 수치스러워하는 사람입니다. 그래서 자신과 자신의 상황 및 환경을 겉보기에 그럴싸하게 포장하죠. 자신의 진짜 알맹이가 작다고 생각하기에 그것을 들킬까 봐 여러 번 포장해서 커다랗게 부풀립니다. 겹겹이 쌓여 있는 포장지를 뜯어내는 게 성장입니다.

수치심을 느끼고 상처를 자각하는 순간 분노가 치밀어 올랐고, 그 감정이 올라오는 때를 피하지 않고 몽둥이로 책장을 부수며 분노했습니다.

"왜 이렇게 사 모았어. 이 책들, 책장들 너무 숨 막혀. 아이들이 얼마나 숨이 막히겠어. 애들 위한답시고 사놓은 책, 사실은 다 네가 좋아서 산 거잖아. 돈 아깝다, 돈 아까워."

내가 원하는 방향으로는 한 걸음도 움직여주지 않는 아이들에게
도 화가 났습니다.

"좀 적당히 따라와 주면 안 돼? 너네는 왜 뭐든 다 너네 맘대로
야!"

아이가 진짜 원하는 것을 주고 싶지 않았어요. 그런데 아이가 진
짜 원하는 것을 주지 않으면 아이는 깊은 몰입으로 가지 못합니다.
아이가 가려고 하는 길이 낯설고, 내 마음에 들지 않아서 내 쪽으로
오도록 끌어당기고 있었어요. 아이와 줄다리기를 하고 있었던 거예
요. 아이의 세상으로 들어가고 싶지 않아서 어린아이가 되어 아이와
이기고 지는 싸움을 하고 있었습니다.

아이를 나의 뜻대로 굴복시키면 내가 받은 상처를 대면하지 않아
도 됩니다. 내가 부모에게 굴복했던 것처럼 내 아이를 상처로 끌고
들어와 나의 아픔을 이해받고 싶고, 부모에게 못 받은 사랑과 위로
를 아이에게 받고 싶었습니다.

내 상처를 자각하고, 분노를 풀어내 아픔과 대면하고 나니 눈빛
을 보라는 말의 진짜 의미를 알 수 있었어요. 아이가 무엇을 원하는
지, 아이의 시선이 어디를 향하는지 알게 됐어요. 엄마 눈에서 분노
의 막이 걷히면 시야가 밝아져서 비로소 아이가 있는 그대로 보여
요. 아이가 좋아하는 건지 나를 위해서 참는 건지, 아이가 즐거워하
는 것인지 나를 돌보는 것인지도 알게 됩니다.

자동차 잡지를 종류별로 사주었더니 아이들은 400여 종에 달하는 자동차를 완전히 파악해 걸어 다니는 백과사전이 되었습니다.

아이들이 베란다에서 밖을 보고 있어요. 그 시선의 끝은 4차선 위의 정차된 차에 가 있어요. 아이들은 도로에 나가면 볼 수 있는 자동차를 좋아합니다. 그런데 엄마가 사준 책에는 신형 카니발은 안 나와요. 막 출시된 신형 산타페가 보고 싶은데 책에는 2016년형이 나옵니다. 신차가 나오기 전에 출간된 책은 세상의 속도를 따라가지 못하기 때문에 아이들의 흥미를 끌 수 없었던 거예요. 그렇다면 막 출시된 자동차, 출시 예정인 자동차를 보려면 뭐가 좋을까 고민했어요.

"자동차 잡지!"

잡지를 종류별로 사주면서 그 안의 기사를 읽었으면 하는 기대가 없었던 것은 아니에요. 엄마의 마음과는 별개로 아이들은 주야장천 밤낮없이 시세표를 봤어요. 깨알같이 적혀 있는 글자와 숫자를 보고 또 봤어요. 그러던 어느 날 창밖을 보던 아이들이 자동차가 한 대 지나갈 때마다 "신형 소렌토, 아우디 Q8, 벤츠 E클래스" 하면서 다 맞히더라고요. 너무 놀라서 잡지를 가져와 이름을 가리고 물어봤더니 생전 처음 들어보는 차까지 다 알고 있었어요. 그렇게 400대가 넘는 차를 다 기억하고 있었어요.

국내외 400여 종에 달하는 차량의 외관뿐만 아니라 성능, 크기, 가격까지 해박해서 누군가에게 그 사람의 예산과 라이프 스타일 등에 적합한 자동차를 추천하고, 그 차가 마음에 들지 않을 경우 대안으로 유사한 성향의 경쟁 자동차까지 소개할 수 있는 자동차 백과사전이 됐어요.

더 나아가 디젤, 하이브리드, 전기차, 수소차 등 자동차 동력에 따른 분류와 마찰력, 구동력, 관성, 제동력 등과 같은 자동차의 메커니즘에 대해서도 공부합니다. 물리 시간에 외우고 외워서 배운 것을 아이들은 즐거움으로 습득했어요. 물론 이게 공부라고 생각하지도 않아요. 그뿐만이 아니라 4억짜리 람보르기니 1대를 구입할 가격이면 국산 경차를 몇 대 구입할 수 있다며 사칙연산을 익히고, 영어로 표기된 회사와 자동차 이름을 가지고 영어도 익히기 시작했습니다.

과학기술과 시대 문화의 흐름에 따라 사람들의 가치관이 어떻게 변화하는지에 대해 고민하고, 작은 기술 하나가 사람의 삶을 얼마나 변화시키는지에 대한 인문학적 이해로까지 나아갔어요. 이처럼 아이들은 진정한 몰입을 통해 세상을 배우고, 미래를 꿈꾸는 아이로 성장합니다.

❧ 게임, 유튜브 때문에 책육아 망했다고?

내 아이만은 내가 겪었던 고통을 느끼지 않게 해주고 싶지만, 엄마 안에 '바보'가 있다면 자신도 모르게 바보를 대물림하게 됩니다. 자신을 '고귀하고 장엄하며, 빛이고 사랑이다'라고 믿지 않는 부모는 아이를 바보로 보게 되기 때문이에요. 아이를 볼 때 '바보'가 유독 두드러지다가, 결국엔 그저 '바보'만 보입니다. 정말 미칠 일이죠. 그렇지만 자신의 지질함을 대면한 부모는 아이의 행동과 말에서 무한한 가능성을 보기에, 아이가 무엇이든 즐겁게 배울 수 있도록 응원하고 지지해주며 아이가 능력을 발휘할 수 있는 환경과 기회를 제공해줄 수 있어요.

우연한 계기로 아이들이 다섯 살 때 게임을 시작했어요. 푸름이 교육에서는 '좋아하는 것을 더 좋아하게 하라'라고 하기 때문에 울며 겨자 먹기로 좋아하는 게임을 할 수 있도록 해주었어요. 게임에 더 오랜 시간 노출되다가 책을 멀리하면 어쩌나 하는 우려가 없었던 것은 아니었어요. 이전까지 줄곧 좋아하고 몰입하던 것이 역사였고, 한국사에서 중국사 그리고 세계사로 확장해가는 시점이었기 때문에 안타까움이 더욱 컸습니다.

하지만 아이가 게임을 시작했다고 해서 책육아가 끝났다고 생각하지 않았어요. 게임 검색 창에 '조선', '이순신', '장군', '삼국지', '세계대전' 등의 키워드를 검색했고, '킹덤스토리'라는 게임을 발견했어요. 천하통일을 이루기 위해 난세를 호령하던 영웅들의 이야기를 담은 RPG 게임이에요.

미션을 완료하고 다음 게임이 다운로드되기까지 3초에서 5초 정도가 걸렸는데, 그때 화면에 캐릭터와 함께 '유비', '장비', '관우', '제갈량' 같은 이름과 캐릭터 소개가 함께 나왔어요. 한글을 완전히 떼지 못하던 시기였는데 아이가 게임에 나온 인물들의 이름 속 낱글자는 다 알고 있다는 걸 알게 됐어요.

그래서 위·촉·오나라 인물 도감을 구입하고, 단어카드를 만들어 캐릭터를 획득할 때마다 단어를 인지하고, 함께 읽었던 책 속 인물들의 이야기를 떠올리며 대화를 나누었어요.

이런 과정을 통해 저는 아이에겐 학습과 놀이의 경계가 없다는 사실을 깨달았습니다. 아이에게는 학습이 곧 놀이이고, 놀이가 곧 학습이었어요. 배움은 놀이와는 다른 영역이라는 선입견과 '학습'에 대한 틀 때문에 그 둘 사이에 선을 그어 경계를 만드는 것은 엄마뿐이었어요.

아이가 게임에 빠지면 어떤 게임을 하는지, 유튜브를 본다면 어떤 유튜브를 보는지 지켜보세요. 마인크래프트(Minecraft)에 빠져 있을 때는 가이드북, 만화책, 소설책 등을 준비했어요. 아이들이 좋아하는 로블록스(Roblox)도 가이드북이 있고, 어몽어스(Among Us)도 전략집, 컬러링북, 스티커북 등 다양한 활동을 할 수 있는 책이 출간됐어요.

마인크래프트

1. 가이드 및 전략	마인크래프트 서바이벌 가이드
	마인크래프트 초보자 가이드
	마인크래프트 최강 전략 백과
	마인크래프트 건축 장인 되기
	마인크래프트 몹 백과사전
	Minecraft Blockopedia
2. 코딩 교육	마인크래프트로 시작하는 코딩
	마인크래프트 게임 제작 무작정 따라하기
	마인크래프트와 함께 즐겁게 파이썬
	메이크코드 & 마인크래프트 에듀케이션 에디션
3. 만화	마인크래프트 생존 모험 1: 황금사과 퀘스트
	도티&잠뜰 Sandbox Friends 코믹 시리즈
4. 소설	마인크래프트 좀비섬의 비밀
	마인크래프트 우드소드 연대기 : 게임속으로
	고잉 바이럴 1: 바이러스의 습격
	픽셀전사의 일기 1: 전사

로블록스

1. 게임 가이드 및 캐릭터 도감	로블록스 초보자 가이드
	로블록스 공식 가이드북 어드벤처 게임 편
	로블록스 캐릭터 대백과
	로블록스 최강 게임백과
2. 게임 제작 및 코딩 교육	로블록스 게임 제작 무작정 따라하기
	손쉬운 로블록스 게임코딩
	나만의 로블록스 게임만들기

어몽어스

1. 가이드 및 전략	어몽어스 플레이북
	어몽어스: 훌륭한 임포스터와 크루원이 되기 위한 전략
	어몽어스 완벽 매뉴얼
2. 만화, 소설	문방구TV 어몽어스 코믹툰
	어몽어스 크루원의 일기

기타 게임

	최강 브롤러 전략 가이드북
	신비아파트 고스트헌터 최강 전략 가이드북

주제가 다양한 유튜버의 책

과학 · 실험 영역	허팝연구소
	허팝 과학파워
	어쩔뚱땡! 고구마머리TV
	흔한남매 과학탐험대 1: 우주
	도티&잠뜰 미래과학상식 시리즈
자연 · 관찰(곤충,동물)	에그박사 1
	정브라가 알려주는 곤충 체험백과
	정브르의 동물일기
	TV생물도감의 신비한 바다생물
	다흑의 왠지 신기한 동물도감
	토깽이네 지구 구출 대작전
역사문화	가자! 파뿌리
	잠뜰TV 픽셀리 초능력 히어로즈, 동네투어 코믹북
지식 · 코딩 교육 · 유튜브 제작	양띵 크루 코딩 어드벤처
	도티&잠뜰 지식왕 시리즈
	허팝만 따라 해봐! 유튜브 정석
예능 유머	흔한남매 1
	급식왕 GO
	뚜아뚜지의 대모험 1
	말이야와 친구들
	웃소 1
	마이린TV
	캐리와 장난감 친구들
	예씨 금손 똥손 1: 똥꼬발랄 시간여행
	반지의 비밀일기
놀이	토깽이네와 집에서 놀아요
	사랑아 놀자
	퐁당보들젤리 뿌직 슬라임

아이의 관심사를 확장시켜주는 방법은 무궁무진합니다. 게임이나 유튜브 등으로 빠지는 아이들 앞에 절망하기보다 아이가 성장하면서 갖는 관심사 중 일부로 본다면 책육아를 지속할 수 있고, 좋아하는 분야를 확장시키는 매개체가 될 수 있어요. 게임을 통해 좋아하는 것을 더 좋아하고, 한글·영어 등 언어, 과학, 역사 등에 대한 지적 호기심을 충족할 수 있도록 계기를 마련해주세요.

🌱 유튜버처럼 놀아주세요

아이가 유튜브를 보기 시작하더니 시도 때도 없이 보여달라며 떼를 쓰고, 장난감 사달라고 조르는 일이 많아졌다며 한숨을 쉬는 부모님을 자주 만납니다. "이놈의 유튜브가 문제예요!"라며 한탄하면서요. 후회와 자책은 육아 자신감과 자기효능감을 떨어뜨려 행복한 육아를 막는 걸림돌이 됩니다. 아이가 영상을 볼 때 함께 보면서 '왜 이 유튜버를 좋아할까? 이 영상에 어떤 매력이 있을까?'라고 자문하며 아이의 흥미나 호기심을 끄는 요소가 무엇인지 찾아보세요. 새로 출시된 장난감을 소개해서 아이를 현혹한다며, 다 큰 어른이 아이 장난감을 가지고 유치하게 논다며 눈을 흘깃거릴 것이 아니라 장난감을 활용해서 어떻게 노는지, 어떨 때 아이가 웃는지 살펴보세요.

저희 아이들은 캐릭온TV, 애니한TV, 토이컴 등 장난감 유튜버의 영상을 많이 보았어요. 옆에서 지켜보니 난처한 상황에 빠진 친구를 구하거나 나쁜 행동을 하는 악당을 물리치거나 모험을 떠나는 등 상황극, 역할극이 대부분이더라고요. 아이들은 '친구와 이렇게 지내는 거구나', '이럴 때는 이런 말을 하는 거구나', '이런 상황에서는 이렇게 대처해야 하는구나' 하면서 사람들과 어울리는 방법을 익히고 있는 것 같았어요.

아이가 놀자며 장난감을 가지고 올 때 아까 영상에서 봤던 상황극을 똑같이 재연해보았어요. 그랬더니 깜짝 놀라 아이의 눈이 동그래지더니 이내 활짝 웃는 거예요. 유튜버가 했던 대사를 똑같이 따라 하기도 하고, 그림책에서 읽었던 상황을 더하거나 새로운 상황을 만들며 신나게 놀았지요.

아이와 놀려고만 하면 몸이 배배 꼬이고, 아이랑 노느니 차라리 일하는 게 낫다며 죽어도 하기 싫던 역할놀이가 유튜브 영상을 따라 하기 시작하면서 점차 가능해졌어요. 엄마가 그 유튜버만큼 재미있게 놀아준다면 아이와 함께하는 시간이 더 즐겁기에 유튜브 시청 시간이 자연스럽게 줄어들 거예요.

🌱 놀이를 통해 배움을 즐기는 아이들로 자란다

쌍둥이를 키우면서 "둘이 잘 노니까 좋겠어요"라는 말을 많이 듣습니다. 그렇긴 합니다. 외동인 아이들보다, 나이 차이가 나는 형제자매보다 아무래도 둘이 쿵짝이 맞아서 잘 놀기는 해요. 하지만 그건 정말 삽시간이고 아이들은 둘 다 엄마와 놀고 싶어 합니다.

우리 아이들은 어린이집이나 유치원에 다닌 적이 없습니다. 이 말은 곧 하루 중 엄마가 놀아주어야 하는 시간이 아주 길다는 뜻이에요. 아이와 무엇을 하면서 어떻게 놀아야 할지 몰라 놀이 목록을 쭉 적어봤어요.

- 퍼즐 맞추기
- 블록 쌓기
- 노래 부르며 율동하기
- 촉감 놀이
- 책 읽기
- 공놀이 등등

이렇게 스무 가지 정도를 적어놓고 아이들이 놀자고 할 때마다 하나씩 줄 그어가며 놀이를 했습니다. 시간이 얼마나 갔을까요? 길어야 2시간, 해는 아직 중천에 있습니다. 아이와 노는 것이, 시간을 보내는 것이 너무 힘들고 어려웠어요.

배려 깊은 사랑에서 아이와 놀아주라고 했기 때문에 힘들어도 어떻게든 시도를 해봅니다. 하지만 5분밖에 지나지 않았는데 너무 졸려요. 갑자기 화장실이 급해지고, 이따가 저녁을 먹으려면 빨리 설거지를 해야 할 것 같아요. 깜빡 잊었던 빨래가 생각나고, 바닥에 떨

하루에 딱 한 가지씩만 놀아보자고 결심했고, 매일 사진을 찍었습니다.

어져 있는 머리카락이 눈에 거슬리기 시작해요.

이렇게 해서는 아이와 온전히 함께한다는 게 뭔지 알 수 없을 것 같았어요. 어떻게 하면 일상에서 아이와 재밌게 놀 수 있는지 배워야겠다는 생각이 들었어요. 놀면서 자연스럽게 한글도 떼고, 영어도 노출하고 싶었어요. 놀이도 학습도 시도 자체가 너무 어려운 엄마였기 때문에 더도 말고 덜도 말고 하루에 딱 한 가지씩만 놀아보자고 결심했습니다.

굳게 마음먹어도 작심삼일이 되기 십상이라 일주일 동안 놀이

할 내용을 달력에 미리 적어놓았어요. 그리고 매일 기록하듯이 사진을 한 장 이상 찍었어요. 그렇게 1년을 지속했습니다. 1년이나 지속할 수 있었던 것은 커다란 목표와 기대감 없이 1일 1놀이, '하루 5분만이라도 마음으로 함께 놀자'라는 마음으로 시작했기 때문입니다. 1년 후 아이들은 어떻게 자랐을까요? 엄마는 어떻게 성장했을까요?

🌱 1일 1놀이 1년의 기록

아이들은 당연히 잘 자랐습니다. 내 눈에는 그저 쓰레기로만 보였던 택배 상자, 페트병, 휴지 심, 케이크 상자 리본, 아이스크림 막대기 등 세상 모든 것이 아이들에겐 재밌는 장난감이었어요. 아이들에게는 일상 자체가 놀이였어요. 자기 머릿속에는 천 개의 놀이 아이디어가 있다는 말을 하고, 놀이에 학습적인 요소를 한 스푼 넣어서 주면 스펀지처럼 흡수해버리는 놀이와 학습의 영재들로 자랐어요.

엄마는 어떻게 성장했을까요? 1년 동안 아이와 놀면서 완성도 높은 작품, 번뜩이는 아이디어 놀이, 연출된 사진에 목숨을 걸었다는 것을 알게 됐어요.

전업주부가 되기 전까지 저는 공예디자인 강사였습니다. 그림을 그리고, 자르고, 붙이고, 만드는 모든 활동을 정말 좋아했고 잘했어요. 수강생도 많았고, 학교에 강의도 나가고, 제작 의뢰도 많았습니다. 그런 사람이 아이를 낳고 전업주부로 전향하여 재능을 썩히고 있던 차에 놀이라니, 그것도 미술 놀이라니. 내 능력을 얼마나 뽐내고 싶었는지 모릅니다. 그런데 아이들은 엄마가 '노가다'를 하면서 만들어주는 것들에 서운할 정도로 관심이 없었어요. 블로그나 인스타그램 등 SNS에 사진을 올리면 다른 엄마들은 역시 뭔가 달라도 다르다며 입에 침이 마르도록 칭찬을 해주는데 본체만체하는 아이들이 원망스러웠습니다.

그때 알았어요. 나는 누군가에게 보여주기 위해, 인정받기 위해 했었다는 것을 말이지요. 이 누군가는 저마다 대상이 다르겠지만 내 경우는 적어도 그것이 나나 내 아이는 아니었어요.

아이와 논다는 것의 진짜 의미는 남의 인정을 받기 위한 활동이나 아이를 영재로 만들기 위한 활동은 아니라는 사실을 깨달았어요.

한글 떼기, 영어 그림책, 놀이육아 할 때는 '이게 될까? 내가 잘하고 있는 건가? 이게 맞는 건가? 효과가 있긴 할까?' 등의 생각을 수시로 했죠. 회사에 다닌다면 결과물이 있고, 성과에 대한 인정도 받고, 다달이 월급이라도 받지 육아는 진짜 티도 안 나고 잘해야 본전이라는 생각이 들었어요.

책에서 말하는 골든타임을 놓치면 육아가 망하는 것 같아 초조한데 가시적인 성과도 보이지 않는 한글 떼기, 영어 그림책 읽기, 아이와의 놀이가 너무 하기 싫었어요. 게다가 나도 배려 깊은 사랑을 못 받아봐서 모르기 때문에 배워야 했고, 짜내서 해야 했기에 지치고 힘들었어요. 억울함도 올라왔지요. 한글 떼기, 영어 그림책, 놀이는 마치 푸름이교육을 하는 엄마라면 마땅히 해내야 하는 필수 과목, 필수 과제처럼 느껴져서 더 힘들었어요.

차라리 푸름이교육을 몰랐으면 좋았을 텐데 되돌아가지도 못 하겠고, 이것도 안 되는 것 같고 저것도 안 되는 것 같고. 지금까지 푸름이교육 한다고, 책육아 한다고 몇 년을 보냈는데 사교육은 자존심 상해서 못 하겠고(사교육이 나쁘다는 것이 아니라 '엄마표'에 대한 고집과 욕심이 있었어요) 이도 저도 아니고 진짜 고민이 많이 됐습니다.

그렇게 바닥을 치고 있을 때, 한 편의 시를 읽게 됐어요.

콩나물시루에 물을 주듯이

콩나물시루에 물을 줍니다.
물은 그냥 모두 흘러내립니다.
퍼부으면 퍼붓는 대로
그 자리에서 물은 모두 아래로 빠져 버립니다.
아무리 물을 주어도
콩나물시루는 밑 빠진 독처럼
물 한 방울 고이는 법이 없습니다.

그런데 보세요.
콩나물은 어느새 저렇게 자랐습니다.

물이 모두 흘러내린 줄만 알았는데

콩나물은 보이지 않는 사이에 무성하게 자랐습니다.

물이 그냥 흘러버린다고

헛수고를 한 것은 아닙니다.

아이들을 키우는 것은 콩나물시루에

물을 주는 것과도 같다고 했습니다.

아이들을 교육 시키는 것은

매일 콩나물에 물을

주는 것과 같다고 했습니다.

헛수고인 줄만 알았는데

저렇게 잘 자라고 있어요.

모두 다 흘러버린 줄 알았는데

그대로 매일 매일 거르지 않고 물을 주면

콩나물처럼 무럭무럭 자라요.

보이지 않는 사이에 우리 아기가.

- 이어령,《천년을 만드는 엄마》중에서

이 글을 읽으면서 뺨으로, 가슴으로 뜨거운 것이 흐르는 게 느껴졌어요. 아이들과 보내는 오늘 하루가 이전과는 다른 의미로 소중하게 다가왔어요. '아이의 하루는 어른의 1년과 같다'라는 말을 들어서 하루하루를 정말 의미 있게 보내야 한다는 압박감이 저도 모르게 있었 거든요. '그래, 일상의 힘을 믿자! 내가 한 모든 노력이 헛수고가 아니었음을 지금 아이들의 미소가, 웃음소리가 증명해줄 것이다!'라고 마음을 다독였습니다.

콩나물을 키울 때는 햇빛이 비치지 않게 물을 주고 바로 검은 천을 덮어놓습니다. 햇빛을 받으면 콩나물 색깔이 초록색이 되거든요. 얼마나 자랐는지 자꾸 확인하면 초록빛을 띠게 돼요. '아웃풋 기대 말고 인풋만 묵묵히 해야 하는구나'라는 사실을 콩나물을 키워보면서 깨달았어요.

우리 예쁜 콩나물들 눈빛만 보고 따라가 봐요. 어느 순간 쑤욱 자라 있을 거예요. 콩나물에 물을 주면서 힘내봐요, 파이팅!

🌱 놀이를 통해 아이의 잠재된 능력을 깨워주자

모든 아이는 흥미를 찾고, 재미를 발견하고, 놀이를 통해 세상을 배우는 놀이영재로 태어납니다. 아이가 집중하는 활동을 가만히 살펴보면 아이의 흥미나 관심사가 무엇인지 발견할 수 있어요.

아이의 놀이는 엄마 눈에 때로는 터무니없고, 다소 쓸데없어 보이기도 합니다. 손에 잡히는 물건을 이유 없이 집어던지거나 물티슈를

몽땅 뽑는 것이 어떻게 놀이가 되고, 어디에 배움이 있는지 이해하기 어렵습니다. 목욕을 하다 말고 욕실 수돗물이 줄줄 흐르도록 둔다거나 색에 맞지 않게 채색하고, 물감을 쭉쭉 짜낸 뒤 엉망으로 섞어버리는 행동을 보면 한숨이 나옵니다.

지식 습득과 성취를 중요하게 생각하는 엄마는 분명한 의도를 갖고 놀이에 참여합니다. 아이와 놀면서 무엇이든 하나라도 가르치고 싶어 하죠. 아이가 연필을 한 번이라도 잡았거나 원하는 아웃풋을 비슷하게나마 보여주어야 잘하고 있다며 안심합니다. 점차 놀이의 원래 목적인 즐거움보다 학습에 초점을 맞추게 되죠. 아이의 흥미나 관심, 감정이나 표정을 살피기보다 지식 습득을 위한 활동으로 흐르기 쉽습니다.

엄마가 원하는 방식의 학습을 강요한다면 당장은 엄마가 원하는 결과를 얻을 수 있을지 몰라도 그 단편적인 지식을 융합하고, 확장하고, 재창조하는 능력은 배울 수 없습니다. 창의적이고 유연한 사고력은 놀이를 통해 발달합니다. 놀이에서의 다양한 경험이 사고의 폭을 넓혀 더 다양하고 깊고 다각화된 시선으로 자신만의 세계를 창조하는 아이를 만듭니다. '뻘짓이 영재놀이다!'라고 생각하면 학습에 대한 마음의 짐을 내려놓을 수 있을 거예요. 대단하고 의미 있게 노는 것이 아니라 자유롭게 놀게 해주세요. 목적 없이도 놀 수 있어야 아이들이 자신만의 꿈과 목표를 찾습니다.

새로운 경험은 아이의 호기심을 이끌고, 호기심은 관심과 몰입으로 이어집니다. 관심사에 몰입한 힘은 아이의 꿈과 미래로 열매를 맺게 되죠. 엄마가 제시하는 놀이에 관심이 없다면, 강요하지 말고 한발 물러서서 '이런 놀이도 있단다' 하는 마음으로 새로운 놀이를 접할 기회만 주면 됩니다.

놀이의 즐거움과 만족감은 목표나 결과물에서 오는 것이 아니라 과정 자체에서 옵니다. 부모와 함께 놀면서 변함없는 사랑을 확인한 아이는 정서적으로 안정되고 자신감이 넘치는 사람으로 성장합니다. 자신의 시간을 스스로 채워간 아이들은 타인에게 의존하지 않고 스스로 성취해가며, 삶을 주체적으로 살아갑니다.

❧ 책으로 배우고, 자연에서 놀자

강아지풀이 무성한 집 앞 공터에서 우연히 메뚜기 한 마리를 잡았어요. 볏과 식물을 먹고 사는 메뚜깃과 곤충들에게는 좋은 서식처였지요. 아이들과 정신없이 잡고 보니 모두 다른 모양의 메뚜기를 잡은 거예요. 곤충도감을 통해 팥중이, 콩중이, 모메뚜기, 섬서구메뚜기, 송장메뚜기, 등검은메뚜기 등 각기 다른 이름을 가지고 있다는 사실을 알아냈어요. 메뚜기 한 마리로 시작된 아이들의 지적 호기심은 곤충으로 확장되어 여칫과, 메뚜깃과, 귀뚜라밋과 등으로 이어졌고 메뚜기만 해도 20여 종을 구별하는 곤충 박사가 됐어요.

푸름이교육에서는 책만큼이나 중요한 것이 자연이라고 강조합니다. 아이들과 자연에서 놀라고 하면 매번 바다, 강, 들, 산으로 나가야 하나 부담을 느낄 수 있지만 그게 아닙니다. 집 앞 놀이터, 공원, 산책길에서도 계절의 변화를 충분히 느낄 수 있어요.

'자연(自然)'의 사전적 의미는 '저절로 그렇게 된다'입니다. 스스로 이루어진 상태나 존재를 말해요. '이런 모습도 좋고, 저런 모습도 좋다. 다 존재의 이유가 있다'라고 해석할 수 있죠. 자연만큼 아이들에게 '있는 그대로의 모습이 아름답다'는 사실을 알려주는 것이 또 있을까요? 자연을 두려운 존재가 아니라 친구로 만들어주세요.

우리 가족이 자연에 나갈 때 꼭 챙기는 다섯 가지 필수품을 소개합니다.

채집통과 잠자리채

언제 어디서 곤충과 동물을 만날지 모르기 때문에 채집통과 잠자리채는 사계절 내내 차에 싣고 다녔어요. 채집통은 따로 구매하기보다 커피 마시고 남는 테이크아웃 컵이나 과일·채소·간식을 살 때 딸려 오는 플라스틱 용기면 충분합니다.

잠자리채는 아이마다 하나씩 준비하고, 엄마와 아빠 것도 준비하세요. 잘 잡히지 않으면 부모의 도움이 필요할 때가 있는데 그럴 때는 아이의 것을 쓰는 것이 아니라 엄마의 것을 사용하세요. 그리고 아이가 노는 것을 눈으로만 보는 것이 아니라 함께 놀아보세요. 아이들이 더 즐거워해요.

도감

사람은 사람을 처음 만나고 교류를 시작할 때 이름을 먼저 물어봅니다. 곤충과 친구가 될 때도 이 곤충의 이름은 무엇인지, 어떤 습성을 가진 곤충인지 알아야 한다고 생각했어요. 그래서 손바닥만 한 사이즈의 곤충도감을 어디든 가지고 다녔습니다.

"안녕? 네 이름은 뭐니?"

어떤 곤충인지, 암컷인지 수컷인지 도감을 펼쳐 곤충의 이름과 습성을 알아가는 과정에서 호기심과 친밀감이 생깁니다. 바다에 갈 때는 갯벌도감을, 강에 갈 때는 민물고기도감을 잊지 않고 준비했어요.

찢어져도 마음 안 찢어지는 옷

자연에서 놀다 보면 여기저기 털썩 주저앉고, 물에 젖고, 흙을 뒤집어쓰기 마련인데 좋은 옷을 입고 그러는 건 엄마 마음이 편하지 않아요. 그래서 찢어져도 괜찮은 옷, 지금 당장 버려도 아깝지 않은 옷, 저렴한 옷을 입혔어요. 그리고 그 옷을 물려 입힐 생각도, 중고로 팔 생각도 하지 않았습니다. 아이들은 자연을 마음껏 즐기며 놀고, 엄마는 수습이 어렵다고 판단되면 버려도 되니 뒤처리를 걱정할 필요가 없어요.

아름다운 마음

곤충이나 벌레를 만나면 되도록 하지 않은 말이 있어요. 바로 '징그러워'입니다. 아이가 어릴수록 선입견이나 편견이 없기 때문에 낯선 곤충이나 동물에 순수한 마음으로 다가갑니다. 그러나 '징그러워', '더러워'라는 말을 하거나 엄마가 겁에 질린 모습을 보이면 아이들은 벌레를 무서워하기 시작합니다.

비 온 다음 날 집 앞에 나가면 지렁이나 공벌레 등을 심심치 않게 볼 수 있어요. 아이들은 책에서만 보던 동물을 실제로 만난 기쁨에 손으로 잡아 저에게 보여주려고 했지요. 그럴 때 불편한 마음을 다 숨길 수는 없었지만, '윽' 소리가 나오려는 것을 참고 "지렁이구나" 하며 최소한의 반응으로 대응했어요.

그리고 '잔인하다', '불쌍하다'라는 말도 하지 않았습니다. 그 대신 '소중하다', '제 역할이 있다'라고 말해주며, 아이 손에 곤충이 다치는 일이 없도록 조심스럽게 다루는 법을 가르쳐주었어요.

아이의 존재 자체로 사랑하자

🌱 앤 도대체 왜 이럴까

오래도록 기다리던 읽기 독립이 됐어요. 건이는 놀다가도 게임을 하다가도 털썩 주저앉아 잡은 책을 다 읽었어요. 책이 너무 재미있어서 잠을 잘 수가 없다고 했어요. 너무 졸려 눈꺼풀이 반쯤 내려와도 눈을 부릅뜨고 책을 읽다가 책을 덮자마자 기절하는 생활을 하기 시작했어요. 좋아할 만한 책을 찾고 사다 주는 수고로움을 하는 엄마로서 그런 아이의 모습은 여간 예쁘지 않았습니다.

　문제는 내가 쌍둥이 엄마라는 사실이에요. 건이보다 오히려 술술 책을 잘 읽던 강이가 어느 날부터인가 책을 읽을 때 더듬거리고, 처음 보는 단어가 나오면 이해가 안 된다며 짜증을 냈어요. 당연히 속도도 더뎌지고 긴장하게 돼 잡는 책마다 재미없다는 말을 했습니다.

"어려운 것이 많아? 엄마가 도와줄게."
"엄마랑 같이 한 줄 한 줄 번갈아 가면서 읽어볼까?"
"읽고 싶을 때 읽어."
"책도 장난감처럼 읽고 싶을 때 재미로 읽는 거야."

아이 읽기 수준에 맞지 않는 책을 사준 것은 아닌가 싶어서 인터넷 서점, 도서관에서 수준별 책을 찾아 주문했어요. 아이에게 선택권을 주기 위해 함께 대형 서점을 찾기도 했습니다. 워낙 호기심이 많은 아이라 책마다 흥미는 보였지만, 어쩐 일인지 이야기의 흐름을 잘 따라가다가도 무슨 말인지 이해가 안 된다며 브레이크를 딱 밟는 거예요. 나는 화가 머리끝까지 났고, 이유 불문하고 그냥 책 읽기 싫어하는 아이로만 보였죠. 급기야 아이는 재미가 없다면서 모든 책을 완강히 거부했습니다.

하루에 한 번 뚜껑 열리지 않는 날이 없었고, 그럴 때마다 아이는 울고불고 뒤집어지고 난리가 났어요. 그런 생활을 몇 달 동안 지속했습니다.

화가 치밀어오를 때마다 안전한 공간에서 억압된 감정을 폭발시켜 대면하면서 내가 분노하는 이유를 자신에게 질문을 던져가며 찾아갔어요. 그러던 어느 날, 문득 아이에게 물어보고 싶었어요. 물론 그 전에도 수없이 물어보고 대답을 들었지만 이번엔 아이의 마음속으로 들어가 보고 싶었습니다.

"왜 책을 읽고 싶어?"

"건이가 읽으니까."

이전에 이 말을 들었을 때는 건이만 책을 읽어서 엄마에게 칭찬받고, 똑똑해지는 것이 싫다는 말로 들렸어요.

"책은 즐거움으로 읽는 거야. 네가 읽고 싶을 때 읽으면 돼."

"나도 읽고 싶어! 그런데 엄마는 왜 나한테만 화내? 건이한테는 일주일에 한 번 화내면서 나한테는 왜 다섯 번, 여섯 번 화내?"

"강아, 혹시 엄마가 강이가 책을 안 읽어서 화를 더 낸다고 생각해?"

아이는 그렇다고 대답하며 엉엉 울었어요.

"책을 잘 읽어서 더 예쁘고 덜 읽어서 미워할 수는 없는 건데, 그런 마음 들게 해서 미안해. 엄마 잘못이야. 그런 마음이 들 때마다 얼마나 속상했니. 얼마나 힘들었니. 미안해."

아이의 울음소리에 담긴 슬픔과 아픔이 정확하게 들렸습니다. 내 안의 분노를 대면하고 나서야 아이의 이야기를 바로 들을 수 있었어요. 그 뒤로 강이는 천천히 자신의 속도대로 책을 읽기 시작했습니다.

✿ 아이를 비교 없이 있는 그대로 받아들이게 되다

그 일을 겪고 난 뒤 둘을 비교하기보다 둘의 차이를 인정하게 됐어요. 한배에서 나온 형제자매도 성격, 체질, 외모가 다르다는 말은 익히 들어 알고 있지만 DNA가 똑같은 일란성 쌍둥이 역시 성향이 달라도 너무 다르더라고요. 사람들은 한 번에 둘을 키우니 얼마나 좋으냐고 부러워하지만, 아이 둘을 동시에 키워내기 때문에 많이 힘들어요.

사람들이 아이들 성격이 똑같으냐고 물어보면 비슷하다고 말했습니다. 차이를 몰랐던 거예요. 내가 키운 자식이라 다 아는 줄 알았어요. 솔직히 말하면 모르고 싶었는지도 모르겠어요. 아이 한 명 한 명 반응해주고 대응하는 것, 각자의 관심사를 찾아 따라가는 것이 너무나 벅찼거든요. 나 편하기 위해 둘의 성향을 같다고 치부했습니다. 내 취향에 아이를 맞추는 것이 편하니까요.

그런데 내면 성장과 육아를 함께하면서 점점 내 아이의 고유성을 알게 됐어요. 건이는 자아존중감이 높고 독립적 성향이 강한 아이로, 강이는 과제 집착력이 있고 완벽주의 성향이 강한 아이로 자랐어요. 배려 깊은 사랑은 아이를 있는 그대로 사랑하는 것인데 나의 내면아이가 아이의 고유성을 인정하고 싶지 않았다는 것을 알게 됐어요.

형제자매 사이는 오히려 한 명 한 명 더 세심하게 살펴주어야 합니다. 아이들이 가진 기질과 성향에 따라 사랑을 표현하고, 환경을 다르게 제공해주어야 해요. 배려 깊은 사랑을 받은 적이 없는 엄마에게는 이것이 너무 힘든 일이지만 육아하면서 성장하고, 성장하면서 육아하면 됩니다.

육아와 성장은 마라톤과 같습니다. 100미터 달리기하듯 달리는 한글 떼기,《해리포터》원서 읽기가 우리의 최종 목표가 아니에요. 아이 안의 무한계 인간을 끌어내 주는 것이 우리가 나아가야 할 방향입니다.

아이 내면의 힘을 믿자

✿ 아이보다 다른 사람의 말을 더 신뢰했을 때 생기는 문제

몇 해 전의 일이에요. 매년 4~5월이면 언 땅을 갈고, 비료를 뿌리고, 씨앗을 뿌려 농사를 시작합니다. 그해 봄에는 해바라기를 심었는데 바로 옆에 초록색 싹이 올라오는 것을 봤어요. 초보 농사꾼이라 경험이 부족하다 보니 잡초는 아닌 것 같은데 무엇인지 알 수가 없었어요. 내가 심지 않은 것이라 뽑아버려도 그만이지만 혹시 또 좋은 것일지도 몰라 조금 더 지켜보기로 했어요.

그런데 이 식물의 잎이 점점 커졌고, 앞으로도 엄청나게 크게 자랄 것 같았습니다. 바로 옆에 심은 해바라기도 엄청나게 크게 자랄 텐데 계속 키워도 될지 고민이 됐어요. 그래서 식물에 일가견이 있다는 사람들이 모인 커뮤니티에 물어보기로 했어요. 먹을 수 있는 열매를 맺거나 예쁜 꽃을 피우는 것이면 두고, 아니면 뽑아버릴 생각이었죠.

자란 지 몇 주 되지 않은 것이라 꽃도 열매도 없어서 판단하기 어려울 텐데, 많은 사람이 입을 모아 이것이 '뚱딴지'라고 했어요. 뚱딴지는 '돼지감자'라고도 합니다. 인터넷 검색을 해보니 사람들은 잘 먹지 않고 대개 돼지 사료로 준다고 해요. 너무 실망스러워서 다음 날 밭에 가서 뚱딴지를 뽑아버렸어요.

그리고 몇 주 뒤 밭을 찾은 저는 해바라기를 보고 화들짝 놀랐어요. 씨앗을 뿌려 키운 해바라기가 사람들 말만 듣고 뽑아버린 돼지감자와 너무 닮은 거예요. 사실 제가 뽑은 게 돼지감자가 아니라 해바라기였던 거예요.

'조금만 더 지켜봐 줄걸. 조금만 더 기다려줄걸. 그러면 해바라기라는 것을 알아봤을 텐데. 멋진 꽃을 피웠을 텐데….'

잘 자라고 있는 초록색 식물의 가능성을 믿어주지 않고, 나의 직감보다는 모르는 사람들의 판단만 믿고 싹을 뽑아버린 것이 너무 후

회스러웠습니다.

> 사람은 이름을 모르는 식물의 씨앗과도 같다.
>
> 그 씨앗을 심고 어떤 작물이 나올지 지켜보면서 기다리면 된다.
>
> 그리고 마침내 싹이 나면 필요한 건 없는지, 어떻게 생긴 식물인지, 꽃은 어떻게 피우는지 등을 발견해가야 한다.
>
> 어쩌면 부모의 가장 큰 숙제는 정성껏 씨앗을 심고, 그 씨앗이 어떤 종류의 식물로 자라는지 지켜보며 기다리는 것일지도 모른다.
>
> 이때 아이가 어떻게 되어야 한다는 선입견을 버리는 것이 목표다.
>
> 부모는 식물이 그 자체로 고유하다는 사실을 인정해야 한다.
>
> – 버지니아 사티어, 《가족 힐링》 중에서

아이를 키우는 일도 이와 비슷합니다. 많은 사람이 아이 안에 존재하는 무한한 가능성을 믿지 않고, 또는 내 마음에 들지 않는다는 이유로 아이의 타고난 감각을 '예민하다', '까칠하다', '산만하다'라며 깎아내리고 재단해버립니다.

예민한 아이는 감각이 섬세한 아이예요. 그 섬세한 감각을 바탕으로 지성이 발달합니다. 산만해 보이는 아이들은 대개 영재성을 가진 경우가 많은데 남들이 보기에는 한 가지에 집중하지 못한다는 오해를 받기도 합니다. 호기심이 많아서, 에너지가 넘쳐서 세상 모든 것에 흥미를 느끼기 때문이에요.

아이가 말이 많아서 귀찮을 때가 있으신가요? 엄마와 소통하고 싶은 아이입니다. 아이의 말에 엄마가 잘 반응해준다면 공감 능력이 뛰어난 아이로 자랄 거예요.

아이가 스스로 성장할 위대한 힘을 가지고 있다는 것을 믿지 않는 부모는 권위 있는 어떤 전문가가, 다수의 학위를 가진 박사가 이런 말을 했다며 아이를 가르치려 하고 훈육하려 합니다. 하지만 아이의 감정을 존중하는 부모는 아이를 훈육하려 하지 않습니다. 누구의 말보다 아이의 말을 듣고, 공감하고, 지지해주세요. 아이는 믿는 만큼 자란다고 하잖아요!

육아는 아이와 엄마가 함께 성장하는 과정

❦ 조건 없는 사랑이 자기주도적이고 자존감 높은 아이로 자라게 한다

아이들은 학기 초까지만 해도 연필을 잡고 글씨 쓰는 것이 서툴러서 간단한 숙제도 굉장히 힘들어했어요. 그 와중에도 저는 아이가 숙제를 제대로 안 해 가면 선생님께 싫은 소리를 들을까 봐 전전긍긍했어요. 배려 깊은 사랑으로 애지중지 키운 내 아이가 상처받을까 봐,

주눅 들까 봐, 의기소침해질까 봐 싫었어요.

깊이 들어가면, 아이도 아이지만 아이와 엄마가 심리적으로 분리되지 않았기에 내가 상처받을까 봐 두려웠던 거예요. 만약 상처가 없는 엄마라면, 선생님의 말씀에 아이가 속상해하더라도 아이의 감정에 충분히 공감해줄 수 있어요. 엄마의 이해와 공감을 받은 아이는 감정의 찌꺼기를 털어냈기에 선생님의 말씀이 더는 상처로 남지 않습니다.

내가 아이에게 충분한 사랑을 주었다는 것을 믿는다면, 아이에게 극복할 힘과 스스로 성장할 힘이 있다는 것도 믿을 수 있습니다. 아이는 자신의 선택에 따라 행동하고, 책임감 있는 아이로 자랍니다. 아이가 넘어지고 쓰러져도 마음에서 우러나오는 공감과 사랑으로 보듬어주고 지지할 수 있는 엄마가 되는 것이 진정한 성장 아닐까요?

조건을 걸지 않고 있는 그대로 아이를 사랑한다는 것은 아이를 하나의 인격체로 존중하는 것에서 시작됩니다. 아이를 내 소유물로 여기고 통제하고 싶을 때면 '아이가 나랑 같은 나이의 친구라면?' 하고 생각해봤어요. 친구한테는 왜 밥을 하루 세 끼 먹지 않느냐며 잔소리하지 않아요. 양치질로 왜 이렇게 힘들게 하는지, 밤 9시가 넘었는데 잠을 안 자는지 언성 높이지 않습니다. 친구의 인생은 친구의 것이니 내가 간섭할 수 없어요.

아이를 키우면서 통제나 억압이 아닌 믿음으로 함께하며, 아이 안에 스스로 성장할 힘이 있음을 알고, 아이의 성장을 응원하고 기다리는 것은 신의 마음에서 비롯된 사랑입니다. 내 아이만큼은 나와 같은 아픔을 겪지 않도록 해주고 싶은 엄마의 마음이 치유와 성장의 길을 비춰주지요. 신의 마음에서 비롯된 사랑입니다.

🌱 진정한 사랑이 무엇인지 깨닫고, 나 자신을 사랑하는 엄마가 되다

엄마가 되고 나서 오래도록 사용하던 닉네임을 버리고 '마이아사우라'로 변경했어요. 공룡 좋아하는 아이를 둔 부모라면 이 공룡의 뜻과 의미를 알고 계실 거예요. 마이아사우라는 '착한 엄마 도마뱀'이라는 뜻입니다. 화석이 발견된 자리 주변에 알과 둥지가 함께 발견된 것으로 미루어 알과 새끼를 알뜰살뜰 살핀 것으로 추측된대요. 파충류에게서 모성애를 처음 발견한 겁니다.

아이들과 책을 보다가 이 공룡을 처음 알게 됐을 때, '공룡도 모성애가 있는데…'라고 생각했어요. 나도 좋은 엄마, 착한 엄마, 아이들에게 소리 지르지 않는 초식공룡 엄마가 되고 싶었어요. 아이들을 사랑하고 싶다는 마음이 그만큼 간절했어요.

그리고 책육아로 아이들 잘 키우고 싶었어요. 아이를 지성과 감성이 뛰어난 아이로 키워 '애 잘 키운 엄마'로 칭송받고 싶었어요. 멋지게 성장해서 나를 빛내주기를 바랐습니다. 하지만 푸름이교육의 기본 철학에 대한 이해가 깊어지고 방향을 따라가다 보니, 배려 깊은 사랑을 알지 못하면 모든 것이 무의미하다는 걸 알게 됐어요. 배려 깊은 사랑이 빠진 책육아는 그저 엄마표 사교육에 불과해 보였지요.

문제는 내가 배려 깊은 사랑을 받은 적이 없어서 그런 사랑을 알지 못한다는 것이었어요. 사소한 행동 하나하나 분노를 부르지 않는 것이 없었어요. 컴퓨터에 심어져 있는 악성코드처럼 고치기 힘든 습관이었어요. 깊게 심어져 있는 악성코드를 없애고 나 자신을 깨끗하게 포맷해서 새사람이 되고 싶었어요. 그렇지만 나의 내면아이를 마주하고, 뿌리 깊게 박힌 거짓 신념을 버리는 것은 고통스러운 일이었습니다.

그럴 때마다 푸름엄마께서는 "배려 깊은 척이라도 해! 그렇게 해도 아이들 잘 커!"라고 말씀하셨어요. 그래서 정말 흉내 내면서 키웠어요. 눈빛 보며 아이의 관심사를 따라가는 척, 아이 요청에 귀 기울이는 척, '~구나, ~구나' 하고 아이 말끝을 앵무새처럼 따라 하며 공감하는 척, 아이와 노는 척을 했어요. 그런데 정말 아이들이 잘 컸어요. 신기하게도.

그런데 정말 '척'이 아이들을 잘 키웠을까요? 정말 '척'만 해도 될까요? M. 스캇 펙은 《아직도 가야 할 길》에서 사랑은 자기 자신 또는 타인의 정신적 성장을 도와줄 목적으로 자기 자신을 확대해나가려는 의지라고 했어요. 아이를 내 마음대로 휘두르고 싶은 욕구를 내려놓고, 내 아이만큼은 자연스러운 아이로 키우고 싶은 엄마의 사랑과 내면 성장에 대한 엄마의 의지가 그것을 가능하게 했다고 생각합니다.

푸름이교육이 맞는지 틀리는지, 할지 말지, 배려 깊은 사랑이 가능한지 불가능한지를 수없이 의심하고 끊임없이 저울질해본 후에야 저는 알게 됐어요. 자신과 아이들에게 매 순간 진실하며 성장을 게을리하지 않는 엄마는 반드시 배려 깊은 사랑이라는 의식에 도달할 것이며, 아이는 저절로 잘 자라리라는 것을 말이죠. 그리고 푸름이교육에서 말하는 배려 깊은 사랑을 실천하기 위해서는 무엇보다 나 자신을 사랑해야 한다는 것을 알게 됐어요. 그렇게 하다 보면 아이를 있는 그대로 사랑할 수 있게 됩니다.

머리로는 이해되지만 가슴에서 불이 나는 경우가 많아요. 그럴 때는 나에게 상처를 준 누군가를 섣불리 용서하려 하기보다 내 상처를 안아주고, 배우는 과정에서 실수해도 괜찮다고 말해주세요. 조금 더 아파해도 괜찮다고, 힘들면 천천히 가도 된다고 자신을 다독이고 기다려주세요. 푸름이교육에서 찾은 이상적인 엄마의 모습으로 내 아이에게 주고 싶은 배려 깊은 사랑을 자신에게 주는 거예요.

'많이 힘들지? 조금 쉬어가도 괜찮아.'
'아이 키우느라 애썼어. 수고했어.'
'괜찮아. 실수해도 괜찮아. 실수하지 않고 배우는 사람은 없어.'

성장 과정에서 좋은 날도 있고, 땅굴을 파다 못해 지구 핵까지 파고

들 정도로 바닥을 치기도 해요. 다른 엄마들을 보며 자책하게 되고, 나만 잘못된 길로 가고 있는 것 같은 막막함과 불안감에 휩싸이기도 하지요. 나름의 노력을 하는데도 생활은 여전히 엉망인 것 같고, 좋다는 강연을 들어도 의욕이 생기지 않거나 굳은 결심이 결국 작심삼일로 끝날지라도, 사랑이 부족하다며 죄책감을 느끼지 않았으면 합니다. 나는 나쁜 엄마, 부족한 엄마가 아니라 아픈 엄마일 뿐이에요. 엄마 안의 슬픔과 분노가 빠져나가면 의지도 의욕도 생길 거예요.

아이들의 성장 속도가 다르듯이 엄마의 성장 속도도 다릅니다. 아이가 치유의 과정에서 퇴행하듯 엄마도 퇴행해요. 어둠 속에 머물러 본 사람은 마침내 더 강한 힘으로 빛을 향해 앞으로 나아갈 수 있어요. 아이에게 좋은 것을 주고 싶은 엄마의 그 사랑이 치유와 성장의 길을 비춰줄 거예요.

나의 내면아이를 만나고 성장의 길을 걸으면서, 그 과정이 녹록지 않았음에도 흔들림 없이 앞으로 나아갈 수 있었던 것은 아이들의 웃음소리 덕분이었어요. 눈물이 날 만큼 감동적인 아이들의 웃음소리, 세상 어떤 보석보다도 영롱하게 빛나는 아이들의 미소가 성장의 원동력이었습니다. 저에게는 아이들의 웃음소리가 사랑이고, 치유이고, 기적이었습니다. 성장하는 엄마에게 최고의 아웃풋은 아이의 웃음소리가 아닐까요.

무엇이든
물어보세요
Q&A

Q 그동안 아이에게 함부로 한 말과 행동이 미안해서 마음이 아파요. 푸름이교육을 너무 늦게 안 것이 아쉬워요.

A 저도 푸름이교육을 너무 늦게 알았다고 아쉬워했던 적이 있어요. 너무 몰라서 아이에 대한 이해와 사랑이 부족했고, 내가 너무 무지해서 아이들을 함부로 대하고 함부로 말했다며 자책했었지요. '푸름이교육을 빨리 알았다면 아이들 어렸을 때 더 많이 안아주었을 텐데', '아이들 한 살이라도 어렸을 때 한글책, 영어책 좀더 읽어줬어야 했는데…'라고 말이죠. 육아서 한 권 읽지 않고 엄마가 된 것이 너무 아쉽고 속상했어요.

루이스 L. 헤이는 《치유: 있는 그대로의 나를 사랑하라》에서 '우리는 자신에게 맞는 때와 장소에서, 자신에게 어울리는 방식으로 변화하기 시작한다'라고 했습니다. 솔직히 터놓고 말하면, 푸름이교육 일찍 알았다고 해도 저는 안 했을 거예요. 좋은 교육법이긴 한데 우리

나라 교육 현실에 맞지 않는 유토피아적인 교육관이라며 이 교육의 가치를 못 알아봤을 거예요. 그리고 잊었을 거예요. 준비가 되지 않았으니까.

아이를 잘 통제할 수 있는 육아 스킬을 연구하고, 엄마 욕심으로 사교육도 해보고, 쓸데없는 돈지랄도 해보고, 비교·질투로 눈도 뒤집혀보고, 애 잡으며 별의별 난리를 쳐본 뒤에야 내가 잘못된 길로 가고 있다는 걸 알았어요. 아이들을 키우면서 하나하나 부딪치고, 깨지고, 무너지고, 부서진 후에야 이 교육의 가치를 깨닫게 됐어요. 그래서 푸름이교육이 내게 왔을 때 한눈에 알아볼 수 있었지요. '이 교육은 진짜배기구나' 하고요. 잘못된 길을 걸어본 경험 덕분에 후퇴하지도 흔들리지도 않게 됐어요. 물론 배려 깊은 사랑, 이걸 왜 알아서 이 고생을 하나 하는 생각도 스쳤지요.

늦은 게 늦은 것이 아니었어요. 시작하는 시점은 저마다 다르지만 우리 삶의 과제는 사랑하고 사랑받는 법을 배우는 것이니까요. 육아도 내면 성장도 내가 내면을 바라볼 수 있는 눈을 갖게 되고, 이를 감당할 수 있는 힘을 갖추었을 때, 가장 적절한 방법으로 나에게 옵니다.

3장

아이와 관계의 기적을
만드는 대화법

부모들은 아이가 행복하기를 바란다면서 사실은 엄마의 욕심을 채우느라 안달하는 경우가 참 많습니다. 이것이 사실임을 인정하는 그 순간에 관계의 기적은 시작됩니다. 아이가 정말로 행복하기를 바라는 것이 부모의 소명이 맞다면, 부모인 우리는 아이와 관계가 좋아야 합니다. 아이가 엄마를 비추는 거울이기 이전에 부모인 우리가 아이를 비추는 거울이기 때문입니다.

푸름이교육의 핵심은 배려 깊은 사랑입니다. 배려 깊은 사랑은 가장 안전하다고 여기는 부모가 아이의 마음을 알아주는 사랑입니다. 우리의 생각과 마음은 표정과 몸짓과 함께 온전히 언어로 표현되기 때문에 마음을 알아주는 소통법이 좋은 관계를 위한 필수 중의 필수이지요. 이 소통법이라면, 아이의 세상 안에는 들어갈 수 없을지라도 아이의 마음 안에는 들어갈 수 있습니다. 아이가 마음의 문을 열게 하는 소통법이니까요.

관계가 좋아지면 모든 것이 좋아집니다. 사람과 사람 사이에서 건강한 관계가 형성되면 상상 이상의 창조가 일어날 수 있습니다. 세상에 태어나 처음 만나는 타인인 부모와 좋은 관계를 맺게 되면, 아이는 자신의 세상을 멋지게 창조해내고 이 세상을 신나게 살아갈 수 있습니다. 관계의 기적을 만드는 대화법을 지금부터 소개합니다.

스스로 내면의 힘을 키우는 소통법

✿ 자신을 알아가는 감정 교육

아이와의 소통에서 가장 기본적이고도 중요한 것은 무엇일까요? 아이가 처음 이 세상에 나올 때 탄생의 목적은 '사랑받기 위해서'라고 합니다. 잠들어 있는 천사 같은 우리 예쁜 아이를 바라보고 있으면 그 말이 정말 사실이라는 것을 느낍니다. 아마 우리도 그렇게 탄생의 귀한 목적을 가지고 이 생을 선물 받았을 겁니다.

어린아이는 아직 말을 할 수 없기 때문에 '울음'으로 엄마에게 메시지를 보냅니다.

"엄마, 기저귀가 젖었어요!"
"엄마, 엉덩이가 아파요!"
"엄마, 나 배고파요!"

이런 모든 메시지를 울음으로밖에 표현할 수가 없지요. 이 울음을 들은 엄마가 메시지를 섬세하게 알아차리고 아이가 원하는 것을 즉각적으로 해결해주면 좋겠지만, 안타깝게도 많은 엄마가 그 울음소리를 듣기 힘들어합니다. 게다가 옆에서 시어머니나 친정어머니가 훈수라도 둔다면, 아이의 울음에 담긴 진짜 메시지를 읽기는 더 어려워집니다. 더 안타까운 일은 이 일들이 대물림된다는 거지요.

아이가 울음으로 메시지를 보낼 때 엄마가 그 메시지를 읽지 못하고 원하는 것을 해결해주지 않았을 경우, 아이는 아직 분화되지 않은 긍정과 부정의 정서만으로도 이런 느낌을 갖기 시작합니다.

'나는 사랑받기 위해서 태어났는데 이 세상은 살 만한 곳이 못 되는구나.'

이 느낌이 지속적으로 반복되면 아이는 이를 생각으로 굳히게 되고, 이것이 바로 아이가 세상을 바라보는 가치관의 뿌리가 됩니다. 생의 첫 시기부터 자신의 메시지에 담은 감정을 부정당한 아이는 부모가 비춰주는 자신의 모습에서 긍정적인 피드백보다는 부정적인 피드백을 보고 그것을 내면화하는 거죠. 그러면 이후에 겪게 되는 모든 타인과의 정서적 친밀감에서 많은 어려움을 겪을 수 있습니다. 그래서 부모가 되면 이 사실을 깊이 알고 아이의 울음에 섬세하고 즉각적으로 반응해주는 마음가짐과 자세가 정말로 중요합니다.

이 세상의 모든 부모는 첫아이를 낳으면 초보 부모입니다. 초보자인 모든 부모는 어설프고, 잘하는 것이 무엇인지 모를 때가 많고, 서툴고, 힘겹습니다. 모든 것이 처음이기 때문에 특히 아이를 실시간으로 돌봐야 하는 데다가, 시시각각으로 마주치는 눈을 보며 뭐라고 말하면서 정서를 채워나가고 관계를 쌓아가야 할지 모르는 게 당연합니다.

아이가 울 때마다 그 울음을 두려워하지 마시고 잘 들어보세요. 그리고 아이의 메시지가 무엇인지 맞혀보는 거예요. 마치 암호를 해독하는 게임을 하듯이 말이죠.

"우리 수아 기저귀가 젖었어? 축축해서 불편했구나."
"우리 이안이 어디가 아프니? 어디 보자, 열이 있네! 염증이 생겼나 봐. 많이 아팠겠다!"
"우리 아가 배고파서 짜증이 났구나."
"우리 정원이가 잠이 오는데 엄마가 빨리 안아주지 않아서 속상했구나."

만약에 내가 이 엄마의 아이라면, 나는 참 기분 좋고 안정감 있고 행복한 아이라고 느낄 겁니다. 우리 엄마가 나의 울음에 담긴 메시지를 알아차리고, 내가 느끼는 감정들을 말로 잘 풀어준다면 이보다 행복할 수가 있을까요. 이 말들을 가만히 들여다보면, 다 비슷비슷한 구조입니다. 그렇게 어렵지도 않다는 걸 알 수 있지요. 감정 교육은 특별한 것이 아닙니다. 아이의 울음에 담긴 메시지를 알아맞혀 보세요.

잊지 마세요. 감정 교육은 아이의 감정에 이름만 붙여주어도 왕초보 엄마 탈출이라는 사실! 그러면 멋진 부모로 성장해갈 수 있습니다.

❀ 진정한 사랑이란

우리가 어릴 적에는 무언가를 잘하면 칭찬받고 못하면 혼이 났습니다. 그 기준은 오직 부모 안에 있는 틀, 가치관이었습니다. 어른이 된 지금 가만히 생각해보면, 좋은 부모를 만난다는 것은 마치 복불복의 게임 같은 것이었습니다. 태어나는 것은 내 마음대로 할 수 없는, 불가항력적인 운명이니까요. 그런데 아이는 자라면서 내 기준과 부모의 기준이 많이 다르다고 느낄 때, 삶에서 많은 혼란을 겪고 방황도 하게 됩니다. 모든 혼란과 방황의 종착지는 어디일까요?

부모를 잘 만나고 못 만나는 기준이 정해져 있다면, 대부분의 삶은 실패로 끝날 가능성이 큽니다. 이 세상에는 행복해 보이는 사람보다는 아프고 힘들어하는 사람들이 훨씬 더 많으니까요.

인간의 가치가 부모에 의해 결정되는 것이 아님을 알아야 합니다. 우리의 존재는 누군가에 의해 결정되는 것이 아니라, 이미 고귀한 존재로 태어났기 때문에 고유하고 아름다운 존재 그 자체입니다. 내가 무엇으로도 훼손될 수 없는 귀한 존재임을 알게 된다면 '잘하고, 못하고'의 기준이 더는 부질없다는 것을 알게 됩니다.

아이가 공부를 잘하면 칭찬해주고 공부를 못하면 혼을 내는 것이 아니라, 아이의 존재가 얼마나 귀한지를 알려주고 비춰주는 말을 해주는 부모가 가장 좋은 부모입니다. 아이가 뭔가를 열심히 해도, 빈둥거리면서 놀아도 엄마는 아이를 내 기준이 아니라 아이의 입장에서 바라보는 연습을 해야 합니다.

엄마는 왜 아이가 빈둥거리는 것을 보면 화가 날까요?
엄마는 왜 아이 성적이 안 좋으면 화가 날까요?
엄마는 왜 아이가 자기 말을 잘 듣지 않으면 화가 날까요?
엄마는 왜 아이가 무언가를 잘하지 못하면 화가 날까요?

깊이 들어가 보면 엄마인 나도 어렸을 때 그런 상처를 받았기 때문입니다. 어린 나를 존재 자체로 바라봐주지 않는 엄마의 말과 행동과 에너지가 고스란히 내 몸의 기억에 남아 있기 때문입니다. 아이를 진심으로 사랑한다면, 아이가 원하는 사랑이 무엇인지 알기 위해 매 순간 나 자신의 내면을 돌아보세요. 그리고 아이가 진정으로 원하는 그 사랑을 주는 겁니다. 진정한 사랑은 말과 행동에 묻어나오게 되어 있습니다. 마음 따로 몸 따로, 행동 따로 말 따로인 경우는 없습니다. 아이에게 매 순간 이런 말을 해주세요.

"우리 수아는 존재 자체로 빛나는 아이야."

"우리 이안이는 고귀하고 소중한 존재야."

"엄마 도움이 필요하면 언제든지 얘기해."

"엄마가 아까 많이 화낸 건 네 잘못이 아니야."

"엄마는 어떤 상황에서든 너를 사랑해."

신은 우리에게 어떤 상황에서도 나 자신이 빛이고 보석이라는 사실을 알아차리고 오라고 이 생을 선물해주었습니다. 태초에 내가 내 부모를 선택할 수 없었던 것도, 그 오랜 방황과 혼란의 경험을 할 수밖에 없었던 것도, 결국에는 나 자신이 빛이고 사랑 자체임을 깨닫기 위한 통과 과정이었던 거예요. 이를 깨달으면 아이를 키우는 일이 그렇게 버겁고 힘든 일이 아닌, 아이의 존재를 통해서 나의 존재도 빛이고 사랑임을 알게 됩니다. 아이를 있는 그대로 사랑하기 위해 엄마의 일상 언어부터 바꿔보세요.

언제나 너를 사랑한다는 사실을 표현하고, 엄마도 가끔은 실수를 한다는 것을 말해주며, 진심을 담아서 사과할 수 있는 용기를 낼 줄 알며, 아이가 비춰주는 투명한 거울 앞에서 내 안의 상처들을 당당하게 대면하고 치유할 수 있는 사랑의 존재임을 받아들이고 인정하는 사람. 결국은 이 모습이 내가 어릴 적부터 가장 원하던 내 부모의 모습이었음을 깨닫게 됩니다.

이제 왜곡되어 내려온 사랑의 대물림을 나의 대에서 끊어내고, 진정한 사랑의 모습으로 치유해가세요. 우리 모두는 신이 보기에도 내가 보기에도 참 아까운 사람이니까요.

타인과 관계의 힘을 키워주는 소통법

❦ 형제자매 사이 엄마의 소통

아이가 한 명일 때는 애지중지 그 아이만 바라봤는데, 둘째가 태어나면 모든 상황이 정신없이 바뀝니다. 아이가 하나일 때보다 둘일 때는 첫째 키울 때보다 네 배의 노력이 든다는 말이 있을 정도로 엄마는 육체적으로도 많이 힘듭니다. 두 아이 사이의 터울이 많지 않을 때는 그야말로 정신을 못 차릴 정도지요. 저도 연년생을 키우는 엄마여서 이 고충에 대해 할 말이 참 많습니다. 하지만 소통에 대해 알게 되고 두 아이를 키우면서 보니 두 아이의 관계에서 중요한 것은 터울이 아니라 엄마의 말이라는 사실을 알게 됐습니다.

아이는 엄마에게 사랑받기 위해서 태어났는데, 내 사랑이 다른 형제에게 향해 있다면 아이는 좌절감을 느끼게 되는 것이 당연지사입니다. 엄마의 행동 하나로 즉각적인 비교가 일어나게 되지요. 그래서 엄마가 소통에 대해 배우지 않으면 엄마 입장에서는 늘 두 아이에게 비슷하게 사랑을 주느라 노력하는 것 같은데도, 두 아이 모두 사랑 그릇이 채워지지 않고 부족하다고 느껴 늘 사랑을 갈구하게 됩니다. 그러면 아이들의 관계도 나빠지지요. 형제자매를 공존의 대상으로 보는 것이 아니라 경쟁의 대상으로 보게 되니 마음이 편하지 않아 작은 현상에도 예민하게 반응하게 됩니다.

두 아이(또는 셋, 넷의 아이)가 그야말로 공존과 평화의 관계로 가게 하려면 엄마가 어떤 소통을 해주어야 할까요?

이 난제를 풀기 위해서는 아이가 원하는 사랑이 과연 무엇일까를 생각해보는 것이 먼저입니다. 많은 사람은 아이가 특별한 사랑을 원하는 것으로 착각하지만, 아이가 원하는 사랑은 특별한 사랑이 아니라 고유한 사랑입니다. '특별함'은 위치성을 가진 단어로, '다른 누군가보다 특별함'이라는 비교의 의미가 있습니다. 비교의 의식에서는 받아도 받아도 결국 상대적일 뿐이기에 온전히 채울 수가 없습니다. 반면 고유한 사랑은 누구와 상관없이 존재 자체의 사랑이기 때문에 작은 몸짓 하나로도 온전히 채워질 수 있습니다. 아이가 부모에게 고유한 사랑을 받고 있다는 느낌을 갖게 하려면 엄마가 누구와의 비교도 없이, 누구와도 상관없이 '너'라는 존재를 고유하게 사랑하고 있다는 것을 전해줄 수 있어야 합니다.

가령 아이가 동생이 좋은지 내가 더 좋은지 물어본다면, 부모는 둘 다 똑같이 좋다고 하거나, 사실은 네가 더 좋다는 말을 하는 모습을 종종 보게 됩니다. 이럴 경우 아이는 절대로 자신이 고유한 사랑을 받고 있다는 느낌을 받을 수가 없습니다.

"동생하고는 상관없이 엄마는 너를 정말 사랑해."

아이가 누가 더 좋으냐고 물어본다면 이렇게 대답해주는 지혜가 필요합니다. 그리고 평소의 사랑 표현이 정말 중요합니다. 보통 부모는 둘째가 태어나면 첫째 아이는 부모 마음에 드는 행동을 할 때만 예쁘고, 둘째 아이는 무엇을 하든지 예뻐 보입니다. 이 마음이 드는 이유는 사랑이 가진 속성 때문입니다. 사랑은 본래 위에서 아래로 흐르는 속성이 있습니다. 그래서 막내는 무엇을 하든지 부모 마음이 정말 너그러워지지요. 하지만 이런 모습을 보일수록 첫째 아이의 마음에는 사랑을 빼앗겼다는 비교의식만 자라게 됩니다. 그러므로 아이가 둘 이상인 부모에게는 첫째 아이와 각별히 많은 시간을 보내는 지혜가 필요합니다.

부모가 첫째 아이와 이렇게 하면 좋습니다.

대화를 나눌 때는 되도록 눈을 바라보세요.
스킨십을 의도적으로 많이 해주세요.
사랑한다는 말을 의도적으로 많이 해주세요.
비밀리에 데이트도 해주세요.

부모를 단독으로 차지할 시간을 주면 아이의 포용력이 넓어집니다. 따라서 동생과의 관계에서 예민하게 반응하는 횟수도 현저히 줄어들고, 자연스럽게 형제자매 사이에도 여유 공간이 생기게 됩니다.

이 세상에서 내 엄마는 한 사람입니다. 이것이 바로 고유성이지요. 이 세상에서 내 아이인 그 아이는 단 한 사람입니다. 아이 한 명, 한 명이 그 고유성을 느낄 수 있게 해주는 것이 일상을 함께 호흡하는 형제자매 사이의 관계를 건강하게 만들어주는 기본 중의 기본이라는 점을 꼭 기억하세요.

🌱 관계의 기적

제가 중학교에서 근무할 때의 일입니다. 국어 교사였지만 소통 전문가이기도 했던 저는 새 학기를 맞이할 때면 아이들과 통과의례처럼 하는 일이 있었습니다. 바로, 한 사람도 빼먹지 않고 개인 상담을 하는 일이었습니다. 남학생들과 1년을 잘 지내기 위한 필수적인 통과의례였고, 아직은 서먹서먹한 아이들과 마음의 문을 여는 실마리가 되는 시간이었기 때문에 1년 중에서 가장 중요하게 생각하는 기회였지요. 아이들 대부분은 처음에는 마음의 문을 열지 않지만, 선생님이 자기편이라는 생각이 들기 시작하면 의외로 쉽게 열리기도 합니다. 그때 한 녀석이 했던 말을 7년 가까이 지난 지금도 기억합니다.

"우리 엄마가 잔소리를 시작하면 저는 딴생각을 시작합니다."

이 말에는 참 많은 의미가 담겨 있습니다. 그중에서도 핵심은 이것입니다. 엄마들은 아이 잘되라고 잔소리를 하고 혼도 내고 하지만, 아이들이 받아들이는 의미는 전혀 다르다는 것입니다. 강연을 다니면서 어머니들에게 던지는 질문이 있습니다.

"여러분은 자녀가 남들에게 말 못 할 고민을 자신에게 이야기해주면 좋겠다고 생각하십니까?"

모두가 '그렇다'라고 대답합니다. 그러면 저는 다음 질문으로 넘어갑니다.

"여러분은 사춘기 때 말 못 할 고민을 부모님에게 잘 이야기하셨었나요?"

그러면 대부분이 '아니다'라고 대답합니다. 이유를 물어보면, '뭐라고 말씀하실지 뻔하기 때문'이라고 합니다.

아이의 고민을 듣고 싶어 하는 엄마, 그리고 말해봤자 엄마가 뭐라고 말씀하실지 뻔하다고 생각하는 아이. 이 둘의 관계는 어디서부터 잘못된 걸까요?

엄마 자신이 만들어놓은 허용의 기준이 좁으면 좁을수록 아이들은 그 틀에 맞춰 살아가느라 많은 애를 써야 합니다. 엄마는 아이 잘되라고 하는 말만으로도 아이 마음에 한계를 정해주게 되죠. 아이는 자신이 누구인지, 과연 무엇을 해낼 수 있는 사람인지 알아내고 확장하기 위해 이 세상을 살아가야 하는데, 엄마의 틀이 그런 아이를 끌어내리려고 한다면 서로 마음의 어긋남이 생기고 좋은 관계를 맺을 수 없게 되지요.

많은 부모가 '자기주도 학습'을 잘하는 아이로 자라기를 바라는 마음이 크지만, 자기주도적인 생활을 잘해야 자기주도 학습도 잘하는 아이로 자랄 수 있습니다. 소통은 아이와 관계를 좋게 하기 위해서 배우고 익히는 것이지, 아이가 내 말을 잘 듣게 하기 위해서 배우는 것이 아닙니다. 엄마와의 관계가 좋으면 말도 잘 듣게 됩니다. 결국 성장해야 하는 사람은 아이가 아니라, 무한의 가능성을 지니고 태어난 내 아이를 키워야 하는 엄마 자신입니다.

아이와 관계를 좋게 하기 위해, 내 말을 잠시 멈추고 아이의 마음을 들여다보세요. 잔소리를 시작하고 싶어도 잠깐 꾹 참고 아이의 상황을 자세히 살펴봐 주세요. 아이가 원하는 것을 다 들어주라는 이야기가 아닙니다. 아이의 마음을 알아주라는 것입니다. 아이도 살아가느라 애쓰고 있습니다. 그 과정에서 마음이 힘들면 이 세상에서 가장 안전하다고 믿는 존재인 엄마에게 가서 투덜거리고 짜증 내고 트집을 잡고 화를 내는 것입니다. 아이가 엄마인 나를 이 세상에서 가장 안전하다고 믿고 있다니, 정말 고마운 일 아닌가요?

아이가 유치원이나 학교에서 돌아와 짜증을 낸다면 마음속으로 '오, 생큐!'를 외치세요. 내 아이의 짜증을 받아줄 이 세상에 단 하나밖에 없는 존재, '엄마'라는 이름의 나입니다. 이렇게 생각하면 '나'라는 존재가 정말 멋지게 느껴집니다. 엄마인 우리가 기억해야 할 것은, 관계가 좋으면 모든 것이 좋다는 것입니다. 이것이 바로 '관계의 기적'입니다.

마음을 연결해주는 공감의 소통법

⚘ 제대로 공감하는 방법

푸름이교육연구소 최희수 소장님이 남긴, 공감에 대한 유명한 말이 있습니다.

"공감은 죽은 사람은 살릴 수 없어도, 죽어가는 사람은 살릴 수 있다."

저도 전적으로 동감합니다. 사람의 마음은 유리알처럼 약해서 쉽게 무너지곤 하지요. 이것은 감정의 영역이에요. 감정은 윤리성이 없기 때문에 그냥 인정해주기만 하면 왔다가 금방 사라집니다. 많은 사람이 공감을 받는 것은 좋아하지만, 공감을 해주는 것에는 익숙하지 않습니다. 방법을 잘 모르기 때문이에요.

하지만 사실 공감하는 방법은 생각보다 어렵지 않습니다. 엄마가 아이의 말을 먼저 잘 들어주면 됩니다. 아이가 무슨 말을 하는지, 뭐가 힘든지, 왜 화가 났는지를 잘 듣고, 그래서 어떤 마음이 들 것 같은지 짐작해서 그대로 이야기해주면 그게 가장 좋은 공감입니다.

"엄마! 동생이 내 장난감 뺏었어!"

만약 이 상황이라면 부모는 뭐라고 할까요? 많은 부모가 이렇게 말합니다.

"언니니까 좀 양보해줘라."

"동생이 갖고 놀게 하고, 넌 다른 거 갖고 놀면 되지."

"다른 거 사줄까?"

또는 동생에게 이렇게 말합니다.

"왜 언니 물건 뺏었어? 응?"

이 모든 말은 아이의 마음을 알아주는 '공감'이 아니라, 당장의 불편한 상황을 없애려는 시도입니다. 우리가 어렸을 때 직간접적으로 들었던 말이지요.

　많은 부모가 공감이 좋다는 건 알고 있어서 흉내를 내지만, 소통을 제대로 하려면 흉내 내기로는 안 됩니다. 마음의 연결은 흉내 낸다고 이루어지는 것이 아니기 때문입니다. 공감이 잘되려면 결국 경청하는 것이 먼저임을 알 수 있습니다. 아이의 말을 잘 들어주려면 내 시간에 아이를 맞추는 것이 아니라, 아이의 시간에 나를 맞춰야 합니다. 공감의 말이 입에서 조금이나마 쉽게 나오게 하는 공식을 알려드릴게요.

> **공감 = 상황 + 감정**

예를 들어 언니가 장난감을 빼앗아가서 동생이 우는 상황이라고 할 때, 이렇게 말해주면 됩니다.

"언니가 장난감을 빼앗아가서(상황) 정말 속상하고 화나겠네(감정)."

감정만 읽어주는 것이 아니라 그 감정을 일으킨 상황까지 읽어주면, 아이는 엄마가 자기에게 관심이 많다고 느낍니다. 부정적인 감정이 올라온 상황에서 감정을 읽어주면 그 감정이 훅 빠져나가는 경험을 하게 되지요. 그래서 공감을 다른 말로 '도움을 주는 기술'이라고 합니다. 잊지 마세요. 공감은 아이의 시간에 나를 맞추는 배려 깊은 사랑이라는 것을요.

❦ I-메시지 제대로 건네는 방법

공감이 도움을 주는 기술이라면 'I-메시지(I-message)'는 도움을 요청하는 기술입니다. 아이를 키우다 보면 아이의 행동이나 상황 탓에 감정이 불편하거나 화가 나거나 마음이 힘든 경우를 자주 경험하지요. 나 한 사람 챙기면서 살기도 때론 고단한데, 온전한 생명체 하나가 나에게 왔으니 오죽하겠습니까. 사랑스럽고 예쁘다가도 버거울 때가 많지요.

I-메시지는 아이의 행동이 엄마를 곤란하게 만들 때 도움을 요청

하는 기술이므로 굳이 감정적으로 화를 내거나, 애꿎게 화를 낸 뒤 사과를 하지 않아도 되는 멋진 소통의 기술입니다.

가령 아이가 집 안을 온통 어질러놓았다거나, 거실에서 야구 놀이를 한다거나, 변기 뚜껑을 열지 않고 소변을 보거나 하는 행동들에서 바로 사용할 수 있는 소통법입니다. I-메시지는 공식을 외워두면 꽤 도움이 됩니다. I-메시지의 공식은 다음과 같습니다.

> **I - 메시지 = 네 행동 + 내 영향 + 내 감정**

다시 말하자면, '너의 그 행동이 나에게 이런 영향을 주어서 내 감정이 지금 이렇다'라는 것을 자세히 알려주는 것입니다. 여기서 가장 중요한 것은 '내가 받는 영향'을 잘 파악해서 이야기해주는 거예요.

변기 뚜껑을 열지 않고 소변을 보면(네 행동)
엄마가 다시 다 닦아야 해서(내 영향)
엄마 정말 힘들어(내 감정)

거실을 어질러놓고 치우지 않으면(네 행동)
엄마 저녁 준비가 늦어져서(내 영향)
배고파서 짜증이 많이 날 것 같아(내 감정)

네가 얇은 옷 입고 나가서 감기에 걸리면(네 행동)

너도 아프고, 엄마도 밤새워 간호해야 해서(내 영향)

정말 둘 다 힘들 것 같아(내 감정)

처음에는 조금 어색할 수도 있습니다. 보통은 이렇게 대화하지 않고, "빨리 안 치워?"라는 식으로 말하죠. 우리가 부모에게 들었던 말투 아닌가요? 좋은 소통법을 익히려면 훈련이 필요합니다. 언어는 입에 붙으려면 많은 반복이 필요하기 때문입니다.

아이들은 자신의 시간에 집중하느라 자기가 무슨 짓을 벌이는지도 잘 알아차리지 못하죠. 그러다가 엄마의 I-메시지를 들으면 본인의 행동을 되짚어보게 됩니다. 일부러 부모 속을 썩이려는 아이는 없습니다. 다만, 자신의 행동에 집중할 뿐이지요. 평소 아이에게 공감 다음으로 I-메시지를 많이 사용해보세요. 중요한 것은 '엄마가 받는 영향'을 잘 찾아서 넣는 겁니다. I-메시지를 건네는 순간, 아이는 엄마를 도와주고 싶다는 마음이 절로 들 것입니다.

🌱 비교에서 벗어나는 소통의 마법

형제자매를 키우는 사람들은 부지불식간에 비교의 언어를 사용하는 경우가 정말 많습니다. 어른 입장에서 보면 한 아이가 아니라 '아이들'이 되니까 무심코 비교의 언어를 사용하는 것이지만, 아이 입장에서 보면 나라는 존재는 이 세상에 하나밖에 없는 고유한 존재입니다. 그래서 어른이 비교의 언어를 쓰면 자존감이 낮아질 수밖에 없지요.

큰아이를 보고 작은아이가 한 행동을 칭찬하면서 너도 저렇게 하라고 하거나, 작은아이는 잘했는데 너는 왜 그렇게 못하냐는 식의 비난을 아무렇지도 않게 하는 분들이 많습니다. 이런 말을 많이 듣고 자랄수록 자존감이 낮아지고, 형제자매 사이도 사랑보다는 은근한 경쟁의 성격을 띠게 됩니다.

더욱 안 좋은 것은, 비교의 언어 안에는 조종하고자 하는 심리가 담겨 있다는 것입니다. 아이들의 바람직한 행동은 내적 동기로 인해서 나올 때 가장 아름답기 마련인데, 조종하는 마음이 담긴 언어에 익숙해진 아이들은 스스로 자신의 행동을 변화시키고자 하는 내적 힘이 점점 약해집니다. 한 아이의 행동이 마음에 들지 않을 때는 다른 아이를 이용하지 말고 그 아이에게 직접 요청하세요.

예를 들어 이안이를 보고 "수아는 양말을 세탁기에 넣던데"라고 말하기보다는 본인에게 직접 "이안아, 양말은 벗으면 세탁기에 넣어 줄래?"라고 말하는 겁니다. 이런 요청의 말이 훨씬 더 건강한 소통 법입니다.

그리고 또 하나 반드시 기억해야 할 것이 있습니다. 칭찬도 비교의 칭찬은 금물이라는 겁니다. 아이가 진짜 원하는 칭찬은 누구와 비교해서 더 뛰어나다는 것이 아니라, 누구와도 상관없는 고유한 칭찬입니다. "언니보다 훨씬 잘 그렸네"라거나, "네가 형보다 낫지"라는 비교의 칭찬은 아이에게 끊임없이 불안정감을 심어주게 됩니다. 왜냐하면 부모가 그렇게 칭찬하면 할수록, 아이는 언젠가 내가 못했을 때 나도 비교당할 거라는 사실을 내면화하기 때문입니다.

아이들을 둘 이상 키우다 보면 자신도 모르는 사이에 비교의 언어가 툭툭 튀어나오곤 합니다. 그럴 때 가만히 멈춰 생각해보세요. 이 말을 내가 누구에게 들었었는지를요. 인간은 본인이 들었던 말은 기억의 저편에 차곡차곡 저장해놨다가 비슷한 상황이 왔을 때 무의식적으로 꺼내서 쓰는 놀라운 능력을 갖추고 있습니다. 언어만큼 인간의 몸에 바로 흡수되어 저장되는 것도 없습니다. 잊지 마세요. 비교의 언어를 멈추면, 아이는 한 명 한 명 고유하게 빛나기 시작합니다.

✿ 감사하는 아이로 키우는 소통의 마법

'아이는 부모의 뒷모습을 보면서 자란다'라는 말이 있습니다. 첫아이를 낳고 처음 엄마가 됐을 때, 이 말을 듣고 참 많은 책임감을 느꼈습니다. 엄마가 되면서 전혀 다른 인생을 살고 있다는 것을 알아차리기까지도 꽤 많은 시간이 필요했던 것으로 기억합니다. '엄마'라는 존재에 대해, 그 역할에 대해 배우고 부딪치고 또 배우고…. 감정조절이 너무 안 돼서 자괴감이 들 때도 많았습니다. 그러면서 내 이름 세 글자로 살기보다는 삐걱거리면서 누구의 엄마로 살게 되더군요.

아이가 엄마인 나를 통해 세상을 보고 있다는 것을 알았을 때 정말로 온몸에 소름이 돋더군요. 그날 이후 내 안에 '감사'라는 단어를 진지하고 소중하게 생각하기로 했습니다. 세상을 살면서 마음을 두 가지로 나눌 수 있다면 그것은 감사와 원망일 테니까요. 마음 안에 공존하는 이 두 마음은 내가 선택해주기를 늘 기다리고 있는 것만 같습니다.

《더 매직》이라는 책에 보면, 잠자리에 들기 전에 '마법의 돌'을 손에 쥐고 그날 감사했던 일을 떠올리면서 감사하다는 말을 하면 마법처럼 좋은 일들이 생겨난다는 이야기가 나옵니다. 사람은 자신의 현재 처지가 어려우면 둘 중에서 하나의 감정을 반복합니다. 감정의 중심에 있는 감사와 원망 중에서 하나의 핵심 감정을 반복하지요.

그러나 인간은 원래 행복을 더 간절하게 추구하는 경향이 있으므로, 감사의 마음을 선택하는 사람은 언제가 됐건 상황을 더 낫게 만들 수 있도록 힘을 내게 되어 있습니다. 엄마의 삶에 감사함이 배어 있다는 걸 생활 속에서 보여준 집의 아이는 자기 삶에서 감사가 얼마나 좋은 에너지를 가지고 있는지 잘 압니다.

저는 20대 후반에서 30대 초반에 걸쳐 갑자기 우울증이 찾아와 힘겨운 날들을 보냈습니다. 제 인생 최악의 순간이었는데요, 원망의 구렁텅이에서 벗어나기 위해 '감사함'을 선택해서 실천했습니다. 그 중 하나가 잠자리에서 아이들과 나란히 누워 아무거나 감사한 일을 하나씩 말하기로 한 것입니다. 처음에는 어색하던 것이 나중에는 안 하면 왠지 허전해서 잠도 잘 안 올 정도로 습관이 됐고, 나를 짓누르고 있던 우울증이 거짓말처럼 사라지는 순간이 오더군요. 그때 내 옆에서 '감사합니다'를 함께 나눴던 아이들의 순간순간이 나의 몸 세포 하나하나에 새겨져 있습니다.

아이를 긍정적인 아이로 키우려면 긍정의 경험을 많이 할 수 있는 환경을 주면 되고, 감사하는 아이로 키우려면 자연스럽게 감사의 말을 많이 할 수 있는 환경을 주면 됩니다. 그 안에 엄마가 빠져 있는 것이 아니라, 엄마의 삶도 함께 녹아 있어야 아이의 현실 감각도 계속 자라납니다.

감사할 일이 없을수록 감사함을 더 찾으라는 말이 있지요. 이 말은 감사함을 실천한 사람들이 실제로 겪은 마법 같은 일들에 대한 간증이기도 합니다. 지금 아이 키우는 일이 힘들다면, 아이와 함께 당장 오늘부터 감사한 일을 찾아서 하루 한마디씩 말로 표현해보세요.

"우리 이안이가 지금 엄마 옆에 있어서 감사합니다."
"우리 수아가 오늘 유치원에 잘 다녀와서 감사합니다."
"우리 가족이 오늘 아프지 않고 잘 살아서 감사합니다."
"아침에 눈이 와서 세상이 예쁘게 변한 것에 감사합니다."
"음악을 들을 수 있어서 감사합니다."
"온 가족이 치킨을 먹을 수 있어서 감사합니다."

감사하면 할수록 세상이 감사할 일투성이인 것을 알 수 있습니다. 그저 존재만으로도 감사하게 되고 그저 살아 있다는 것만으로도 감사하게 되는 날이 오면, 이 세상 어떤 일도 모두 감사의 마음으로 보기 시작했다는 뜻입니다. 감사는 또 다른 감사를 데리고 온다는 말을 생활 속에서 아이와 꼭 경험해보세요. 아이는 이 세상을 살아갈 내면의 힘을 단단하게 다져갈 것입니다.

Q 아침마다 유치원(학교) 가기 싫어하는 아이와 어떻게 소통하면 좋을 까요?

A 아이를 키우는 집의 아침 풍경은 다들 비슷합니다. 아이들은 일어나 기 싫어서 투정 부리고, 눈을 감은 채 아침 먹고, 옷 입기 싫어서 징 징거리죠. 생각해보면 우리 어릴 적에도 비슷하지 않았나요? 다만 다른 풍경이 있다면 오래 기다려주는 엄마냐, 잘 못 기다려주는 엄 마냐일 것 같습니다.

아침의 이런 풍경은 전날 밤에서부터 연결됩니다. 아무래도 늦게 잠 들면 아침에 일찍 개운하게 일어나기가 어려울 테니까요. 아이가 아 침에 유치원 가기 싫다고 한다면 크게 두 가지 이유로 생각하면 됩 니다. 일찍 준비하기 싫고 더 자고 싶어서인지, 유치원 생활이 마음 에 들지 않아서인지 살펴보세요. 만약 전자라면 전날 밤에 일찍 잠 들기 연습부터 하면 됩니다. 그리고 아이가 기분 좋을 때 엄마가 꼭 소통하시는 게 좋아요.

"수아야. 오늘 아침에 일찍 일어나기 싫어서 힘들었어, 그치? 더 자고 싶은데 엄마가 깨워서 짜증 났었지?"

이렇게 공감을 해주신 뒤에, 아침에 힘들지 않고 일찍 일어나서 기분 좋게 유치원에 가려면 어떻게 하면 좋을지 아이에게 물어봅니다. 아이에게 질문을 던지면 아이는 생각을 시작합니다. 아침에 일어나서 유치원 가는 행위는 아이 자신의 일이기 때문에 본인이 생각해낸 방법으로 행동할 확률이 아주 높아지죠.

많은 부모가 먼저 방법을 정해놓고 그렇게 하라고 조언하거나 제안하거나 명령하죠. 그런데 어려서부터 자신의 일을 해결할 방법을 스스로 생각하는 습관을 들인 아이는 내면의 힘이 단단하게 자라게 됩니다. 그러면 성공 확률이 점점 더 높아지지요.

만약 유치원 생활에 문제가 있다면 엄마가 세심히 살펴야 합니다. 평소에 아이의 말을 잘 들어주는 엄마라면 아이가 유치원 생활의 어려움에 대해 눈치 보지 않고 잘 말할 수 있지만, 짜증이 많은 엄마에게는 눈치 보느라 일상의 어려움에 대해 이야기하지 않을 가능성이 큽니다. 그러니 아이가 유치원 생활에서 혹시 불편함은 없는지 세심히 살피고, 선생님과도 유연하게 소통하는 것이 좋습니다.

Q 형제자매가 자주 싸울 때는 어떻게 소통하면 좋을까요?

A 형제자매가 자주 싸운다는 것은, 결론부터 이야기하면 엄마의 언어에 '비교'가 있기 때문입니다. 형제자매가 저마다 고유한 사랑을 원하는데, 부모는 한 아이, 한 아이로 보는 것이 아니라 '둘 또는 셋'으로 아이들을 묶어서 바라보기 때문에 자기도 모르게 비교의 언어가 나와버리는 겁니다.

"형은 이렇게 잘 치우는데 너는 왜 그러니?"

"동생은 안 그러는데 너는 왜 말썽을 부리니?"

"동생 좀 봐라, 얼마나 잘하나?"

심지어는 칭찬조차 비교로 하는 경우도 많습니다.

"와! 언니처럼 잘 그렸네!"

"역시 형을 닮아서 그런가 잘하는구나!"

"너희는 다 비슷하게 잘하더라?"

아이들이 이런 말을 듣고 자라면 마음속에서 형제자매가 언제나 비교 대상으로 존재하게 됩니다. 내가 무엇을 잘하든 못하든 내 마음에 이미 내 형제자매가 기준이 되어 있기 때문에 나도 모르는 사이에 자존감이 낮아질 수밖에 없지요. 형제자매가 자주 싸우는 근본적인 이유가 여기에 있습니다.

아이들이 자주 싸운다면 부모의 언어를 돌아보세요. 그리고 비교의 언어를 당장 멈추면 됩니다. 그 대신 이런 말들로 채워보세요.

"우리 수아는 고유하게 빛나는 아이야."

"동생이랑 너 중에 누구를 더 사랑하냐고? 동생과 상관없이 엄마는 우리 이안이를 이 세상 최고로 사랑해."

"언니랑 네 그림 중에서 누가 더 잘 그렸냐고? 언니 그림은 색감이 다양해서 엄마 마음에 쏙 들고, 네 그림에서는 이 새 날갯짓이 진짜 같아서 엄마 마음에 쏙 드네!"

누군가와 비교된다는 기분이 드는 것만큼 내 존재 가치가 떨어지는 것도 없습니다. 아이는 어린 마음에 더 그렇습니다. 아이에게는 칭찬도 조언도 고유하게, 누구와의 비교 없이 해주세요. 형제자매는 부모의 그 언어를 통해 서로를 보게 되니까요. 형제자매의 관계에는 부모의 평소 언어가 숨어 있습니다.

Q 어떤 일을 하다가 잘 안되면 울기부터 하는 아이와 어떻게 소통하면 좋을까요?

A 아이가 울면 어쩔 줄 몰라 하는 엄마들이 참 많습니다. 운다는 것은 불편한 감정을 마음에 담아두지 않고 밖으로 표출한다는 것에 큰 의의가 있습니다. 그런데도 부모는 아이의 울음소리를 참 듣기 싫어하지요. 심리학적으로 보면 내 안의 울지 못한 상처가 건드려지는 것이지만, 이런 경우 소통법으로 얼마든지 상황을 해결해나갈 수 있습니다.

아이가 어떤 일을 하다가 잘 안되어서 울기부터 한다면 우선은 무조건 공감부터 해주는 거예요. 공감을 제대로 받은 아이는 아마 더 크게 울거나, 아니면 감정을 잘 다스릴 거예요. 그리고 나서 중요한 것은 기분이 좋을 때의 소통입니다. 아이가 기분이 좋을 때 아까 울기부터 했던 상황을 꺼내면서 다시 한번 더 공감해주고, 그다음에 I-메시지를 건네는 겁니다.

"아까 레고블록 만들다가 잘 안 만들어져서 많이 속상했지? 그래서 많이 울었구나. 그런데 블록이 안 만들어진다고 울기부터 하면 엄마가 우리 수아를 어떻게 도와줘야 할지 몰라서 당황스러워. 잘 안 될 때는 어떻게 하면 좋을까?"

이렇게 풀어나가면서 어떤 상황이 올 때 아이 자신에게 선택의 힘이 있음을 생각할 수 있도록 대화를 이끌어가면 됩니다. 평소에 운다고 혼냈거나 핀잔을 주었다면 이 소통법은 많이 생소하고 어려울 수 있습니다. 그러나 언제나 기억해야 할 것이 있습니다. 부모가 아이를 낳아 키우면서 진짜 원하는 것은 아이가 이 세상을 행복하게 살아가는 것이고, 그러기 위해 가장 기본적이고도 좋은 방법은 공감이라는 것입니다.

Q 매사에 부정적으로 말하는 아이와 어떻게 소통하면 좋을까요?

A 아이가 부정적으로 말하는 이유는 크게 두 가지입니다.

하나는 "엄마가 이 세상에서 가장 안전한 존재입니다"라는 뜻이고, 다른 하나는 "사실은 이게 잘 안될까 봐 걱정돼요"라는 뜻이에요. 아이가 매사에 부정적으로 말한다고 해서 부모가 미리 걱정하는 표현을 자꾸 하면 아이는 수정을 하기는커녕 지지받고 응원받고 싶은 속마음을 계속 왜곡해서 표현하게 됩니다.

이런 경우에는 우선 무조건 공감부터 해주는 것이 좋습니다.

"우리 수아는 그 일이 잘 안될까 봐 걱정되는구나."

"우리 이안이, 밖에서 뭔가 일이 잘 안됐어?"

그러고 나서 저는 "엄마한테 다 풀어. 괜찮아. 엄마가 다 받아줄게"라고 말해주었습니다. 아이가 가장 믿는 사람이 엄마라는 것을 아이 무의식은 이미 알고 있기 때문에 내 투정을 아무 조건 없이 받아줄 사람이 엄마라는 것도 믿어 의심치 않습니다. 그래서 다른 누구에게보다 집에 와서 엄마에게 부정적으로 말하고 온갖 짜증을 내는 겁니다.

이럴 때 부모들이 흔히 하는 실수는 다음처럼 말하는 거죠.

"엄마도 힘들어 죽겠는데 너는 왜 맨날 짜증만 내니?"

"그만 짜증 내라. 너는 매사에 부정적인 게 문제야."

아이가 부정적으로 말할 때 가만히 살펴보세요. 아이는 엄마에게 일을 해결해달라고 짜증 내는 것이 아닙니다. 그냥 들어줄 사람이 필요한 것일 뿐입니다. 우리 어른들도 많은 경우 그런 사람이 필요하지요. 아이는 감정적인 면에서 더 미숙하기 때문에 더 그렇습니다.

부모가 이 마음만 알고 있다면, 아이의 모습을 바라보는 마음에 공간이 조금 더 생길 거예요.

어려서 징징댈 때도, 사춘기가 되어 가끔 두서없이 짜증을 내는 지금도, 엄마인 제가 가장 많이 하는 말이 이것입니다.

"우리 이안이 짜증이 많이 났구나? 엄마한테 다 풀어. 괜찮아. 엄마가 다 받아줄게."

어렸을 때 마음이 힘들 때마다 엄마에게서 듣고 싶었던 말, 그 말을 지금 내 아이에게 해주는 겁니다. 그러고 나서 아이의 표정을 가만히 살펴보세요. 얼굴이 서서히 펴지는 걸 볼 수 있을 겁니다. 그리고 더 신기한 것은, 그 짜증이 거짓말처럼 길게 가지 않는다는 거예요. 이제는 다 커서 오히려 엄마의 짜증을 받아주고 괜찮다고 말해주는 아이로 자랐다는 것이 그저 신기하기만 합니다.

4장

성장 없이 갈 수 없는
육아의 길

아이를 낳은 후 깜깜한 터널에 갇힌 듯 절망스러웠을 때 푸름이교육을 만났습니다. 존재
자체로 사랑하고 배려 깊은 사랑으로 키우면, 본성 그대로인 아이로 자란다는 말씀이 제
온몸을 관통했습니다. 푸름이교육을 알게 된 날부터 아이만큼은 나처럼 불행한 삶을 살지
않기를 바라는 간절한 마음으로 내면아이 치유를 선택했습니다. 그 과정은 절대 녹록지
않았고, 오히려 성장을 선택하기 전보다 더 아프고 힘들었습니다. 아이에게 소리를 지르
며 화내고 때리고, 남편에게는 이혼하자고 들들 복고, 몇 날 며칠 드러누워 있기도 했습니
다. 그렇지만 끝내 성장을 포기할 수 없었던 이유는 아이의 맑은 눈빛 때문이었습니다. 거
기에는 변함없는 사랑이 담겨 있었어요. 그만 삶을 놓아버리고 싶은 날도 많았지만, 엄마
이기에 포기할 수 없었습니다.

아이가 태어난 후 지금까지 대부분의 시간은 제 내면아이의 상처를 대면하고, 통곡하는
시간이었습니다. 제가 한 뼘 성장하면 아이도 한 뼘 성장했기에, 견딜 수 없게 쓰라렸지만
상처를 대면하며 걸어왔습니다. 딸은 제 상처의 뿌리까지 치유되도록 이끌어주는 내면의
선생님이었습니다. 저를 있는 그대로 사랑해주는 빛이었습니다. 그 비춤으로 저 자신도
사랑으로 존재하고 있음을 알게 됐습니다. 감히, 이것은 기적이라고 말하고 싶습니다. 제
가 사랑임을 알게 되자, 내가 만나는 모든 사람 역시 사랑임을 전하고 싶은 마음이 끓어올
랐습니다.
이제 남편은 집에 오면 마음이 편하다고 말합니다. 아이는 신나게 뛰어놀면서 매일이 재
밌다고 합니다. 시간처럼, 강물처럼, 바람처럼 삶은 유유히 흘러가고 있습니다. 삶에서 고
통은 계속 반복되겠지만, 저는 이 자리에서 배워나갈 힘을 내면에 가지고 있음을 압니다.

저와 같이 지랄맞고 천방지축인 사람도 성장하고 있으며 치유해나갈 수 있었습니다. 저의
이야기가 단 한 사람에게라도 내면아이의 실마리를 푸는 계기가 된다면 좋겠습니다. 스스
로의 성장을 선택하는 계기가 되기를 간절히 바랍니다. 성장하고 치유하여 존재 그대로의
사랑을 경험할 때, 가정은 평화롭고 삶은 생생해집니다. 우리 함께 본성을 찾아 행복하게
살면 좋겠습니다. 그렇게 되면 아이는 자연스레 스스로의 행복을 찾아가게 됩니다.

정화가 나에게 딸로 오기까지

"큰딸은 살림 밑천이지."

나는 이 말이 정말 싫습니다. 여덟 살 때 엄마가 교통사고로 돌아가신 후, 엄마 대신 살림을 도맡아야 했기 때문입니다. 학교에서 돌아오면 저녁 준비를 해야 했고, 두 남동생을 돌보느라 나를 보살필 틈이 없었습니다. 시장에서 야채 장사를 하고 밤늦게 돌아오시는 할머니의 저녁상까지 봐드려야 하루 일이 마무리되었습니다. 아빠는 갈수록 우리 삼 남매에게 엄해졌고, 새엄마가 왔지만 제 짐을 덜어가진 않았습니다.

어린 나에게 사는 건 너무도 힘겹고 지긋지긋한 일이었어요. 할 수 있는 거라곤 마음껏 상상하는 것밖에 없었기에 상상 속에서 행복한 가정을 꿈꾸었습니다. 자상하고 다정한 남편과 예쁘고 말 잘 듣는 아이와 따뜻한 집에서 알콩달콩 사는 모습을 그려보곤 했죠. 이 집만 탈출하면 행복이 기다리고 있으리라….

그렇게 세월이 흘러 대학교를 졸업했고, 서울대학교 보완통합의학연구소에서 근무하던 중 대학 때 선배의 소개로 한 남자를 만났습니다. 지금의 남편인데요, 양가에 인사도 드리고 깨가 쏟아지는 연애를 하고 있었어요. 추웠던 12월 겨울 어느 날, 아빠한테서 전화가 왔습니다. 일주일 전에 암 진단을 받았고 지금 병원이라는 거예요. 당시 나도 연구소에서 암을 공부하고 있었던 터라 "치료해서 나으면 되지. 괜찮아"라고 말했는데, 전화를 끊으면서 이상한 예감이 들더군요. 스물여섯 새해가 시작되고 이틀이 지난 날 "애경아, 나 죽겠다. 빨리 와라"라는 전화가 왔습니다. 내가 병원에 도착하고 3시간 후 아빠의 심장은 멎었고, 나는 졸지에 천애 고아가 되고 말았습니다.

또 한 번 무거운 현실의 짐이 나에게 지워졌습니다. 몸이 성치 않으신 할머니, 두 남동생, 새엄마 그리고 아빠가 남기고 간 농기계며 서류 정리까지 다 내 몫이었어요. 집에서 탈출했다고 생각했지만, 여전히 내가 집안의 가장이었던 거죠.

그 힘겨운 시간을 보내는 동안 제가 의지할 수 있는 사람은 남자친구밖에 없었어요. 이 사람이라면 행복해질 수 있을 것 같아서 결혼을 하기로 했습니다. 그런데 죄책감이 드는 거예요. 남은 가족은 여전히 아프고 두렵고 외로운 곳에 있는데 나만 행복한 곳으로 간다는 생각 때문에요. 그래서 서울에서 대학교에 다니는 막냇동생만이라도 내가 데리고 살기로 했습니다. 엄마가 돌아가셨을 때 나는 여덟 살이었고, 막냇동생은 다섯 살이었어요. 내가 손을 잡아주지 않으면, 유치원도 안 가고 엉엉 울곤 했죠.

셋이서 시작한 결혼 생활은 순탄치 않았습니다. 측은한 마음에 나는 남편보다 동생이 먼저였는데, 두 사람은 오며 가며 말 한마디 다정하게 주고받는 법이 없어서 늘 가시방석에 앉은 듯 불편하고 불안했어요. 그러던 중 뜻밖에 임신이 됐습니다. 연구소에서 석사 과정을 밟을 계획이었기 때문에 어떻게 해야 할지 난감했어요. 연구소에 어떻게 말하나 고민하다 보니 임신을 한 것이 죽을죄를 지은 듯한 기분이었어요. 그 때문인지 결국 유산이 됐는데, 공교롭게도 그날이 아빠가 세상을 떠난 지 1년이 되는 날이었습니다. 그 충격으로 나는 무너져 내리고 말았습니다. 평생 아이를 못 가지면 어떡하지? 늘 꿈꿔왔던 알콩달콩한 가족의 모습에서 아이가 빠진 적은 한 번도 없었는데, 나에겐 행복을 꿈꿀 자격이 없는 걸까?

연구소를 그만두고 전업주부가 됐습니다. 너무나 무기력했고, 온종일 잠만 잤어요. 한동안 그렇게 지내다가 우연히 자연출산에 관한 다큐멘터리를 접하게 됐습니다. 아기가 태어날 때 산모 옆에 있어주는 출산 동반자라는 직업도 있더라고요. 방송에서 소개된 자연출산 병원에 이력서를 넣고, 면접을 보고, 출산 동반자 교육을 받았습니다. 마치 나를 위해 준비되어 있었던 것처럼 일이 일사천리로 진행됐어요. 그리고 마침내 출산 동반자로서 아기가 태어나는 순간을 함께할 수 있었어요. 아기가 세상에 나오는 장면은 너무 아름다웠습니다. 출산의 순간들이 하나하나 고유하고 신비로웠어요. '나도 할 수 있겠다. 나도 아기를 낳을 수 있겠다' 하는 마음이 강력해졌을 때, 놀랍게도 두 번째 임신을 했습니다. 그렇게 정화가 나에게로 온 거예요.

나의 모든 것을 정화하기로 결심했다 ✳

❦ 딸을 낳고 이름을 정화라고 지었다

다시 임신을 했다는 기쁨과 다시 유산을 할지도 모른다는 두려움이 동시에 일어났습니다. 아기가 온 날부터 나는 느낄 수 있었어요. '왔다. 아기가 왔다. 배 속에 와 있다!' 강력한 연결이 느껴졌습니다. 그리고 극심한 입덧이 찾아왔습니다. 입덧을 한다는 것은 아기가 살아 있다는 신호 아닌가! 솔직히 입덧이 반가웠습니다. 꼭 무사히 낳고 싶었고, 배 속 아기가 미친 듯이 보고 싶었어요.

일어서면 어지럽고 누우면 불편하고 앉으면 가라앉고, 도대체 어쩌라는 건지 무슨 이런 입덧이 다 있냐 싶게 힘들었습니다. 코가 예민할 대로 예민해져서 남편이나 동생이 화장실 문, 냉장고 문을 만지기만 해도 난리가 났습니다. 신경도 날카로워져서 입에서 나오는 말마다 차가워졌고요. 세상에, 태교는 물 건너간 거죠.

몸은 이렇게 난리인데 생각은 이상적이었습니다. 보완통합의학 연구소에 있을 때 박사님이 《호오포노포노의 비밀》이라는 책을 소개해준 적이 있어요. 하와이의 정신병원 의사가 마음속으로 '사랑해요, 고마워요, 미안해요, 용서하세요'라고 하니 그 병원 환자들의 무의식이 정화되고 치유됐다는 기적 같은 이야기였습니다. 너무나 인상 깊어서 우리나라에서 열린 호오포노포노 세미나에도 참가한

적이 있는데, 나의 뇌리에 '제로 상태로 정화한다'라는 말이 꽂혔습니다. 입덧 와중에 그때 일이 떠올라서 나도 이 네 가지 말을 늘 되뇌며 지내려고 애를 썼습니다. 세미나에서 받은 'peace begins with me'라고 프린팅된 파란색 가방을 보물처럼 간직하고 지냈어요. 평화가 나로부터 시작된다니 얼마나 완벽한 표현인가! 현실이 너무 힘들었던 나는 제로 상태로 정화되어 평화로운 사람으로 거듭나고 싶었습니다.

5개월째가 되니 다행히 입덧이 잦아들었고, 7시간의 진통 끝에 아기가 세상에 나왔습니다. 고개를 돌려 창문을 바라보니 아침 햇살이 스며들고 있었습니다.

"아가야, 너는 아침 햇살이 온 세상을 비추는 때 태어났어. 정화가 태어나서 세상은 정화됐어."

이름을 정화라 짓고 아기에게 늘 이렇게 이야기해주었습니다. 정화를 한 번 부를 때마다 엄마인 내가 한 번 정화된다는 의미로 지은 이름이에요. 나는 나의 모든 것을 정화하기로 결심했습니다.

❧ 또 다른 터널에 갇힌 기분

어른들 말씀에 아기는 배 속에 넣고 있을 때가 제일 좋다더니, 정말 그랬습니다. 아기가 내 옆에 있는 게 그렇게 불편할 수가 없는 거예요. 그토록 기다렸고, 내 배 속에서 한 몸으로 있다가 나온 아기인데도 아주 먼 타인 같았습니다. 내가 아기를 안고 있을 때면 떨어뜨릴까 봐 겁이 났고, 잘못 안아서 숨이 막힐까 봐 무서웠습니다. 아기가 몸이 불편한데도 말도 못 하고 참을까 봐, 내 옆에 아기를 눕히고 자면 뒤척이다가 깔아뭉개지는 않을까 겁이 났습니다. 그러다가 아기가 울기라도 하면 하늘에서 천둥·번개가 치는 것 같았어요. 아기 이름을 부르며 달래봐도 소용이 없었습니다. 막 해산한 몸은 축축 처지고 늘어지고 뼈 마디마디가 갈라지는 것 같았어요. 딱 죽고 싶었습니다.

일분일초가 막막했습니다. 아주 길고 긴 터널 끝에 갇힌 기분이랄까. 누가 나를 이곳에 데려다 놓았지? 지난 인생이 파노라마처럼 스쳐 지나갔습니다. 최선을 다해 꿈을 이루기 위해 달려왔는데, 막상 도착해보니 또 다른 터널이라니. 아빠랑은 정반대의 남자를 만나 꿈에 그리던 결혼도 했고, 원하고 원해서 낳은 아기도 있는데 왜 이토록 죽고 싶을까. 나로서는 정말 괴롭고 알 수 없는 일이었습니다.

시댁 식구들을 모시고 집에서 백일잔치를 마친 날 저녁, 일기를 쓰면서 울었습니다. 우리 딸 정화는 엄마인 나를 보고 울고, 나는 죽은 엄마가 보고 싶어서 울었습니다. 살면서 그렇게 그립지도 않았는데, 엄마 없어도 꿋꿋하게 씩씩하게 잘 살아온 나인데…. 아기를 낳으니 엄마가 너무 보고 싶은 거예요. 이럴 때 엄마가 와서 산후조리를 해주면 정말 좋을 텐데, 모를 때 엄마한테 전화해서 물어보면 정말 좋을 텐데…. 아기를 보는 끝마다 엄마가 떠올랐습니다.

그러니 아기를 잘 키울 수가 없었어요. 어떻게 하는 것이 아기에게 최선인지 알 수가 없었고, 무엇을 해도 다 부족해 보였습니다. 더 좋은 물건이, 더 좋은 방법이 있을 것만 같아서 정보를 찾고 또 찾았습니다. 그래도 내가 선택한 것보다 늘 더 좋은 것이 있었고, 그렇게 나는 지쳐갔습니다. 퇴근한 남편한테 매달려 죽고 싶다고 노래를 불렀습니다. 남편은 딸과 나는 안중에도 없는 듯, 피곤하다며 방으로 들어가 버렸죠. 그러면 그 차가움에 분노의 활화산이 터져서 너 죽고 나 죽자고 밤새도록 남편을 들들 볶았어요. 그래도 꿈쩍 않고 자다가 회사로 출근하는 남편을 보면 분이 안 풀렸습니다. 내 안에 분노가 가득했던 건데, 그때는 몰랐어요. 다 남편이 잘못해서라고 생각했습니다.

하루하루가 전쟁이었고, 지옥이었어요. 아기는 잠을 푹 자지 않고 1시간마다 깨서 젖을 찾았어요. 잠이라도 편히 잘 수만 있다면…. 나는 정말 아이를 잘 키우고 싶었는데, 나는 가져보지 못한 행복한 가정에서 예쁘게 키우고 싶었는데 현실은 완전히 딴판이었어요.

❦ 온몸을 관통하는 메시지를 만났다: 배려 깊은 사랑, 신성

이렇게 사는 내가 딱해 보였는지, 남편을 소개해준 언니가 블로그 링크 하나를 보내주었습니다. 아이를 재워놓고 블로그를 방문해서 닥치는 대로 읽기 시작했습니다. 그동안 나는 육아 전문가 베이비

위스퍼러가 안내하는 대로 정해진 시간과 기준에 맞춰 아이를 키우려고 애써왔는데, 어떤 글에서 정신이 퍼뜩 들게 하는 문장 하나를 만났습니다.

"내 아이가 정답이다."

이 문장 하나면 우리 집에는 아무 문제도 없어집니다. 아이가 안 자는 게 문제였고, 아이가 안 먹는 게 문제였고, 아이가 우는 게 문제였으니까요. 그런데 그게 문제가 아니라는 거예요. 오히려 정답이라네요! 그동안 나 뭐 한 거지? 누구누구 박사님이 정해준 육아법, 연구한 이론에 우리 아기가 안 끼워 맞춰진다고 지랄 생쇼를 하고 있었던 겁니다. 그 블로그의 주인은《불량육아》의 저자 지랄발랄 하은맘 님이었어요.

다음 날부터 아이가 달라 보였습니다. 하은맘 님의 말이 맞았어요. 내 눈에 필터가 씌워진 것처럼 아이는 어제랑 똑같은데, 조금 나아 보였어요. 또 아이를 재우고 하은맘 님 블로그를 방문했습니다. 홀린 듯이 글을 읽다가《배려 깊은 사랑이 행복한 영재를 만든다》라는 책 제목을 발견했어요. 푸름아빠 최희수 소장님의 책인데, 그 즉시 인터넷 서점에 들어가 주문을 했고 다음 날 책이 도착했습니다. 이렇게 나는 푸름이교육법에 입문하게 됐습니다.

책을 펼쳤을 때 내 눈에 들어온 단어는 '신성'이었습니다. 푸름아빠는 책에서 "모든 아이는 신성을 가지고 태어납니다. 이 신성이 있는 그대로 발현되도록 끌어내는 것이 푸름이교육의 핵심입니다. 아이를 존재 자체로 배려 깊게 사랑하세요"라고 이야기하셨어요.

정말이지 하늘이 두 쪽으로 갈라지는 기분이었습니다. 내가 평생 찾고 있던 말들을 어쩜 이렇게 잘 정리해놓았을까? 그 메시지가 온몸을 관통하는 것을 느꼈어요. 나는 하나에 빠지면 무섭도록 매진하는 타입입니다. 이 책에 나온 대로 키울 수만 있다면 우리 딸은 영재도 될 수 있고, 잘 살게 될 것 같았습니다. 엄마도 없고 아빠도 없고 내게 남은 것은 딸 하나이니, 내가 할 수 있는 모든 것을 다해 아이를 잘 키우고 싶었습니다.

같은 저자의 또 다른 책도 주문했습니다. 《푸름이 이렇게 영재로 키웠다》라는 책에는 푸름 군이 생후 3개월일 때 책을 읽어주니 반응을 했다고 나와 있었는데, 우리 정화도 그랬습니다. 백일에 책 선물이 들어와 읽어주었더니 파닥이며 책을 쳐다보는 것이었어요. 하지만 나는 계속해서 읽어주지 못했어요. 몸도 아프고 마음이 힘들어서 책을 줄 여력이 없었던 거예요. 당시 아이가 정말 책을 보고 반응했다고 믿지도 않았었고요. 푸름 군의 이야기를 읽으며 아차 싶었습니다. 우리 정화도 정말 책을 좋아할 수 있겠구나!

이제라도 해보자는 생각에 중고 책방에 가서 기탄수학의 놀배북을 사 왔습니다. 아이를 품에 안고 보드북을 넘기며 요상스러운 동물 흉내며 효과음, 높은음을 구사하면서 책을 들이밀었습니다. 푸름 군 어릴 때 방바닥에 책을 깔아놓았다는 내용이 있어서 그대로 따라 했습니다. 백과사전을 장난감처럼 주라고 되어 있어서, 머리맡에 놓

책을 방바닥에 깔아놓고 장난감처럼 갖고 놀게 했습니다.

아두고 장난감처럼 가지고 놀게 했습니다. 엄마의 욕심이 많이 앞서 갔지만, 6개월짜리 우리 딸은 잘 따라와 주었어요. '푸름이 까꿍' 시리즈에서는 정말 대박이 났습니다.

　드디어 정화가 잠을 자지 않고 책을 읽어달라는 날이 찾아왔습니다. 하룻밤 사이에 200권의 넘는 보드북을 쌓아놓고 읽은 적도 있어요. 책에서만 보던 책의 바다가 우리 딸에게도 온 거예요. 우리 딸이 푸름 군처럼 영재가 되어가고 있는 신호 같아서 신이 났습니다. 눈빛을 보고 얘기를 들어주고, 감정에 공감해주고, 몸 비비며 놀아주기만 했는데도 아기의 아웃풋은 놀라웠어요. 정말 되네, 정말 되는구나 하며 영재로 키워보자는 욕심이 무럭무럭 자랐습니다.

❦ 엄마는 도망갈 수 있는 '직업'이 아닌 '삶' 자체였다

하지만 우리의 문제는 책이 아니었습니다. 내가 매일 무너진 육아 영역은 이 닦기였어요. 아이가 이를 안 닦으면 미쳐버릴 것 같았습니다. 머리가 멍하고, 속에서 뜨거운 것이 치밀어 올라왔어요. 하루를 재미있게 잘 보내도 밤마다 이 닦기 전쟁이 벌어졌어요. 배려 깊은 사랑을 주기로 했지만 나는 밤이면 밤마다 여지없이 무너지고, 아이는 밤마다 울고불고 난리가 났습니다. 내 힘으로는 어찌할 수 없는 무엇인가가 있었어요. 누군가의 도움이 필요했습니다.

푸름이교육 육아 사이트인 푸름이닷컴에 가입하고 첫 번째 글을 썼습니다. 누군가가 대답해주기를 바라면서, 이런 글을 쓴다는 게 너무 부끄러워 주저하면서 어렵게 어렵게 써 내려갔습니다. 아이가 이를 닦지 않는다고, 앞니 네 개가 다 썩어서 보고 있으면 미칠 것 같다고….

글을 쓰며 보니, 푸름엄마 신영일 선생님의 강연 공지가 있어서 신청했습니다.

날을 꼬박 새우며 책을 읽어준 뒤, 아이를 안고 강연장으로 갔습니다. 푸름아빠 최희수 선생님과 푸름엄마 신영일 선생님을 그곳에서 처음 뵈었어요. 강연이 끝나고 신영일 선생님께 질문을 했습니다.

"아이가 17개월인데 앞니 네 개가 다 썩었어요. 어떻게 해야 하나요?"

"애들은 원래 이빨 다 썩어요."

그 대답을 듣고 나는 할 말을 잃었습니다.

'이게 뭐야. 유아 교육 전문가라면서!'

마음속에서 실망의 외침이 올라왔습니다. 나는 아이의 문제를 해결할 묘수를 들을 수 있기를 바랐어요. 아이 이가 썩은 것은 엄마의 잘못이 아니라, 이러저러한 방법으로 하면 된다는 말을 듣고 싶었던 거죠(신영일 선생님의 더 깊은 뜻은 나중에 알게 됐습니다).

당시 나는 정화에게 주는 모든 것이 조심스러웠습니다. 내가 아이를 망치고 있는 것은 아닐까? 이것보다 더 좋은 방법이 있는데 내가 모르고 있는 것은 아닐까? 일분일초마다 의심스럽고 두려웠습니다. 정화를 품에 안고 한 발자국도 움직일 수가 없어 벌벌 떠는 형국이었죠. 세상이 무서웠어요. 미세먼지, 자동차 매연, 소음, 차가운 바람, 지나가는 사람들까지 모두 다 위협으로 느껴졌습니다. 이 위험한 세상에서 아이를 보호해야 한다는 강박에 시달렸지만, 도무지 안전한 곳을 찾을 수가 없었습니다.

그러다 보니 하루도 편할 날이 없었고, 그런 엄마의 삶에서 도망가고 싶었습니다. 일주일만이라도, 아니 하루만이라도 아이를 안 보고 마음 편히 살 수 없을까? 아이로 인해서 송두리째 바뀌어버린 인생이 허망하기만 했습니다. 배울 만큼 배운 나인데, 배려 깊은 사랑도 아는 나인데 도대체 애 키우는 건 왜 이렇게 마음대로 안 되는 건지. 머리로는 어떻게 해야 하는지 다 알겠는데, 몸이 안 따라줘요. 울면 달래주고, 놀자고 하면 놀아주고, 부르면 쫓아가고, 옆에 있어주고, 안아주고, 책도 읽어주고, 공감해주고! 다 아는데, 정말이지 다 아는데 몸이 안 움직이는 거예요. 생각해보면, 애만 낳았지 나는 엄마가 아니었던 거지요.

남편과의 관계도 이루 말할 수 없이 나빠졌습니다. 나는 불안해 죽겠는데 퇴근하면 방으로 쏙 들어가 버리는 남편이 야속하기만 했어요. 꼬투리를 잡아서 밤새도록 남편을 볶아댔습니다. 욕을 하고, 비난을 쏟아내고, 말로 가슴에 비수를 꽂았어요. 남편은 아랑곳하지 않고 잠이 들었고, 나는 그 모습에 더 화가 났습니다. 결국에는 악에 받쳐 엉엉 울다가 지쳐서 잠이 들곤 했어요. 이렇게 매일 살 수 있을까? 더는 물러설 수 없고, 피할 수도 없는 막다른 골목에 다다른 거예요.

그 무렵《푸름아빠의 아이를 잘 키우는 내면 여행》이라는 책을 만나게 됐습니다. 이 책에서 상처받은 내면아이, 내적 불행의 대물림이라는 말을 처음 접했습니다. 치유하려면 '분노 일지'라는 걸 쓰라고 하더군요. 그래서 태교 일기와 신생아 일기에 이어 분노 일지를 쓰기로 했습니다.

분노 일지는 크게 4단계로 나눠서 분노가 올라오는 지점, 어린 시절 떠오르는 기억, 내가 하고 싶었던 말, 엄마한테 듣고 싶은 말을 적으라고 했습니다. 그러면 분노에 패턴이 있음을 알게 되고, 자신의 상처를 안아주면 치유되어 반복되지 않는다고 되어 있었어요. 치유

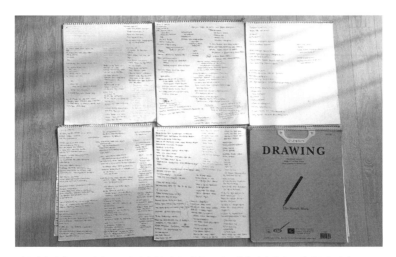

치유하기 위해 분노 일지를 쓰기 시작했습니다. 일반 노트는 성에 차지 않아 스케치북에 썼어요.

를 위해 분노의 힘을 사용할 수 있다면서 욕을 하는 방법도 알려주었어요. 나한테 딱인 방법이었죠. 그렇지 않아도 시시때때로 분노가 끓고 있었으니까요. 좋았어. 내적 불행을 1부터 100까지 다 파버릴 거야. 절대로 정화에게 물려주지 않을 거야! 굳은 의지로 날마다 분노 일지를 썼습니다.

어느 날 밤, 잠을 자지 않고 칭얼대는 아이에게 불같이 분노가 일었습니다. 너무 화가 나서 분노 일지를 펼쳐 마구 욕을 써 내려갔어요. 처음엔 몰랐지만, 엄마에게 쓰고 있더군요.

"나는 자기 싫은데 왜 억지로 재웠어? 왜 자다가 놀라서 울고 있는 나를 때렸어? 달래줬어야지, 왜 무섭게 혼냈어? 안아줬어야지!"

머리로 생각해본 적도 없는 일들이 손끝에서 꼬리를 물고 이어졌습니다. 폭풍같이 써 내려가면서 어느새 나는 울고 있었어요.

'이래서 정화가 늦게까지 안 자면 내가 그렇게 화가 났구나.'

정화를 바라봤습니다. 17개월 작은 아기가 나를 보고 있었어요. 우리 눈이 마주쳤을 때, 정화의 눈에서도 눈물이 흘렀습니다. 세상에! 정화야, 엄마가 꼭 성장할게. 사랑해 정화야. 엄마가 꼭 치유할게. 너를 아프게 하지 않을게. 절대 포기하지 않을게. 뜨거운 눈물이 흘렀습니다.

그 무렵 정화는 매일같이 "하트 안에 하트를 그려줘"라고 얘기했습니다. '엄마도 사랑이고, 나도 사랑이야'라는 메시지로 들렸습니다. 아기는 본성이 사랑이라는 것을 알고 태어난다고 하는데, 정말 맞는 것 같았어요. '그런데 나도 정말 사랑일까, 정화야? 엄마는 아직 잘 모르겠어' 하는 마음으로 분노 일지 한 귀퉁이에 하트 안에 하트를 그려 넣고, 정화랑 색칠을 하며 놀았습니다.

🌱 아이와 함께 겪은 제1 반항기

내가 전혀 예기치 못한 사건이 일어나고, 나도 모르는 사이에 하는 선택들로 삶이 이루어지고 있었습니다. 나와 정화 사이에 묘한 기류가 흐른 것은 16개월 무렵부터였습니다. 정화는 7개월부터 "엄마"라고 부르며 또박또박 의사 표현을 하고, 8개월에 책의 바다가 와 밤새도록 책을 읽었습니다. 그런데 그렇게 잘 뛰어놀고, 잘 웃고, 잘 크는 아이를 은근히 누르고 싶어졌어요. 눈에 드러나지 않는 은근한 힘겨루기가 시작된 겁니다.

어느 날, 할머니 댁에 가서 놀고 있는데 아이가 장난감을 달라고 했습니다. 이유는 모르지만, 순순히 주기가 싫은 거예요. 그래서 장난감을 꼭 잡고 놓아주지 않았습니다. 엄마가 흔쾌히 줄 것으로 예상했던 아이는 놀라며 나를 쳐다보고는 내 눈빛에 질려 뒷걸음질을 쳤어요. 뭐든지 당연하게 자기 것이라고 여기는 아이가 불편해서 해주기가 싫었어요. 아이는 할머니한테 달라붙어서는 나에게 오지를 않았습니다.

책에서 봐서 알고 있었어요. 이때쯤부터 제1 반항기가 시작된다는 것을. 그런데 그 제1 반항기가 아이보다 내게 먼저 찾아온 거예요. 어릴 때 겪지 못한 심리적인 발달은 늦게라도 반드시 겪고 지나가게 된다고 하죠. 제1 반항기에 오지게 반항해보지 못하고 순응했던 나의 내면아이가 튀어나온 거예요. 머리로는 다 알고 있었지만, 현실은 정말이지 지랄발광이었어요. 이윽고 아이의 제1 반항기도 시작됐습니다. 애도 지랄, 엄마도 지랄, 말 그대로 지랄이 풍년인 시간이 된 거예요.

먹을 것을 차려놓으면 이 그릇 말고 다른 그릇에 달라고 합니다. 다른 그릇을 내오면 이것도 아니라고 합니다. 이를 악물고 세 번째 그릇을 꺼내 담는 순간 애가 뒤집어집니다. "안 돼! 내가 할 거야!" 소리를 지르면서 말이죠. 두 번까지는 참지만 세 번째에는 내 입에서 큰 소리가 나갑니다. "야! 밥 좀 편하게 먹자!" 하며 독한 말을 뿜어댑니다. 그러면 아이는 놀라서 "엄마, 엄마" 하며 다리를 잡고 늘어집니다. 그러면 더 열이 뻗쳐서 다리를 흔들어 애를 뜯어냅니다. 결국엔 아이와 연결을 끊고, 방에 들어가 문을 쾅 닫죠. 아이는 "안아줘. 엄마, 안아줘" 하며 쫓아와 문밖에서 울고, 나는 문안에서 자책하며 울고…. 그냥 안아주면 되는데, 그게 그렇게 어려웠어요.

'차라리 내가 없는 게 낫지 않을까? 이런 나랑 있는 것보다 어린이집 가는 게 낫지 않을까? 뭐하러 애를 낳아서 이 난리를 겪는 걸까?'

문을 열고 나와 아이를 잡고 흔들며 소리를 지릅니다. 왜 나한테 태어나서 이러는 거냐고, 너 때문에 나도 살 수가 없다고, 왜 나를 이렇게 끝까지 몰아붙이는 거냐고.

"나도 잘 살고 싶어. 근데 안 된다고. 내가 나를 어찌할 수가 없단 말이다. 알아들어? 응? 그니까 그냥 좀 살자 정화야. 제발 엄마 좀 그냥 놔둬! 안 그래도 힘드니까 그냥 놔둬, 제발…. 너한테 화내기 싫단 말이야."

아이는 넋이 나간 얼굴입니다. 가만히 안아주니 잠이 들어버립니다. 태풍이 지나가 버린 그 고요함은 정말 견디기 힘들었습니다. 공허함이 밀려왔고, 너무나 쓸쓸했고, 나 자신이 쓸모없다고 느껴졌습니다. 다시 아이가 깨어나고 저녁에 남편이 퇴근을 하고, 그렇게 밤이 오고 아침이 올 텐데…. 세상은 아무 일도 없는 것처럼 돌아갈 텐데 나는 이걸 감당할 힘이 없었습니다. 누가 와서 나를 좀 살려주면 좋겠다. 누가 와서 나를 좀 키워주면 좋겠다. 고단하고 지친 삶을 위로해주면 좋겠다. 이럴 때 엄마가 살아 있었다면 해주었을까? 다른 집 친정엄마들처럼 반찬도 해다 주고, 애도 봐주고 그랬겠지…. 결국엔 엄마 생각으로 이어져 가슴만 아팠습니다.

정화는 틈만 나면 젖을 달라고 했어요. 그런데 나는 아이가 발만 닿아도 몸이 아프고, 엄마라고 부르기만 해도 화가 났습니다. 같이 놀자고 손을 휘두르면 노는 게 아니라 때리는 것 같았어요. 시간이 흐를수록 상황이 점점 더 안 좋아졌습니다. 그러다가 문득, 상처받은 내면아이를 치유하는 강연이 있다는 것이 떠올랐어요. 거기에 가면 이 고통스러운 삶에서 벗어날 방법을 찾을 수 있을 것 같았어요.

아이를 남편에게 맡기고 '상처받은 내면아이 치유 · 성장 강연'에 처음 참석했습니다. 세상에 남겨진 마지막 지푸라기를 잡는 심정이었죠. 나는 살려고 강연에 갔습니다. 아는 사람이 없는 낯선 곳, 지금까지 한 번도 가보지 못한 곳으로 발을 내디뎠어요.

🌱 세상에, 몸으로 겪는 대면이 이런 것이었구나!

최희수 선생님이 강연을 하는데, 분명히 아는 말인데 무슨 말인지 모르겠는 거예요. 별말도 아닌 것 같은데 사람들이 울었고, 나도 가끔 코끝이 찡해지면서 얼떨떨한 심정으로 앉아 있었어요. 그러던 중 '지랄을 하는 사람이 치유가 잘된다'라는 말이 귀에 쏙 들어왔어요.

든던 중 반가운 소리였습니다. 하은맘 님도 책에 쓰지 않았던가. 지랄 총량의 법칙! 옳다구나! 이거라면 자신 있지. 물 만난 고기처럼 기뻤습니다.

최희수 선생님이 "아이를 때린 적이 있나요?"라고 질문을 했습니다. 나도 손을 들었어요. 매 맞은 엄마만이 아이를 때리고 싶은 충동이 올라오고, 아이를 때린다는 거예요. 부모님한테 맞은 것이 상처가 됐지만 무의식적으로 '다 나 잘되라고 그런 거야'라는 믿음을 가지고 있으면, 아이에게도 좋은 것을 주는 마음으로 때리게 된다는 거예요. 선생님은 이것이 내적 불행이라면서, 내적 불행은 치유되지 않으면 1대에 그치지 않고 대물림된다고 했습니다. 아이를 살릴 것인가, 아이를 죽일 것인가. 모든 것이 엄마인 나의 성장과 치유에 달려 있다는 말로 들렸어요.

어린 시절의 상처에 반응하여 아이에게 손이 올라가는 시간은 1만 분의 1초밖에 안 걸린다고 합니다. 이를 바꾸려면, 반응이 무의식의 영역인 변연계의 회로에서 의식의 영역인 전두엽의 회로를 거치도록 바꿔야 한다고도 말씀하셨어요.

"상상 속에서 엄마를 떠올려보세요. 엄마를 불러보세요. 엄마가 어떤 모습을 하고 있나요?"

이미지를 그렸을 때, 우리 엄마가 아빠에게 뺨을 맞고 뒤돌아서 등을 보이고 울고 있었습니다. 나는 그 모습을 방문을 살짝 열고 지켜보고 있었고요. 이게 내 어린 시절 첫 기억이었습니다. '상처받은 내면아이'는 내 부모가 인정하지 않아서 나조차도 인정할 수 없었던 욕구와 감정이라고 정의한다고 하죠. 나는 어떤 욕구와 감정을 부정당했던 걸까. 내가 지금 정화를 키우는 모습을 보면 배려 깊게 사랑받지 못한 상처가 있다는 것은 분명했어요.

잊고 있던 어린 시절, 그리고 비밀

🌱 사랑받지 못해 아기에 머물러 있는 나

푸름이교육을 삶에 받아들인 후 내면을 들여다보는 시간이 늘어갔습니다. 애 키우는 데 전력을 기울이다 보니 남편은 늘 뒷전이었어요. 아이는 귀한 사람 대접을 하는 반면, 남편은 깔보고 하숙생보다 못한 취급을 했습니다. 남편의 행동 하나하나에 화를 냈고, 지적하고 바꾸고 싶어 했어요. 이 '남의 편'은 자기밖에 모르는 이기적인 사람으로 보였습니다.

내가 아이 키우기 힘들다고 하면, 남편은 푸름이교육을 하지 말라고 했습니다. 당신처럼 유난스럽게 애 키우니까 힘든 거라며, 다른 엄마들은 다 밤에 시간 맞춰 재우고 울 때 그냥 울린다는 거예요. 그러면 나는 "내가 애를 어떤 마음으로 키우는지 알기는 해? 나는 이때까지 거짓으로 살았다고! 이제 진정한 내가 될 거야. 우리 딸도 진실하게 살도록 키울 거야! 정화가 당신처럼 그렇게 지질하게 컸으면 좋겠어?"라며 남편을 몰아붙였습니다. 내가 남편보다 훨씬 크고, 성장했으며, 잘난 사람인 줄 알았어요. 바락바락 소리를 지르다가 결국 "이혼하자. 너랑 도저히 못 살겠다"라는 말로 끝나기 일쑤였습니다. 우리 사이는 살얼음판을 걷는 것처럼 아슬아슬했어요.

어린 시절을 떠올려보니 저녁 밥상머리에서 편안하게 밥 먹은 기억이 없었습니다. 가족이 둘러앉아 밥을 먹는 게 너무 불편하고 불안했어요. 아빠는 언성을 높이고 욕을 하고, 할아버지는 묵묵부답 말이 없었죠. 할머니가 중간에서 말을 더해 계속 싸움이 이어졌고요. 그런 외중에 우리 삼 남매는 밥 남긴다고 혼나고, 편식한다고 혼나고, 떠든다고 혼났습니다. 이 기억을 떠올려보고는 내가 남편과 왜 그렇게 밤마다 전쟁을 치르는지 자각하게 됐어요. 나는 아빠처럼 화를 내고, 남편은 할아버지처럼 말이 없었습니다. 나는 남편이 묵묵부답이면 말을 좀 하라고 난리를 쳤고, 그럴수록 남편은 나중에 이야기하자며 입을 닫아버렸어요. 상황이 그렇게 되면 나는 더 미쳐 날뛰었습니다. 나의 내면아이가 어릴 때 살았던 그대로 반복되는 것이 너무 고통스럽다고 표현하고 있었던 거예요.

그런데 그보다 더 기가 막혔던 것은 내가 남편을 붙잡고 사랑해달라고 애걸복걸하는 아기라는 것이었어요. '내가 아기라니? 내가 그 바보 같은 남편을 붙잡고 있다고? 남편에게 의존하고 있다고?' 나의 내면아이는 사랑받지 못하고 상처 많은 지질한 아기였습니다.

믿을 수가 없었어요. 내가 본 이미지, 내면아이, 푸름이교육 모든 것이 의심스러워졌습니다. '내가 아기라니…. 이때까지 아기로 살았다니…. 말도 안 돼' 가슴이 답답했습니다.

"너는 소녀 가장인데, 아기야. 아기가 어른이 되는 게 성장이야. 이곳에 자기 발로 왔기에 포기하지 않으면 치유되고 성장할 수 있어."

내가 소녀 가장이었다는 건 쉽게 인정이 되는데, 심리적인 발달 수준이 아기에 머물러 있다는 점은 받아들이기 힘들었습니다.

어느 날, 내가 아기임을 인정할 수밖에 없는 결정적인 이유가 발견됐어요. 그것은 황당하게도, 내 헤어 스타일이었습니다. 임신한 후 길었던 머리를 점점 짧게 자르다가 막달에는 남자처럼 커트 머리를 했습니다. 너무 더운 여름이었고 목에 열이 올라와서 자를 수밖에 없었는데, 아기를 낳았을 때 내 사진을 보면 꼭 남학생같이 생겼어요. 아이 키우면서 머리 감고 말리기 힘들다는 이유로 머리를 기르지 않고 살았습니다. 그러다가 짧은 머리를 관리하기 힘들어서 파마를 했어요. 나는 이 파마가 너무 마음에 들어서 스타일을 유지하기 위해 남편한테 애를 맡기고, 매달 파마를 하러 다녔습니다. 내 눈엔 정말 예뻤거든요.

헤어 스타일은 그냥 상황에 맞춰서 한 선택이었다고 생각했는데, 내면을 들여다보니 다른 이유가 발견됐습니다. 사람들은 내 머리를 보고 뽀글이 파마, 할머니 파마라고 하는 것이었어요. 얼굴이 빨개지고 부끄러운 마음이 훅 올라오더군요. 방음이 완벽한 장소에 들어가 방망이로 타이어를 두드리며 "내 머리가 어때서!"를 외쳤습니다. 두드리다 보니 내가 엉엉 울고 있었어요. 푸름엄마 신영일 선생님이 "너 그 뽀글이 파마 왜 했어?"라고 물어보는데 "이거 우리 엄마 머리야"라는 내면아이의 말이 튀어나왔습니다. 나도 모르게 나온 그 말을 듣고 눈물이 터졌어요. "엄마가 너무 보고 싶어. 엄마가 보고 싶어서 엄마 머리 한 거야. 엄마, 엄마, 엄마! 우리 엄마는 늘 파마 머리였어!"라고 외치면서 폭풍처럼 울었습니다.

무의식을 모르면 운명이 된다고 한 심리학자 카를 융의 말이 무엇인지 체험한 순간이었습니다. 나도 모르는 사이에 온몸으로 엄마를 기다리는 아기의 마음을 표현하고 있었어요. 엄마를 부르짖으며 펑펑 울고 났더니 가슴이 조금 시원해졌습니다. '내가 이토록 엄마를 그리워했구나.' 어린 시절에 밖으로 뿜어내지 못한 눈물이 가슴속에 가득 차 있었던 거예요.

❦ 죄책감의 열쇠:
네가 어릴 때 많이 울어서 엄마가 일찍 죽었다는 말

"남영아(아기 때 내 이름), 네가 갓난아기 때 말이다. 네 엄마가 너를 방에 재워놓고 문 닫고 나오면 그렇게 울었어. 아기 때 엄마를 엄청나게 힘들게 했어. 그래서 네 엄마가 힘들어서 일찍 죽었는갑다."

외할머니한테 이 레퍼토리를 귀에 못이 박이도록 들었습니다. 초등학생인 내 머리로도 말이 안 되는 이유였지만, 할머니를 비롯해서 다들 나한테 그랬어요. 말이 안 되지 않느냐고, 그만 좀 하라고 말하지도 못한 채 그 말을 듣고 자랐어요.

내면아이 치유를 하면서 보니, 이 말 때문에 나는 자신이 엄마를 죽인 살인자라고 믿고 있었더군요. 아이는 세상 모든 일에 자기중심적이어서 부모님의 불행과 행복도 다 자기 때문에 일어난다고 해석합니다. 엄마를 죽인 살인자였기에 엄마가 보고 싶다는 말도 할 수 없었고 울 수도 없었어요. 당연히 누구도 나를 위로해주지 않았고요. 나는 캄캄하고 어둡고 추운 감옥에서 숨어 살고 있었습니다. 죄를 지었다고 믿고 스스로 만든 마음의 감옥에 들어간 거예요. 엄마가 세상을 떠난 후 평생 말이죠. 감옥에서 결혼을 하고, 감옥에서 임신을 하고, 감옥에서 애를 낳은 거죠. 그리고 지금도 감옥에서 애를 키우고 있는 거고요.

내가 감옥에서 안 나가면, 아이는 엄마를 사랑하기에 감옥까지 따라 들어옵니다. 이게 바로 무의식으로 전달되는 내적 불행의 대물림이에요. 이렇게 자각이 되자 억압되어 있던 감정과 감각이 올라왔습니다. 나는 "내 아이는 안 돼요. 내 아이는 여기 오면 안 돼요"라고 울부짖었습니다. 가슴이 너무 답답하고 쪼여왔으며, 배도 쪼그라드는 것처럼 통증이 왔고, 온몸이 두들겨 맞은 듯이 아팠습니다. 푸름이교육법은 "그러면 네가 나와야 해. 감옥에 네가 스스로 들어갔으니 나오는 것도 할 수 있어"라고 안내해주었습니다. 나는 죄인의 자리에서 나오는 선택을 하기까지 오랜 시간을 보냈습니다. 상상으로는 당장이라도 걸어 나올 수 있을 것 같지만, 너무 두려웠습니다. 감옥에 있는 것이 고통스럽긴 하지만 편하고 익숙했습니다. 그 안에서 시키는 대로 열심히 하면 죄를 면할 수 있을 줄 알았습니다.

그러던 어느 날, 어렸을 때부터 나를 키워주셨던 친할머니가 아프다는 연락을 받고 병원에 갔습니다. 위암이시라더군요. 마지막으로 뵈었을 때도 통통했던 할머니는 투병 6개월 만에 나뭇가지처럼 말라 있었습니다. 병상에서도 할머니는 이렇게 말씀하셨어요.

"내가 집에 있었으면 따뜻한 밥 차려주었을 텐데…. 언능 가서 밥 잘 챙겨 먹어라."

그런 뒤 얼마 후에 병원에서 혼자 죽음을 맞으셨습니다. 상심하는 나를 보고 있던 정화가 느닷없이 이런 말을 했습니다.

"엄마, 할머니가 나 때문에 죽었어?"

이게 뭔 소리야 하고 쳐다보니 정화가 다시 말합니다.

"내가 할머니 말 잘 안 들어서 죽은 거지?"

너무나 놀라고 당황스러워서 얼른 정화를 껴안고 말했습니다.

"아니야, 너 때문에 할머니 죽은 거 아니야. 네 잘못이 아니야."

아이는 뭐든 자기를 중심에 놓고 생각한다는 걸 다시 한번 실감했어요. 아! 여덟 살 아이였던 나도 그랬던 거지요. 나 때문에 엄마가 죽었다는 생각에 죄인인 것을 감추기 위해, 사랑과 인정을 받기 위해 늘 내 한계 이상의 것을 책임지려고 애써왔다는 것을 분명히 알게 됐습니다.

대면의 시간 때는 여덟 살 아이가 벌벌 떨며 무릎을 꿇고 잘못했다고 빌고 있는 이미지가 보였습니다. 눈물이 하염없이 흘렀어요. 엄마가 세상을 떠난 것만도 힘든데, 살인의 누명까지 쓰고 살아야 했으니…. 죄인이었기에 내 욕구도 감정도 표현할 수가 없었구나. 죽은 사람처럼 살았구나. 어린 내가 너무나 가여웠어요.

나는 "애경아, 네 잘못이 아니야. 네가 울어서 엄마가 죽은 게 아니야. 너 때문이 아니야. 네 책임이 아니야"라고 외쳤어요. 그러고는 바닥에 철퍼덕 엎어져 통곡을 했습니다. "엄마가 죽은 게 왜 나 때문이야? 아기가 운다고 엄마가 죽어? 어떻게 그런 잔인한 말을 할 수 있어!"

이제야 나는 가슴속에 담아둔 말을 쏟아낼 수 있었어요. 만약 정화가 없었다면 이 고통을 겪는 선택은 하지 않았을 것입니다. 아이에게 내적 불행을 물려주고 싶지 않아서 제가 대면하기로 했습니다. 좋은 것을 물려줄 수 없다면, 나쁜 것이라도 주고 싶지 않았습니다. 그 고통은 마치 가슴이 찢어지고 배가 터지는 것과 같은 죽음의 고통이었습니다. 상상 속에서 몸이 산산조각이 나버렸습니다.

푸름엄마 신영일 선생님이 물었습니다.

"엄마가 죽었을 때 어떤 기분이었어?"

"땅이 갈라지고 화산이 폭발해. 내가 화산이 폭발하는 구덩이에 있는 기분이었어."

"맞아. 아이에게 엄마가 죽는 건 자신이 죽는 것과 같은 거야. '그때 나도 죽었어'라고 해봐."

"그때 나도 죽었어."

입이 덜덜 떨렸어요. 엄마가 죽은 게 내 잘못이 아니란 걸 알게 된 나는 그동안 속으로 쌓여온 눈물을 끝없이 쏟아냈습니다. 길을 가다가도 울고, 자면서도 울고, 먹으면서도 울고, 정화와 놀면서도 울었어요. 슬픔은 슬플 수 있을 때까지 기다린다고 했던가요. 시도 때도 없이 눈물이 흘러내렸어요.

"많이 아프고 고통을 겪을 만큼 겪었잖아. 이제 그만 벌줘. 벌 많이 받았어, 네 잘못 아니야."

나 자신에게 이렇게 얘기했어요. 그제야 깊은 죄의식에서 빠져나와 엄마의 죽음을 받아들이고 엄마를 떠나보내는 장례식을 치를 수 있었습니다.

✿ 수치심의 열쇠:
혼전임신으로 태어났다는 출생의 비밀

초등학교 5학년 때 고모가 말하기를, 내가 혼전임신으로 태어났다는 거예요. 엄마와 아빠가 결혼식을 하기 전에 나를 임신했고, 외갓집에서 크게 반대해서 겨우 결혼했다는 겁니다. 사실을 확인해줄 엄마는 이미 세상에 없고, 나는 출생의 비밀을 고모를 통해 뒤늦게 알게 된 거예요. 열두 살이면 성에 대해 한창 호기심이 일고, 몸과 마음에도 변화가 나타나는 민감한 시기잖아요. 가끔 보면 연예인이 혼전임신을 해서 결혼을 서두른다는 기사가 나오곤 하는데, 당시 내 눈에는 더러운 일로만 보였습니다. 그런데 우리 엄마가 그랬다니, 내가 그렇게 더럽게 태어났다니 너무 창피해서 어찌할 바를 몰랐습니다.

그때부터는 임신부만 보면 나도 모르게 더럽다는 생각이 먼저 들었습니다. 생명은 축복이라는데, 내 눈에는 축복이 아니라 더러운 짓으로 만들어진 어쩔 수 없는 존재처럼 보였어요. 그런 생각이 바뀐 건, 첫아이를 유산한 후 출산 동반자 일을 하면서 탄생의 순간을 지켜봤을 때입니다. 아이가 세상에 나와 축복받고 환영받을 때 생명의 환한 빛이 피어나는 것을 느꼈어요. 그리고 나중에 내면아이 치유를 하면서, 내가 내 상처와 관련해서 지어낸 생각에 빠져 있었다는 것을 다시금 알게 됐습니다.

내 내면의 생각이 아이한테도 영향을 주었던가 봅니다. 우리 딸 정화는 세 살 때부터 3년 동안이나 배 속 놀이를 했어요. 틈만 나면 배 속으로 들어와 "엄마, 나 엄마 배 속에 있어"라고 말했어요. 그러고는 조금 있다가 "엄마, 나 이제 태어나"라고 말하면서 머리부터 나오는 시늉을 하는 거예요. 아이가 나올 때 어떤 말을 듣고 싶어 하는지를 나도 들어서 알고 있었습니다. "사랑하는 이쁜 내 딸아. 이 세상에 잘 왔어"라는 환영의 말이 듣고 싶었던 거지요. 하지만 이 말을 하는 게 그렇게 어려울 수 없었습니다. 그런데도 정화는 내가 내 안의 상처를 대면할 때까지 3년이라는 긴 시간 동안 계속해서 나를 거울처럼 비춰주었어요.

나도 어렴풋이나마 환영이 아기에게 얼마나 중요한지 알고 있었던 것 같습니다. 아이가 엄마에게 왔을 때 엄마가 환영해주었는가를 물을 때마다 내 경험과 일치했기에 공감이 되고 눈물이 저절로 흘렀습니다. 정화의 배 속 놀이 시즌과 맞물려 엄마 배 속에서의 경험을 대면했습니다.

몸에 새겨진 기억은 절대 저절로 없어지지 않고 해결될 때까지 기다리고 있습니다. 나는 배 속에 있을 때부터 존재를 부정당한 상처의 근원에 다가갔어요. 배 속에 있는 나의 존재를 엄마가 알았을 때 나는 발가벗겨진 느낌이었습니다. 나의 전부가 싫었고, 내 존재 자체가 너무 수치스러웠어요. 내가 엄마한테 잘못 온 것 같았습니다. 배 속 대면을 계속할수록 억압되어 있던 기억과 감정이 떠올라 절망스럽고 비참했습니다. 나를 낳지 않으려고 약을 먹고, 결혼식 날에는 붕대로 배를 꽁꽁 싸매 나를 숨겼던 엄마. 엄마의 감정을 내 몸은 배 속에서부터 있는 그대로 느끼고 기억하고 있었습니다.

'아니야! 그럴 리가 없어. 우리 엄마가 나를 이렇게 대했을 리가 없다고. 내가 죽기를 바랐다고? 세상에! 어떻게 엄마가 그래!'

대면의 시간 내내 나는 악을 썼습니다. 배 속에서의 깊은 상처가 의식으로 올라오자 극심한 혼란에 빠졌습니다. 이런 수치심을 억압하고 있었기에 삶에서 계속 비참한 일을 맞이했다는 사실을 알게 된 거예요. 수치심을 느끼지 않고 억압할수록 무의식적으로 해결하기 위해 수치스러운 일이 생기는 거죠.

아기였던 나는 엄마에게 사랑받지 못해서 나 자신이 수치스러웠습니다. '내 존재가 얼마나 하찮으면 나를 사랑해주지 않는 걸까? 내가 못하니까 사랑을 안 해주는 걸 거야. 내가 잘하면 사랑해주겠지?'라며 엄마 마음에 들려고 애를 썼습니다. 엄마에게 모든 것을 맞추느라 나 자신을 잃어버린 거예요. 자각이 일어나니 깊은 곳이 쓰라렸습니다. 사랑받고 싶고 인정받고 싶어서, 특별한 사람이 되고 싶어 안달이 났던 나의 모습이 주마등처럼 스쳐 갔습니다. 엄마에게 받지 못한 특별한 사랑을 구걸하며 지금까지 아기의 마음으로 살았구나. 남편이 특별하게 나를 사랑해줄 줄 알았는데 안 해줘서 화가 났구나. 엄마에게 하지 못했던 말을 남편에게 다 하고 있었구나. 남편이 엄마인 줄 알았구나. 남편이 해줄 수 없는 사랑을 달라고 징징대고 있었구나. 내 삶의 모습이 이해가 되었습니다.

나는 조금씩 바뀌어갔습니다. 변화하고 싶었기 때문입니다. 더는 감추지 않고, 거짓으로 나를 포장하지 않고 진실한 나로 온전하게 살아가고 싶었어요. 하루만이라도 나 자신으로 살아보고 싶었어요. 포기하고 싶어지는 순간마다 나를 찾고자 하는 큰 힘이 나를 이끌어주었습니다.

'더 이상 밖에서 찾지 말자. 이제는 나를 믿자. 엄마에게 마땅히 받았어야 할 존재 자체로의 사랑을 받지 못했다는 것을 인정하고,

이제 더는 받을 수 없다는 것을 받아들이자.'

마음속에 가득 찼던 썰물이 빠져나가고 갯벌의 맨바닥이 드러나는 느낌이었습니다.

"그래, 나 혼전임신으로 태어난 년이다. 어쩌라고?"

이렇게 외치며 많은 사람 앞에서 수치심을 오픈했습니다. 사람들이 나를 손가락질할 거라고, 자기들끼리 수군댈 거라고 생각했어요. 하지만 아무도 손가락질하지 않았습니다. 아니, 나에게 관심이 없었다는 게 더 맞는 표현일 거예요. 모두 자신의 문제를 대면하느라 바빴으니까요. 다른 사람이 나를 볼 때 혼전임신이든 결혼 후 임신이든, 하나도 중요하지 않았던 거예요.

'아이고 참말로! 이것을 숨기느라 내가 그토록 힘들었던 거야?'

겪고 나니 아무것도 아니었습니다. 피식하고 웃음이 날 정도였죠. 동시에 나를 속박하던 밧줄이 풀리고 내 몸이 새털처럼 가벼워졌습니다.

엄마와 연결되지 못한 나는 나 자신과도 연결하는 법을 잊어버렸습니다. 내 본성은 숨겨두고 온갖 척을 하며 살아왔어요. 하지만 수치심을 대면하고 그 안에서 본성 그대로의 온전하고 영롱한 참나를 발견했습니다. 나는 평생 사랑이 두려워 대면을 피하고 있었던 겁니다. 나의 본성을 발견해주고 있는 그대로 사랑해줄 사람이 있을 거라고 기대하고, 그 사랑을 기다리느라 평생을 허비했습니다. 그러나 이제 밖에서는 내가 그토록 원하는 사랑을 받을 수 없다는 것을 진정으로 받아들이고 집착을 놓아버리자, 내 안에 이미 사랑이 있음을 경험으로 알게 됐습니다. 모든 존재의 근원이 사랑이었어요. 그토록 찾던 참된 나, 신성이었어요.

나를 키운 정화의 시간 ✳

🌱 기대와 집착을 놓아버리고 사랑을 선택한 성장의 여정

어린 시절에는 집에서 벗어나 결혼을 하면 행복할 줄 알았고, 결혼을 해서는 아이를 낳으면 행복할 줄 알았습니다. 아이를 낳으니 영재가 되면 행복할 줄 알았어요. 내게 행복은 지금 여기에 없고 늘 무언가를 이루어야만 나타나는, 먼 곳의 신기루였습니다. 조금만 더 노력하면 그놈의 행복이 와줄 거라고 희망고문을 했죠. 푸름이교육으로 아이를 키우면 당연히 영재가 될 뿐만 아니라, 그 영재성이 세상을 놀라게 할지도 모른다고 기대했습니다. 내가 하기만 하면 뭐든지 다 잘될 것이고 남편도 당연히 협조해주리라 기대했어요. 모든 것이 내가 기대한 대로, 내 뜻대로 되도록 내 통제 안에 두려 했던 거예요.

너무나 두려웠기에 세상을 통제하려 했다는 걸 자각하고도 그 습관은 쉽게 버려지지 않았습니다. 내가 어미 거미가 되어서 높은 나뭇가지에 촘촘히 그물을 쳐놓고, 거기서 아기 거미와 남편 거미가 살게 한 셈이지요. 그것은 아기 거미와 남편 거미가 한 발 한 발 디디는 곳을 내가 정하면서 '이 안에서 자유롭게 살아'라고 하는 것이었습니다. 둘 다 얼마나 힘들었을까? 내 나름대로는 잘해보겠다고 한 일인데, 얼마나 숨이 막혔을까? 남편이나 아기가 떨어져 죽을까 봐 한순간도 긴장을 놓지 않고 보초를 서느라 나는 또 얼마나 힘들었던가.

이미지를 그려보니 내 삶이 어땠는지 그냥 드러납니다. 그냥 거미의 삶을 놓아버리고 땅으로 내려와 사람으로 편하게 살면 되는데, 그걸 몰랐던 거예요. 상처받은 내면아이를 치유하면서 내가 나도 모르게 불행을 반복한다는 것을 알게 됐습니다. 불안하고 두려운 것에 익숙해서 어미 거미가 되어 일상에서 자꾸만 두려움을 만든다는 것도 자각하게 됐습니다.

신기하게도 내가 누구인지를 알아갈수록 삶이 점점 편해졌어요. 어느 날 정화가 놀이터 바닥에 벌러덩 드러누우면서 "엄마도 누워 봐. 저기 하늘 좀 봐"라며 나를 끌어당겼어요. 예전의 나 같으면 지나다니는 사람들이 신경 쓰여 아이를 일으켜 세웠을 텐데, 잠시 주춤하다가 '에라 모르겠다!' 하고는 정화 옆에 벌러덩 드러누웠어요. 그러곤 둘이서 깔깔대며 웃었죠.

먼지는 털면 되고, 옷은 빨면 되고…. 이게 뭐라고 그렇게 두려웠을까? 정화가 이렇게 좋아하는데! 나도 이렇게 자유롭게 살 수 있는

데 무엇이 그토록 두려워서 꼼짝을 못 했을까? 나를 묶고 있던 또 하나의 밧줄이 풀렸어요.

아이를 키우면서 안 하던 거 참 많이 해봤습니다. 정화가 태어난 이후, 정화뿐만 아니라 엄마인 나도 성장하기 위해 부단히 노력해왔습니다. 영재가 되리라 기대했던 우리 딸은 초등학교에 입학해서 3월에 한글을 뗐습니다. 재밌게도 글자 카드, 책 읽기, 학습지도 아닌 마인크래프트라는 게임을 하면서 한글을 뚝 뗐어요. 좋아하는 것을 좋아하게 확장해주는 것이 푸름이교육의 정신임을 다시 한번 확인했죠. 내 의지로는 세 살에도 뚝 뗄 수 있을 것만 같았는데, 배려 깊은 사랑을 쪼끔이라도 맛본 순응되지 않은 아이는 끌려오지 않았습니다. 한글을 떼게 하려는 집착을 내려놓고, '그래 더는 못 하겠다. 학교 가서 배워'라고 손을 딱 놓으니 한글을 읽어버렸어요.

사실을 말하자면, 나는 정화보다 한글을 늦게 뗐습니다. 정화는 여덟 살 3월이고, 나는 여덟 살 7월쯤에 뗐거든요. 정화가 어릴 때는 한글 때문에 죽음을 고민할 만큼 꽤 심각했는데, 지나고 나니 이렇게 웃음이 납니다. 내가 초등학교 입학 전 일곱 살 때, 엄마가 회초리로 때리면서 한글을 알려주는데도 정말 모르겠는 거예요. 엄마가 다음 해 6월에 돌아가셨고, 나는 공부를 할 틈이 없었습니다. 그래서 받아쓰기도 거의 다 틀렸고 바보 취급을 당했어요. 초1 담임이 할아버지 선생님이셨는데, 나를 쥐어박으며 나머지 공부를 무섭게 시키셨죠. 그래서 정화에게 한글을 줄 때 "너는 엄마가 옆에서 이렇게 해주는데도 왜 못 해!"라면서 분노가 올라오고 힘이 들어갔어요. '이렇게 하면 한글 절대 못 뗀다'라는 주제로 몇 시간을 말할 수 있을 만큼 징글징글한 여정이었어요. 아이가 나처럼 바보 멍청이 취급을 당할까 봐 내 상처를 투영한 거죠. 아이에겐 아이의 속도가 있는데, 그냥 믿고 기다리기에는 엄마인 내가 너무 미숙했어요.

이제는 두려움으로 인한 불안 대신 사랑의 믿음을 선택합니다. 정화가 어떤 모습이라도 있는 그대로 사랑할 것이며, 걸림돌이 나타날 때는 대면하고 나아갈 것입니다. 섬세한 감정이 살아날수록 삶의 경험이 생생하게 다가왔습니다. 고통의 강을 건넌 거예요. 성장은 아기에서 어른이 되는 과정이었습니다. 성장을 하면 할수록, 귀찮다고만 생각했던 우리 정화가 너무 귀한 존재라는 걸 알게 됐어요. 세상에 나한테 자식보다 귀한 것은 없었어요. 이 단순한 진리를 알려고 이 난리를 피웠구나 싶어졌습니다. 나도 온전한 사람으로 성장하고 있습니다.

해가 뜨기 전이 가장 어둡다

🌱 감옥에서 나오다

내면아이 치유를 시작할 때, 우리 집이 편안한 날은 100일 중에 하루가 될까 말까 했습니다. 좋아지는가 싶으면 다시 제자리로 돌아오는 롤러코스터가 계속됐어요. 나는 육아의 긴 터널 끝에 보이는 작은 빛을 따라 걸었습니다. 내 삶은 포기해도 아이는 절대 포기할 수 없었습니다. 두드리며 분노를 풀고, 눈물을 쏟아내면 아이가 밝아지는 것이 눈에 보였어요. 그리고 설명할 순 없지만, 내 안에 나를 찾는 강한 동력이 작용한다는 것도 느꼈어요. 한 번 두드리면 내적 불행이 한 개 끊어진다고 믿었습니다. 그 믿음 속에서 매일매일 두드렸어요.

그러던 어느 날, 짐승 같은 울음이 터져 나왔습니다. 이 생에 온 것이 내 잘못인 줄 알고 죄인으로 살아온 세월이 억울했습니다. 나를 속이고, 다른 사람도 속이고 거짓으로 살아온 것이 수치스러웠어요. 나는 좋아서 한 줄 알았는데 사실은 사랑받기 위해서 '척'을 하며 살아왔다는 게 절망스러웠어요. 몸이 갈기갈기 찢어지는 것처럼 아프고, 위가 쪼여들었습니다. 나는 내가 이렇게 아픈 줄도 모르고 살아왔구나! 세상에 더 내려갈 바닥이 없을 줄 알았는데 이렇게 아팠구나!

이날 옆방에 있던 남편이 내 울음소리를 듣고 방으로 와서는 "소가 우는 것 같다"라고 말하며 쓰다듬어주었어요. 이때까지 내가 밤마다 울 때 한 번도 와주지 않았던 남편인데 말입니다. 정화도 옆에 와 있었어요.

내 옆에 아무도 없는 줄 알았는데, 나는 세상에서 혼자 떨어져 나와 사는 줄 알았는데…. 이렇게 무너져 내리고 보니, 내 곁에 정화도 있고 남편도 있었습니다. 나를 사랑해줄 사람을 찾으며 떠돌아다닌 세월이 주마등처럼 스쳐 지나갔습니다. 남편보다 더 좋은 남자가 세상 어디엔가 있을 것 같아 남편과 함께하지 못했던 마음도 인정했습니다. 외부에서 사랑을 찾으면서 끊임없이 나를 버려왔구나…. 짐승 같은 눈물이 배 속부터 터져 나왔습니다.

특별한 사랑을 줄 사람을 찾으려고 그렇게 애를 썼구나! 대단한 사람이 되고 싶다고 상상했구나! 나는 이 모양 이 꼴인데, 이 꼬락서니를 보기가 싫었구나! 엄마에게 버림받고 나도 나를 버렸구나! 누구를 만나도 이렇게 반복하며 살았구나! 나만 최고로 사랑해주라고, 나만 봐달라고, 나만 알아주라고 그렇게 난리를 치며 내가 얼마나 대단한지 뽐내려고 했구나. 그래서 그토록 비교하며 순위를 매겨왔구나. 고유한 사랑을 받지 못해서 특별한 사랑이라도 받으려고 지랄 발광을 했구나.

이 자리에서 아무리 기다려도 내가 원하는 사랑을 해줄 엄마는 오지 않는구나. 평생을 기다렸는데도 안 오는구나. 내가 스스로 걸어 나와서 삶을 살아가야 하는구나. 더 이상 아기로 머물지 않기를 나 스스로 선택해야 하는구나. 이 선택은 누구도 대신 해줄 수 없구나. 그냥 딱 한 번만 와서 안아주면 되는데…, 그 마음 한 자락도 놓아야 하는구나. 그래야 어른이 되는 거구나. 정화가 "엄마 안아줘"라고 말하면 배 속 깊은 곳에서 분노가 치미는 이유가 이거였구나. 나도 안아주길 기다리는 아기여서 우리 딸을 안아줄 수가 없었구나.

받아본 적도 없는 사랑을 놓아야 한다니 가슴이 너무 아팠습니다. "처음부터 하나하나 다시 배워야 해"라는 말이 무슨 뜻인지 이제야 알 것 같았습니다. 어린 시절에 시작된 믿음이 내 삶을 이렇게 이끌어오다니, 나 자신이 너무 가여웠습니다.

엄마도 모르고 준 것을 나는 세상 전부로 받아들이고 살았네. 세상에, 내가 귀한 사람이라는 걸 정말 몰랐네. 하찮고 쓸모없고 지질한 사람인 줄 알았네. 귀한 대접을 받으면, 나 같은 사람을 귀하게 대접해준다고 황송해했네. 거지로 살았네. 아이고 이 바보야! 평생 모르고 살다가 죽을 뻔했네.

치유의 눈물이 하염없이 흘러내렸습니다. 엄마 배 속에 왔을 때 엄마로부터 처참하게 버려진 아기의 이미지가 떠올랐습니다. 엄마의 사랑을 기다리다가 피 흘리며 죽어 있었습니다. 그동안 이 아기가 내 삶을 이끌어온 거예요. 불행을 계속해서 창조하면서 엄마 때문에 내가 이렇게 살 수밖에 없다고! 이것 보라고! 내가 얼마나 아픈지 보라고! 엄마에게 복수하고 있었어요. 내 눈앞에서 엄마의 죽음과 아빠의 죽음을 봤지만 마음 안에서 나 자신이 죽었다는 건 모르고 있었어요. 평생을 알 수 없는 불안과 죽음의 두려움에 떨었는데, 다 여기서부터 출발했다는 걸 알게 됐습니다.

엄마에게 부정당한 상처로 인해 두려움과 복수의 세상을 살았다는 걸 자각하자, 비로소 내 마음에 공감이 됐습니다. 나 자신이 나를 벌주고 있었다는 것, 그것이 내 선택이었다는 사실을 비로소 받아들일 수 있었습니다. 존재로 환영받지 못하고, 있는 그대로 사랑받지 못한 나의 분노는 이제 점차 사그라져 갔습니다. 분노가 빠진 자리에 있는 그대로 사랑할 수 있는 마음이 채워져 갔습니다. 나는 이렇게 살아온 나를 용서하기로 했습니다.

깜깜한 배 속 감옥의 이미지에서 나오자, 세상은 밝은 빛이었습니다. 그리고 나도 빛이었습니다. 내가 빛임을 모르던 순간에도, 이렇게 알게 된 때에도 빛은 항상 있었음을 몸으로 느꼈습니다. 곁에 있는 남편에게 감사와 사랑이 올라왔습니다. 그 지랄발광하던 시간에 옆에 있어줘서 너무 고마웠어요. 남편의 지지 덕분에 성장했다는 것, 남편이 나를 엄청나게 사랑한다는 것도 알았습니다. 내가 고통스러울 때도 기쁠 때도 남편이 언제나 옆에 있어주었다는 걸 알았습니다. 신은 내가 사랑임을 깨닫고 평온하도록 이끌어주신다는 사실을 깊이 받아들였습니다. 이 삶이 나를 찾기 위한 여정이었다는 것도 알게 됐습니다.

깨달음 후에는 이 자리에서 나를 어떻게 성장시킬 것인가, 나를 어떻게 표현하고 어떤 가치를 두고 살 것인가를 고민하게 됐습니다.

❦ 우리 엄마, 나 그리고 정화

우리 정화가 여덟 살이 됐습니다. 아이가 한 살이면 나의 한 살 때 상처가, 아이가 두 살이면 나의 두 살 때 상처가 고스란히 드러나는 여정이었어요.

우리 엄마는 스물아홉 살에 세상을 떠났는데, 나도 내 삶을 상상할 때 스물아홉 살 이후를 그려본 적이 없었어요. 그런데 아이를 낳고 키우다 보니 어느새 서른다섯 살이 되어 있더군요.

잔인하게도 나는 또다시 정화가 여덟 살이 되면 내가 죽을 것만 같았어요. 엄마와 여덟 살 이후의 경험이 없으니, 정화와 여덟 살 이후의 삶을 상상할 수가 없었기 때문입니다. 정화가 여덟 살이 되는 게 나한테는 죽기 전까지 남은 시간을 알려주는 기분이었어요. 나는 지금까지 학업도, 결혼도, 육아도, 내면아이 치유도 전속력으로 달려왔습니다. 아이가 여덟 살이 되기 전에 내가 생각한 걸 모두 이뤄내고 싶었어요.

하지만 이때까지 내면아이 치유한다고 난리를 쳤는데도, 1만 분의 1초의 반응 회로를 바꾸지 못했습니다. 책가방을 사주면서 화가 나고, 연필을 깎으면서 화가 났습니다. 하루는 숙제를 봐주다가 울화통이 터져서 숙제를 쫙쫙 찢어버렸어요. 아이는 놀란 얼굴로 잘못했다면서 울었어요. 그럴 때는 내적 불행이고 뭐고 정말 죽고 싶었습니다. 계속해서 불행이 반복되니 절망스러웠어요. 어느 날은 성장을 다 한 것 같다가도 어느새 제자리로 돌아와 있곤 했습니다. 아직도 치유해야 할 상처가, 배워야 할 것들이 있는 사람이라는 걸 아이에게는 하나도 숨길 수가 없었어요. 아이 앞에서 나는 반성하고, 내 마음을 깨끗이 닦는 수행을 했습니다.

"정화야, 엄마가 미안하다, 나는 숙제 봐주는 엄마도 없었는데….
엄마가 있어도 숙제를 안 하고 꾸물거리니까 속상해서 화가 나."

내 눈에서 닭똥 같은 눈물이 떨어집니다.

"엄마는 나한테 고마워해야 돼!"

"응, 고마워."

우리 정화는 늘 당당합니다. 내가 아이를 키우는 줄 알았더니, 아이가 나를 키우는 거였어요. 정화라는 이름을 지을 때 '정화'라고 부를 때마다 세상도 나도 정화된다고 믿었더니, 정말 그렇게 되어가고 있습니다.

나는 두려움이 허상인지, 사랑이 진실인지 경험으로 확인하고 싶었습니다. 그래서 계속 시도하고 실행하며 여기까지 왔습니다. 포기하지 않은 덕분에, 어느 짧은 순간에 알게 됐어요. 내가 여기에 존재할 수 있는 것은 사랑이 아니면 설명할 수 없다는 것을. 삶에서 내가 배워야 할 것을 충실히 배워가는 길이 사랑으로 가는 길이고 성장임을. 이 생에서 나와 엄마의 배움은 다르다는 것을 알았습니다. 그리고 나와 아이의 배움도 다르다는 것을 알았어요.

우리 엄마를 선택해서 오기를 잘했다, 이 배움을 완성하기 위해서는 우리 엄마여야만 했다는 이해의 빛이 들어왔습니다. '나를 낳아줘서 고마워요'라고 생각하는데 눈물이 주르륵 흘렀습니다.

어느 날, 정화가 잠자리에 들면서 말했습니다.

"엄마, 이제 나 찬밥신세 면했다."

"왜? 예전에는 찬밥이었어?"

"응. 엄마가 매일 화냈잖아."

"그럼 이제 아니야?"

"응. 엄마 안아줘."

품에 꼭 안아주니 정화가 쭈쭈를 만지면서 말합니다.

"엄마한테는 따뜻한 햇반이 있어."

둘이서 키득거립니다.

"엄마, 나는 우리 집이 최고 좋아."

이제 정화는 아홉 살이 됐습니다. 나는 요즘 많이 웁니다. 한글을 또 박또박 읽어주는 정화가 너무 예뻐서 눈물이 흐릅니다. 정화의 아홉 살 모습을 보면서 '나도 이렇게 이뻤을까?' 생각해봅니다. 이렇게 어린데 엄마가 얼마나 그리웠을까, 엄마가 얼마나 필요했을까, 그 세월을 어떻게 살아왔을까…. 어린 내가 가엾어서 가슴이 미어집니다.

좋은 엄마가 되고 싶었습니다. 정말 아이를 사랑하고 싶어서 몸부림치며 치유와 성장을 선택했습니다. 내가 너무 아파서 아프게 키웠지만, 우리 딸 고유하게 잘 컸어요. 정화는 눈에 보이는 뛰어난 능력이 표현되지는 않았지만, 내 마음에서는 영재라 믿습니다.

우리 엄마와 정화 그리고 나에게 마음을 전합니다.

엄마, 내 엄마여서 고마워요. 엄마가 되고 보니 엄마가 더 많이 그립네요. 엄마랑 못 해본 거 정화와 나누며 살게요. 이 서방이랑도 잘 지낼게요. 사랑해요.

정화야, 너 키우면서 엄마도 잘 클게. 엄마 딸로 태어나줘서 고마워. 앞으로도 잘해보자! 나는 참 행운아야. 네가 자라는 모습을 옆에서 지켜볼 수 있으니까. 언제나 언제나 사랑해. 늘 응원하고 축복할게, 내 딸.

애경아, 고생이 고생인지도 모르고 힘들게 살았구나. 참 바보같이 살았구나. 나는 부족하지 않았어. 나는 버림받았기에 두려웠지. 무엇이 진실인지 몰랐지. 지금도 모르는 게 더 많지만, 하나씩 천천히 해나가. 그래, 괜찮아. 잘했어. 수고했어.

이제 삶에 어떤 파도가 와도 나는 감당할 수 있게 됐습니다. 잔잔하든 폭풍이 몰아치든, 깊은 바닷속은 고요하다는 것을 알기에….

Q 애 키우니까 내가 없어지는 것 같아요.

A 네. 맞아요. 저도 그렇게 느꼈어요. 육아는 내가 어떤 직업이나 역할, 성취, 업적, 성격으로 평가받는 사람이 아닌 나 자신이 될 기회더라고요. 육아를 하면서 나 자신의 가치나 존재가 없어지는 것처럼 느껴진다면, 아마 오래전에 나를 잃어버렸다는 의미일지도 모릅니다. 자신의 어린 시절을 돌아보시면 좋겠습니다. 무엇을 잘하든 못하든, 육아를 통해 당신이 있는 그대로 고귀하고 장엄한 존재라는 진실을 알게 되기 바랍니다.

Q 정말 배 속이 기억나나요?

A 네. 제가 태교할 때 아이는 배 속에서 다 보고, 듣고, 느끼고 있다는 책을 읽었어요. 제 아이가 제가 느끼는 것을 같이 느낀다고 생각하

니 섬찟했어요. 출산 동반자 일을 하면서 아이가 태어나는 모습을 곁에서 보는데, 정말 아기가 모든 걸 알고 있다고 느껴졌어요. 내 기억에서는 잊혔지만, 아이를 키우면서 내 모습을 관찰해보니 어릴 때 내가 키워진 대로 아이를 대하고 있더라고요. 어린 시절에 겪은 것들은 몸이 기억하고 있다는 것도 받아들여졌어요. 내면 깊이 들어갈 때 배 속의 기억이 떠올랐어요. 몸의 감각으로 느껴지고, 이미지로 그려졌어요. 내 몸이 모든 것을 기억하고 있다고 믿으니 기억이 떠오르더라고요.

Q 짐승처럼 운다는 게 무엇인지 궁금해요.

A 인간도 동물적인 면이 있잖아요. 말 그대로 진짜 내 몸 안에서 짐승이 울더라고요. 저는 짐승 같은 울부짖음이 나오면 치유가 끝나는 줄 알고 '짐승 같은 울부짖음이 이런 걸까?' 생각하며 많이 울어봤어요. 그때는 남편이 아무 반응이 없더라고요. 어느 날, 이때까지 거짓으로 살았다는 것을 절절히 깨달으며 방바닥을 쓸어가며 울고 있는데 남편이 오더라고요. "소가 우는 줄 알았다"라면서요. 예전에는 울고 싶어도 눈물이 나지 않았는데, 요즘에는 울고 싶으면 눈물이 날 때가 많아요. 짐승 같은 울음도, 찔찔 울음도, 소리 없이 흐르는 눈물도 다 치유제예요.

Q 오라고 해놓고는 가라고 하고, 가면 또 왜 가느냐고 울어요. 어떻게 해야 할까요?

A 아이의 발달 단계 중에 엄마에게 의존하고 싶은 동시에 독립하고 싶어 하는 시기가 있어요. 아이의 진짜 속마음을 알려면, 엄마가 감정을 섬세하게 느껴야 해요. 양육자가 어린 시절에 감정을 마음껏 표현하고 수용받은 경험이 있는지, 표현해야 할 감정과 표현하면 안 되는 감정이 있었는지 살펴보세요. 자신에게 억압한 감정이 있으면 아이의 속마음이 느껴지지 않아요. 억압한 감정은 대개 분노와 슬픔이죠. 감정을 풀어내면 아이와의 감정 교류가 수월해질 거예요.

Q 아이가 한시도 안 떨어져요. 어떻게 해야 하나요?

A 혹시 아이가 다가오면 "오지 마, 오지 마", 아이가 눈에 안 보이면 "어딨어, 어딨어?" 하고 계신지 들여다보세요. 아이는 엄마에게 딱 달라붙어 충분히 의존하면 똑 떨어진다고 해요. 아이가 의존할 시기에 '오지 마, 떨어져, 붙지 마'라는 마음이 의식에 있다는 것은, 자신이 어린 시절 엄마에게 충분히 의존하지 못했다는 의미예요. 의식에서는 아이를 밀어내지만, 무의식에서는 너까지 가면 나는 혼자 남는 외로움을 느껴야 하기에 꼭 잡고 있어요. 어린 시절 엄마에게 의존하지 못했던 내면아이의 마음에 다가가 모든 감정을 느껴보세요. 그

러면 아이의 의존과 독립에 사랑으로 헌신할 수 있게 될 거예요.

Q 왜 치유와 성장을 선택해야 하나요?

A 엄마는 자식이 없으면 성장을 선택하지 않아요. 정말이에요. 나만 그럭저럭 살다 죽으면 되는데 이 힘든 걸 왜 하겠어요? 곰곰이 돌아보세요. 괜히 옆에 있는 남편 잡지 말고요. 애는 둘이 낳았는데 성장은 그냥 엄마 몫인 거예요. 성장은 제자리를 맴돌다 맴돌다, 하다 하다 안 될 때 일어나요. 누구도 나를 위해서 성장하거나 치유해주지 않아요. 누구도 해줄 수 없어요. 오로지 나의 선택과 책임이에요. 의존하는 아기에서 독립적인 어른으로 성장해보자고요!

Q 남편만 보면 화가 나고, 미워 죽겠어요!

A 어렸을 때 받지 못한 사랑을 남편에게 받고 싶어서 그래요. 우선 사랑받고 싶다는 마음을 놓아버리면, 남편이 변할 거예요. 방법은 안전한 공간에서 남편 욕하기예요. 미워하는 만큼 사랑받고 싶은 거예요. 집착을 놓으면 나 자신이 변화하고, 말하지 않아도 남편이 변화해요. 이런 변화가 찾아온 후에, 해결해야 할 인간적인 문제가 있다면 두 분이 상의하여 해결 방법을 찾아보세요.

Q 항상 제가 잘못한 것 같고 죄책감에 시달려요.

A 치유되기를 기다리고 있는 내면아이가 있다는 의미예요. 의식에서는 기억나지 않을 수도 있지만, 어릴 때 자신이 무언가 잘못해서 죄를 지었다고 믿은 거예요. 죄책감은 위장된 분노예요. 죄책감을 줄이는 방법은 안전한 곳에서 깊은 분노를 표현하는 것입니다. 당신의 잘못이 아니에요. 죄를 대면하여 놓아버리면 마음이 평온해질 거예요.

Q 엄마가 징징대도 되나요?

A 어릴 때 징징댔지만 공감을 못 받았다면, 엄마도 징징대보세요. 퇴행 없이 성장 없더라고요. 안전한 곳에서 마음껏 징징대는 거예요. 편견 없이 당신을 바라보는 사람들이 있으면 효과가 더 좋아요. 그러면 애가 왜 징징대는지, 무얼 원하는지 몸으로 알게 돼요. 징징대기 전에 엄마가 알고 공감해주니까 아이가 징징대는 횟수와 시간이 줄어들게 돼요. 징징대더라도 엄마와 마음이 연결된 아이의 감정은 금방 풀어지고 성장하게 됩니다.

Q 언제까지 성장해야 하나요?

A 하하, 정말요. 언제까지 성장해야 할까요? 결론부터 얘기하자면, 사

는 동안 평생이요. '에이, 그러면 뭐하러 성장해요?'라는 생각이 드나요? 성장은 학교 시험처럼 범위가 정해져 있거나 답이 딱 떨어지는 문제가 아니더라고요. 현실의 고통을 통해 내면을 바라보게 되는 것이 성장의 시작이에요. 자신의 본성을 찾고, 본성대로 삶을 살아가는 방법을 배워 시행착오를 반복하는 과정이 삶이라는 생각이 들어요. 봄에는 새싹이 돋고 여름에는 푸르게 우거지며 가을에는 열매를 맺고 겨울에는 지는 자연처럼, 그렇게 자연스럽게 삶을 받아들이면 좋겠어요. 우리 모두의 성장을 하나의 마음으로 응원합니다!

5장

책을 좋아하는 아이로
키우는 거울육아

아이를 낳고 엄마가 됐지만 대체 이 아이를 어떻게 키워야 하는지 아무것도 몰랐습니다. 육아서를 보고, 인터넷을 찾아가며 육아를 겨우겨우 해냈을 뿐이지 아이를 어떻게 키워야 하는지는 알 수 없었죠. 하루하루 좌절의 시간을 보내고 있을 때 푸름이교육을 만나면서 육아의 방향을 설정하고, 육아의 기준을 세울 수 있었습니다.

제 가슴속 깊이 콕 박힌 두 가지는 '배려 깊은 사랑'과 '책육아'였어요. 그날 이후 저는 이 두 가지를 변함없이 실천하고 있습니다. 저희 가정의 든든한 뿌리가 되고 있는 배려 깊은 사랑과 책육아는 마치 손뼉을 치는 것과 같아요. 책육아만 있어도 소리가 나지 않고, 배려 깊은 사랑만 있어도 소리가 나지 않습니다. 둘이 딱 맞아떨어질 때 책과 함께 풍부해진 지성과 배려 깊은 사랑으로 조화로운 감성을 가진 아이와 마주할 수 있어요.

책은 아이와 부모를 단단하게 연결해주는 매듭이에요. 배려 깊은 사랑은 그 매듭이 꼬이지 않고 술술 연결되게 해줍니다. 책육아는 부모를 아이와 단단히 연결해주는 기본 중의 기본입니다.

책육아의 핵심은 '책이 매개체가 되는 것'

책육아는 단순히 아이에게 책을 읽어주는 것이 아니에요. 책육아의 시조인 푸름아빠, 푸름엄마는 20년 동안 10여 권의 저서를 통해 책육아의 핵심을 알려주셨는데요. 그것은 바로 책이 매개체가 되어 아이와 함께 따뜻한 사랑을 나누는 시간이 되어야 한다는 점이에요. 책이 지식의 함양을 위한 것, 꼭 읽어야 하는 학습 재료가 아니라 부모와 아이 사이의 매개체가 되어야 한다는 거죠. 책이라는 매개체를 통해 부모와 아이가 함께 이야기를 나누고 공유하고 연결하며 사랑을 나누는 것이 바로 책육아예요.

모든 아이는 배움을 좋아합니다. 갓 태어난 아이가 부모로부터 충분한 사랑을 받고 세상에 대한 신뢰를 얻으면, 아이는 자연스럽게 세상이 궁금해지고 호기심을 가득 품은 채 세상으로 풍덩 빠져늘죠. 길가에 가지런히 서 있는 나무, 들판에 수놓인 꽃, 그곳을 하늘하늘 날아다니는 곤충들. 이 모든 것을 아이는 궁금해합니다. 아이가 직접 보고 느꼈던 것들을 부모와 공유하고, 그것을 책을 통해 함께 보면 아이는 너무나 즐거워합니다.

"와, 놀이터에서 봤던 개미네."

"우리가 만났던 개미가 총알개미구나."

자연에서 관찰한 것들을 책으로 연결해주고 책에서 봤던 것을 경험으로 연결해주면, 책으로 시작된 대화가 자연스럽고 매끄럽게 이어지겠죠. 이럴 때 아이는 스스로 자기충족감을 느낌과 동시에 부모와 연결됨을 확인할 수 있습니다.

책은 내 아이를 영재로 만드는 수단이 아닙니다. 책은 아이와 부모를 단단하게 연결해주는 매듭입니다.

❦ 책으로 함께하는 네 가지 방법: 눈빛, 경청, 공감, 놀이와 스킨십

책육아의 시작과 끝은 책이 아닌 배려 깊은 사랑입니다. 저 역시 책육아의 '책'에 집중했던 시기가 분명 있었어요. 하지만 이제는 확실히 알아요. 책육아의 핵심은 배려 깊은 사랑이라는 것을요.

배려 깊은 사랑의 네 가지 방법인 '눈빛, 경청, 공감, 놀이와 스킨십'을 알고 있다면, 책을 통해 보다 쉽게 아이와 절대 끊어지지 않는 매듭으로 연결되어 소통을 할 수 있어요.

아이와 책을 읽을 때면 그 책을 함께 선택하고 함께 바라보게 되죠. 자연스럽게 엄마와 아이의 시선이 같은 곳에 머무르게 됩니다. 엄마는 사랑이 듬뿍 담긴 따뜻한 목소리로 아이에게 책을 읽어주면서 그림을 설명하기도 하고 상상의 이야기를 들려주지요. 아이가 책을 보면서 엄마에게 말을 건네면 엄마는 아이의 이야기를 경청하게 됩니다. 그렇게 엄마와 아이가 함께 그림책을 읽어가면서 주인공의 감정을 느껴보고 아이의 감정은 어땠는지, 이런 경험이 있었는지 물어보면서 아이 마음에 공감하며 대화를 이끌어갈 수 있어요.

책은 아이와 함께 스킨십을 할 수 있는 최고의 도구입니다. 엄마는 아이와 꼭 붙어 스킨십을 하며 책을 읽어주지요, 무릎 위에 앉혀 놓고 읽기도 하고, 나란히 앉거나 팔베개를 하면서 책을 읽어주니까 자연스럽게 스킨십이 돼요. 배려 깊은 사랑의 실천법인 눈빛, 경청, 공감, 스킨십이 책과 함께라면 모두 가능합니다.

아이들은 같은 책을 수십 번씩 반복해서 읽어달라고 해요. 어른의 시각에서는 똑같은 책을 또 읽어주는 게 굉장히 곤혹스러운 일이죠. 다른 책 가져오라고 말해봐도, 아이는 그 책이 너무 재미있고 흥미롭기에 계속해서 보고 또 보는 거예요. 이렇게 아이가 똑같은 책을 반복적으로 가져올 때 아이의 '눈빛'에 집중해보세요.

아이가 여러 번 뽑아오는 책 중에서도 유독 아이의 눈빛이 오래도록 머무는 책이 있어요. 그 책에는 내 아이 관심사의 핵심이 담겨 있어요. 반복적인 선택을 받는 주제가 바로 내 아이가 좋아하는 관심사예요. 관심사가 무엇인지 굳이 물어보지 않더라도 아이가 보는 책을 통해서 알아차릴 수 있어요.

곤충을 좋아하는 아이는 자연관찰 전집 중에서 유독 곤충 분야를 꺼내 볼 거예요. 공룡을 좋아하는 아이는 공룡 책을 너덜너덜해질 때까지 반복해서 보곤 해요. 이때 아이의 관심사인 공룡을 주제로 대화를 나누고, 더 폭넓은 공룡 책을 읽어주고, 충분히 볼 수 있도록 넣어주세요. 자신이 좋아하는 분야의 책을 볼 때 아이 눈은 보석처럼 반짝반짝 빛난답니다.

아이는 자신의 관심사를 엄마, 아빠에게 끊임없이 전달해요. 아이가 말하는 것을 '경청'해보세요. 책을 통해 지성의 수준이 높아지면 아이들은 자신이 알고 있는 것을 부모에게 말하고 싶어 해요.

기차를 좋아했던 끼돌이는 온종일 귀가 간지럽도록 기차 이야기를 했어요

"엄마! 엄마! 증기기관차는 수증기의 힘으로 달리는 거래요."

아이가 하는 말을 귀담아듣기 위해 조금만 노력해보세요. 아직 아이의 관심사를 정확히 모른다면 아이의 말을 듣는 것만으로도 우리 아이가 어떤 분야를 좋아하고 있는지, 지금 어떤 분야로 관심사를 확장해나가고 있는지 알 수 있어요. 이제 기차를 좋아하는 아이에게는 기차 책을, 자동차를 좋아하는 아이에게는 자동차 책을, 공주를 좋아하는 아이에게는 공주 책을 넣어주세요. 좋아하는 분야에 깊이 몰입할 수 있도록 환경을 만들어주세요. 아이는 부모가 제공해준 환경에서 자기 속도에 맞춰 깊게 빠져든답니다. 아이들은 좋아하는 책을 무한반복으로 봐요.

좋아하는 분야의 책을 충분히 봤다 싶으면, 이제는 부모가 먼저

아이에게 그 분야를 설명해달라고 요청해보세요.

"끼돌 박사님. 증기기관차의 원리에 대해서 알려주세요"

아이는 신이 나서 강연을 시작할 것입니다. 말하고 있는 아이의 눈빛을 마주하고 경청하면서, 끝났을 때는 뜨거운 박수로 아이를 격려해주고 적극적으로 표현해주세요. 눈빛과 경청을 통해 아이의 마음과 직접 연결되면 부모의 마음도 열려 아이의 말이 더 잘 들리게 돼요. 어느 순간부터는 아이와 대화하는 것이 무척 즐거운 일이라는 것을 알아차리게 됩니다. 아이는 부모의 변화를 무의식적으로 감지해요. 부모가 자기 말을 경청하고 반응할 때 사랑받고 있다는 확신을 갖죠.

아이가 설명했던 부분을 책으로 함께 찾아보고 이야기를 나누어보세요. 엄마, 아빠와 아이가 찰싹 붙어 앉아 함께 몸 비비며 소통하는 시간이 늘어나요. 저는 끼돌이를 끼고 앉아 일명 '합체 자세'를 한 채로 어떨 때는 2~3시간씩 한자리에서 책을 읽기도 했어요. 잠자리 독서를 할 때면 팔베개를 하며 책을 읽어주던 중 깜빡 졸려 중얼중얼하면서 읽어주다가 끼돌이한테 한 소리 듣기도 했답니다. 그렇게 쌓인 순간들이 모여 우리에겐 소중한 추억이 됐습니다.

🌱 책육아의 4단계: 친숙기, 노는 시기, 바다의 시기, 읽기 독립

아이의 발달 단계를 알고 있다면 아이를 키우는 게 좀더 수월해집니다. "싫어!", "안 할래!" 하는 제1 반항기나 "내가 할 거야!" 하는 무법자 시기와 같이 격변의 시기를 미리 알고 있으면 내 아이의 감정을 충분히 공감해주고 대처할 수 있어요. 책육아도 마찬가지예요. 책을 매개체로 아이와 단단한 매듭을 짓고 싶다면, 책육아의 네 단계를 알아두세요.

첫 번째 단계는 친숙기입니다. 모든 아이가 책을 좋아하는 아이로 태어나지만, 모든 아이가 책을 좋아하는 아이로 자라지는 않아요. 따라서 책과의 첫 만남이라고 할 수 있는 친숙기가 무척 중요해요. 내 아이의 수준에 맞고 재밌을 것 같은 책을 골라 읽어주면서 책이 장난감같이 신나고 재밌는 것이라고 느끼게 해주세요. 아이들은 책과 장난감을 구별하지 않아요. 책에 자주 노출될 수 있는 환경을 만들어주고, 손쉽게 접할 수 있도록 아이 손에 닿는 곳에 책을 놓아두세요. 책은 읽기도 하지만 아이와 함께 노는 도구가 될 수도 있어요. 책을 이용해 징검다리 놀이를 할 수도 있고 도미노 놀이, 탁구 놀이 등 다양한 놀이를 할 수 있죠. 이렇게 하다 보면 아이가 책과 친해질 수밖에 없겠죠?

두 번째 단계는 노는 시기입니다. 책과 친숙해지기는 했지만 책과 함께 즐겁게 놀기 위해서는 책을 고를 때 첫째도 재미, 둘째도 재미, 셋째도 재미를 중심에 두어야 해요. 아이가 어떤 책을 좋아하는지 잘 관찰해서 아이가 기분이 좋아 보일 때 그 책을 읽어주세요. 책을 강요하지 마시고, 책과 함께 충분히 놀게 해주세요. 도서관에서 빌려보는 책도 좋지만 아이가 책을 소유할 수 있도록 해줌으로써 좋아하는 책을 마음껏 읽을 수 있도록 해주세요. 어느 순간 아이는 쉴 때 책을 보는, 책과 놀고 책이 쉼이 되는 아이로 자랄 거예요.

세 번째 단계는 바다의 시기입니다. 책의 바다는 아이 스스로 책에 푹 빠져 있는 상태를 말해요. 어느 순간 갑자기 조용해졌다 싶으면 책장의 책을 꺼내 쌓아놓고 읽고 있는 아이를 발견하게 되죠. 이때는 책에 몰입해 있는 아이를 방해해서는 안 돼요. 밥 먹어야 한다고, 양치해야 한다고 하면서 몰입을 방해하지 마세요. 책의 바다에서 마음껏 헤엄칠 수 있게 해주세요.

네 번째 단계는 읽기 독립입니다. 노는 시기와 바다의 시기가 반복되다 보면 아이는 스스로 읽는 힘이 생겨나요. 글자에 관심을 보이기도 하죠. 이제 혼자서 책을 읽을 수 있게 해주어야 합니다. 아이 스스로 호기심을 해결할 수 있도록 재밌는 놀이로 한글을 주세요. 그 힘이 쌓이면 읽기 독립을 이루게 됩니다. 아이는 이제 스스로 책을 펼치고 자기 세계를 만들어나갈 거예요.

🌱 지성과 감성을 조화롭게

책육아를 통해 어릴 때부터 책을 접한 아이들의 지성은 성인을 훌쩍 뛰어넘습니다. 아이들은 관심 있는 분야라면 난이도에 상관없이 볼 수 있는 힘을 가지고 있죠. 깊고 넓은 독서를 했기에 대학교 교재 정도의 수준도 충분히 읽어낼 수 있어요. 게다가 수없이 반복해서 책을 읽기 때문에 아이가 가진 지성의 수준이 높아지면 부모가 대화를 따라잡지 못할 정도의 경지에까지 이르게 됩니다.

책육아를 하는 부모들이 꼭 알아야 할 부분이 이것입니다. 아이들은 스무 살 청년들과 대화할 수 있는 지적 수준을 가지고 있음에도 감성은 제 나이 그대로라는 사실이에요. 조금 전까지만 해도 우주와 행성, 중력을 논했던 아이들은 언제 그랬냐는 듯 또래 친구들과 바보 게임을 하면서 깔깔거리며 즐겁게 놀아요. 이는 전혀 이해할 수 없는 행동이 아니라 지성과 감성의 나이가 서로 다르기 때문이랍니다.

아이의 감성을 길러주기 위해서는 놀이와 스킨십이 무엇보다 중요해요. 잠시 자신의 나이를 잊고 아이 수준에서 함께 놀아보세요. 남자아이는 아빠와 함께 씨름이나 레슬링 같은 놀이를 하면서 자연스럽게 스킨십을 할 수 있어요. 부모와 함께 노는 시간이 쌓일수록 아이의 감성은 그만큼 충만해집니다.

> 푸름이교육은 지성을 길러주기 위해 책과 대화를 중요시하고 감성을 길러주기 위해 놀이와 스킨십을 중요시한다. 푸름이교육에서 지성과 감성을 기르는 무대는 자연이다.
>
> – 최희수,《푸름아빠 거울육아》중에서

책과 놀이를 통해 지성과 감성이 조화로운 아이로 자라고 있다면,

이제 아이 손을 잡고 자연으로 나가서 뛰놀아보세요. 자연은 지성과 감성이 하나가 되는 무대랍니다. 따스한 햇볕, 살랑거리는 바람 속에서 함께 풀 내음을 맡으며 걸을 때 자연과 아이는, 지성과 감성은 어느덧 하나가 됩니다. 그곳에서 엄마 · 아빠와 함께하는 달리기 시합, 술래잡기는 어떤 놀이보다도 즐거울 거예요.

책육아의 첫걸음: 책과 친숙해지기 ✳

모든 아이는 책을 좋아할까요? 정답은 '그렇다'입니다. 책을 보고 있는 아이들의 눈빛을 한번 바라보세요. 세상 무엇보다 반짝반짝 빛나는 초롱초롱한 눈빛이죠. 아이들이 책을 좋아하는 이유는 간단합니다. 재미있기 때문입니다. 모든 아이는 배움을 좋아하기에 그 배움의 터전인 책을 좋아하는 것은 당연한 이치예요. 아이가 좋아하는 책을 충분히 읽도록 해준다면 아이의 욕구는 충족될 것입니다. 게다가 자신이 좋아하는 분야의 책을 충분히 읽으면 아이의 지성 수준이 자연스럽게 올라갑니다.

모든 아이는 구체적인 사물을 인지하는 것으로 시작해 세상을 탐색해나갑니다. 한 달, 두 달 성장하면서 인지 능력이 통합돼 추상적인 사고도 가능해지는 것이 순리입니다. 내 아이의 인지 능력이 충분히 발달할 수 있도록 탈것, 곤충, 동물, 식물, 인물, 직업 등 다양한 분야의 책을 넣어주세요. 똑같은 인지책이라고 생각될지 모르겠지만, 여러 종류의 책을 넣어주세요. 암사자와 수사자는 모습이 다른데 모두 '사자'라고 부르고, KTX와 무궁화호 역시 모습이 다르지만 '기차'라고 부르죠. 어른들에게는 당연할 테지만 아이들에게는 당연하지 않답니다. 다양한 인지책을 넣어주면 아이도 '사자', '기차'를 인지할 수 있게 됨과 동시에 분류와 통합을 자연스럽게 익힙니다.

다양한 인지책을 넣어줄 때 기왕이면 물고, 빨고, 씹고, 즐길 수 있도록 안전한 재료로 만든 책을 넣어주세요. 책을 소중히 다뤄야 할 무엇이 아니라 아이가 다양한 질감과 강도를 느끼면서 더욱 친숙해질 수 있는 대상으로 여기는 것이 책육아입니다. 이때의 아이들이라면 책장에 있는 책을 모조리 꺼내기 일쑤입니다. '보지도 않을 거면서 왜 저렇게 꺼내 일거리만 만드나' 생각이 들 텐데요. 하루 이틀도 아니고 매일같이 책이 널브러지는 장면을 보게 되겠지만, 이런 행동들이 바로 책과 친숙해지는 하나의 과정입니다. 마음껏 꺼낼 수 있도록 허용해주세요.

아이의 손가락 힘이 붙었다면 들춰 보는 플랩북이나 펼쳐보는 입체북, 그리고 헝겊 촉감책, 사운드북 등 아이의 흥미를 더욱 유발할 수 있는 책을 넣어주세요. 책을 읽는 것만이 아니라 다양한 방법으로 가지고 놀 수 있도록 해주세요. 책과 친숙해지는 지름길입니다. 기차 그림을 보면서 아이는 '기차'라는 글자가 나올 것으로 생각할 텐데요. 예상했던 글자가 나왔을 때 함박웃음을 짓는 아이의 모습을 보는 것은 부모에게도 큰 기쁨입니다.

　인지책으로 어느 정도 책과 친숙해졌다면, 글밥 한두 줄짜리 동화책 전집을 읽어주세요. 아이들이 좋아할 만한 그림책은 너무나 많습니다. 책과 친숙해진 아이는 "또! 또!"를 외칠 거예요. 힘들지만 아이의 호기심이 충족될 때까지 반복해서 읽어주시기 바랍니다. 끼돌이가 한참 "또또" 할 때는 같은 책을 한자리에서 열 번, 스무 번까지도 반복해서 봤습니다. 아이가 책을 반복해서 본다는 것은 그 책에 흥미가 있고 재미가 있으며 너무너무 즐겁고 신나기 때문이지요. 아이가 반복적으로 가져오는 것이 불편하고 힘들다면서 책장 높은 곳에 올려놓아 못 보게 하지 마시고, 아이가 충분히 볼 수 있도록 해주세요. 아이들은 채워지면 다음 단계로 넘어가니까요.

🌱 아이 소유의 책을 주자

책을 좋아하는 아이들은 수시로 책을 꺼내서 봅니다. 같은 책을 수십 번 반복해서 보죠. 따라서 어릴수록 아이 책은 사줄 필요가 있습니다. 물론 아이는 도서관에서 빌린 책도 좋아하지만, 같은 책을 여러 차례 반복해서 보기 때문에 아이가 원할 때 언제든지 꺼내서 볼 수 있도록 사주는 것이 좋습니다. 무조건 새 책이 좋은 것은 아닙니다. 중고 책도 좋아요. 아이가 마음껏 꺼내서 볼 수 있고, 찢거나 낙서를 해도 부모 마음이 상할 일은 없을 테니까요.

전집을 읽어주면서 아이의 눈빛을 따라가 보면 휘리릭 넘어가는 책도 있고 유심히 관찰하는 책도 있어요. 여러 차례 반복되면 아이가 그림 스타일을 좋아하는 건지, 등장하는 캐릭터를 좋아하는 건지, 내용 자체를 재밌어하는 건지 알 수 있습니다. 아이의 눈빛에 따라 다음에 넣을 책을 전집으로 할지, 단행본으로 할지 정하면 됩니다. 곤충을 좋아한다면 비슷한 수준의 자연관찰 전집을 추가해주고, 잠자리를 좋아한다면 잠자리에 대한 단행본 또는 백과사전류를 넣어주는 것이지요. 그렇게 같은 주제별로 책들을 함께 펼쳐놓고 보면 같은 것을 설명하는데도 다른 점이 있다는 걸 알게 돼요. 설명의 문체, 강조하는 부분, 그림의 배치, 사물의 사이즈 등을 한 가지 방법이 아니라 다양한 방법으로 표현할 수 있음을 경험하면서 공통점과 차이점을 찾기도 하고 분류·통합하기도 하면서 체계화해나가게 됩니다.

아이들이 계속 꺼내 보는 책들을 묶어보면 공통점을 찾을 수 있습니다. 아이가 좋아하는 그림 스타일로 찾아보면 그림작가가 같은 책일 때가 있죠, 아이가 반복해서 보는 책들의 공통점을 찾아보세요. 그러면 자연스럽게 확장이 가능합니다.

책을 구입할 때 한 가지 팁이 있습니다. 내 아이가 좋아하는 책을 중심으로 글작가, 그림작가별로 검색해보세요. 온라인 서점에서 미리보기 기능을 이용해 대략적인 분위기도 확인해 보고 글밥의 양도 살펴보면서 좋아하는 작가와 분야를 콕 집어서 센스 있게 검색해 아이가 다양한 책을 만날 수 있게 해주세요.

책 구입의 기준은 우리 아이입니다. 다른 집 '대박 책'이 우리 집에서는 전혀 반응이 없을 수 있고요, 다른 아이들은 관심 갖지 않아도 우리 집에서는 대박 책이 될 수 있습니다. 다른 사람들의 평가와 후기가 아닌 내 아이를 기준으로 책장을 채워주세요.

기차를 좋아하는 아이와 함께하면서 저는 기차가 보이고 도서관이 가까이 있는 곳에 살았으면 좋겠다는 생각을 하곤 했습니다. 그래서 이사할 때 다른 조건은 보지도 않고 베란다에서 바라보면 경전철이 지나가고 집 앞에 바로 어린이도서관이 있는 곳으로 이사를 했습니다. 아이 스스로 도서관은 재미있고 즐거운 장소라고 느낄 수 있도록 도서관 주차장에서 킥보드도 타고, 도시락도 먹었어요. 도서관 수족관 앞에서 물고기도 구경하고요. 그렇게 도서관에 흥미를 주면서 이렇게 재미있는 곳이 가까이 있다며 매일 도서관으로 소풍을 갔지요. 그렇게 매일 다니다가 '이제 도서관에서 책을 읽었으면', '대출해서 집에 갔으면' 하는 생각에 "안에 들어가 보자", "앉아서 책 읽어보자" 하면서 아이를 도서관 안으로 계속 끌어당기기 시작했어요. 그랬더니 어느 날부터 도서관을 거부하더군요. 그러다 어느 순간, 도서관에 있는 모든 책을 잘 봤으면 하는 제 마음을 자각하니 아이의 마음에 공감이 가더라고요. 그래서 욕심을 내려놓고 환경만 주자 하는 마음으로 저 혼자 도서관을 다녔습니다.

도서관에 가서 끼돌이가 지금 잘 보고 있는 책을 주제로 관련 책을 대출했습니다. 중력에 관심을 보일 때는 자연관찰 영역에 가서 자연관찰 시리즈 중 중력을 찾아서 대출하고, 중력과 비슷한 것들인 마찰력, 양력 등 관련 영역에서도 대출했죠. 도서관에서는 1인당 10권을 빌릴 수 있었어요. 엄마, 아빠, 아이 카드를 이용해서 한 번에 30권씩 대출하여 우리 집 책장의 도서관 지정 자리에 넣어두었습니다.

그렇게 빌려온 책은 제가 선택하고 고른 책이었습니다. 그래서 아이에게 '읽어야 한다', '이제 반납해야 하니까 한 권이라도 읽어라' 하며 강요하지 않았습니다. 읽지 않은 책을 반납하고 또 대출하기를 수없이 반복했는데, 어느 날부터 아이가 읽기 시작했습니다. 자기가 흥미 있고 재미있어하는 관심 영역이었기에 책장에서 책을 한 권씩 꺼내 읽기 시작하다가 도서관 책에도 관심을 갖게 되었어요. 도서관에서 빌려온 책은 일정 기간이 지나면 반납해야 한다는 사실도 받아들이더라고요. 도서관 책 중 재미있고 즐겁게 읽은 책들은 구입하기도 하면서 더 많은 책을 만날 수 있게 되었습니다.

한때 도서관을 거부했던 아이는 지금은 도서관에서 자신이 좋아하는 책을 잔뜩 골라 쌓아놓고 시간 가는 줄 모르고 책을 읽고 옵니다.

🌱 내 아이가 좋아하는 것을 더 좋아하게!

끼돌이는 18개월부터 탈것을 좋아했는데요. 그중에서도 기차를 가장 좋아했습니다. 하지만 아무리 좋아해도 기차를 매일 탈 수는 없기에 저는 아이 손을 잡고 매일 지하철을 타러 갔습니다. 아이가 좋아하고 즐거워하는 눈빛을 보면서 매일 지하철역으로 출근하듯 다녔지요. 그렇게 지하철 투어를 하고 집에 도착하면 저는 온 기운이 빠져 힘들어 죽겠는데 끼돌이는 신발을 벗자마자 책을 꺼내 봤습니다. 자신이 직접 눈으로 보고 오감으로 느꼈던 것들을 책으로 연결하고 책에서 내용을 찾아 자신의 경험을 통합하는 것이지요.

끼돌이가 책에서만 볼 수 있는 것에 그치지 않고 직접 경험할 수 있도록 저희 가족은 지하철과 기차로 전국 여행을 시작했습니다. 부산, 대전, 광주 등 전국 각지의 지하철을 타러 다니고, 지하철 노선도와 철도 노선도를 펼쳐놓고 온 가족이 함께 이야기꽃을 피우며 타보고 싶은 지하철이나 기차를 선택해 1호선부터 9호선, KTX, ITX, 새마을호, V-Train, 남도해양관광열차 등 여행지를 선택했습니다. 기차박물관, 기차카페, 기차 숙소 등 기차만 있다면 가리지 않고 아이가 좋아하는 것을 더 좋아할 수 있게 경험하고 책으로 연결하며 푹 빠질 수 있도록 하였습니다.

아이가 좋아하는 관심사가 있다면 책의 수준이나 언어와 상관없이 그 분야의 책을 넣어주면 좋아요. 그 키워드로 검색해서 책을 찾고, 연관 단어로도 검색하면 더욱 다양한 책을 찾을 수 있습니다. 기차를 좋아하는 아이의 책을 찾기 위해 '기차'만이 아니라 '철도', '기관차', '칙칙폭폭', '전철', 'Train', 'Rail' 등 연관 키워드로 검색해 모든 단행본과 원서를 구입해서 기차에 충분히 흠뻑 빠져들 수 있게 했습니다.

내 아이가 좋아하는 것을 더 좋아할 수 있도록 한 분야를 깊이 파고들면서 책을 읽어주세요. 좋아하는 것을 더 좋아할 수 있도록 아이 스스로 한 분야에서 몰입을 경험하게 해주세요. 한 분야에 깊이 몰입하면 자연스럽게 다른 분야로 연결되면서 확장이 일어나요. 몰입을 경험한 아이는 확장된 분야에서도 깊이 빠져듭니다. 기차를 좋아하는 끼돌이는 기차의 작동 원리로부터 과학으로 확장했고, 기차 관련 역사를 접하면서 역사 분야로 확장해나갔어요.

아이 스스로 몰입하고 다양한 분야로 헤엄쳐 나갈 수 있도록, 기차가 등장하는 책이면 무엇이든 넣어주었습니다. 심지어 대학교 교재, 철도학회 학술 논문 등도 주어 자신이 원하는 분야에서 마음껏 헤엄칠 수 있도록 환경을 조성해주었습니다.

책육아의 핵심은 '책' 자체가 아니라 책이 다양한 분야와 연결되는 매개체라는 것입니다. 아이가 좋아하는 것을 더 좋아할 수 있도록 밖으로 나가보세요. 곤충을 좋아하는 아이와 함께 밖으로 나가서 곤충을 관찰하고, 동물을 좋아하는 아이와 함께 동물원에 가서 직접 동물을 살펴보세요. 저는 기차를 좋아하는 끼돌이와 함께 기차를 보기 위해 철도박물관을 찾았습니다. 증기기관차 앞에 선 끼돌이는 자기보다 수십 배나 큰 증기기관차를 보면서 작동 원리를 설명하기 시작했습니다.

"증기기관차는 보일러에서 물을 끓인 후…."

각 부품의 위치와 증기가 이동하는 원리부터 작동하게 되는 과정까지 아주 명확하게 이해하면서 설명을 해주는데 그때의 감동과 놀라움은 이루 말할 수 없었습니다. 좋아하는 것을 더욱 좋아할 수 있도록 관심 분야의 책을 깊고 다양하게 넣어주었을 뿐인데 과학을 비롯해 각종 기술을 두루두루 섭렵하게 됐죠. 이 모든 것은 기차에 몰입하고 확장할 수 있게 해준 책이 있었기에 가능했습니다.

🌱 책을 어떻게 읽어줘야 할까

아이가 책을 중심으로 좋아하는 것에 몰입하고 확장할 수 있는 환경을 조성해주었다면, 이제 부모가 할 일은 아주 간단합니다. 책을 읽어주기만 하면 됩니다. 아이에게 책을 읽어줄 때는 세 가지 원칙이 있습니다. 이것만 지킨다면 누구든지 책을 좋아하는 아이로 자랄 것입니다.

- 원칙 1: 아이가 원할 때 읽어주기
- 원칙 2: 반복해서 읽어주기
- 원칙 3: 아이와 한 약속은 반드시 지키기

책은 부모와 아이의 관계를 매듭처럼 연결해주는 매개체라고 했죠. 책은 부모가 원할 때가 아니라 아이가 원할 때 읽어주세요. 특정 시간을 정해서 책을 읽는다는 건 여간 힘든 게 아닙니다. 책 읽기를 마칠 때도 부모 스스로 만족해서 끝내는 것이 아니라 아이가 원할 때까지 읽어주세요.

책을 읽어주기에 가장 좋은 시간은 당연히 아이가 가장 기분이 좋을 때입니다. 푹 자고 기분 좋게 일어났을 때, 엄마가 읽어주는 책은 천상의 목소리 같을 거예요. 맛있는 간식을 먹으면서 읽기도 하고, 깔깔깔 신나게 놀고 쉬는 시간에 책을 읽어준다면 아이에게 책은 마치 쉼표와도 같을 거예요. 심심풀이로 읽는 책이 아니라 삶 속에서 기분이 좋아도 책, 쉬고 싶어도 책, 궁금할 때도 책 하는 식으로 책과 함께 숨 쉬는 일상의 시작은 아이가 기분 좋을 때 읽어주는 것입니다. 아이가 가장 기분이 좋아 보이는 순간이면 언제든지 자연스럽게 책을 주세요. 그러면 모든 아이는 "또! 또!"를 외칩니다.

끼돌이는 잠자기 전에 저와 팔베개하며 읽는 책을 너무나도 좋아했습니다. 온종일 지하철을 타고 와서 무척이나 힘들고 졸렸지만, 이 시간만큼은 소중했기에 졸음을 물리치려고 허벅지를 꼬집어가며 책을 읽어주었죠. 좋아하는 것으로 충분히 욕구를 충족한 뒤 개운하게 씻고 엄마와 함께 읽는 책은 얼마나 꿀맛일까요? 잠들기 싫어서가 아니라 그 시간이 너무나 행복하기에 아이들은 "또! 또!"를 외칩니다.

아이는 어른과 달리 알고 있는 것을 확인할 때 큰 기쁨을 얻어요. 그렇기에 좋아하는 책은 수없이 반복해서 읽죠. 반복해서 읽은 덕분에 의식하지 않더라도 책을 외우게 됩니다. 부모는 똑같은 책을 수십 번 읽는다는 것이 고역일 수 있지만, 아이에게는 큰 행복입니다. 같은 책을 여러 번 보기에 굳이 동화구연처럼 읽어주지 않아도 돼요. 동화구연처럼 읽어주면 당연히 흥미진진하겠지만, 수십 번을 그렇게 읽어준다면 부모가 먼저 지치고 말 거예요.

끼돌이는 26개월 무렵 서너 줄짜리 동화책을 모두 외워서 엄마·아빠에게 토씨 하나 틀리지 않고 책을 읽어주었어요. 수십 번 읽어줄 때는 무척이나 힘들었지만, 제가 읽어준 스타일과 포인트, 억양까지 놓치지 않는 모습을 보고 깜짝 놀랐습니다. 아이가 좋아하는 책은 수없이 반복해서 읽어주세요.

설거지를 하는데 아이가 "책! 책!" 하며 읽어달라고 하는 경우가 있습니다. 이때 고무장갑을 벗고 아이가 좋아하는 책을 읽어주는 것이 가장 좋겠지만 보통은 그렇게 하기 힘들죠. 이때는 아이와 언제 읽어주겠다고 약속하고 반드시 지켜주세요. "설거지 끝나고 읽어줄게"라고 했다면, 설거지를 마치고 가장 먼저 아이에게 달려가 원하는 책을 읽어주세요. 만약 약속을 지키지 않을뿐더러 그런 일이 반복된다면, 아이는 어느 순간부터 엄마에게 책을 읽어달라고 가지고 오지 않을 거예요.

아이가 책을 가지고 와서 읽어달라고 할 때는 그만한 이유가 있습니다. 부모를 귀찮게 하려는 것이 아니라 책이 너무나 읽고 싶어서일 수도 있고, 그 순간 어떤 궁금증이 일어났을 수도 있어요. 엄마와 함께 책을 보면서 행복을 느끼고 싶은 것일 수도 있고요.

순간순간의 현재를 사는 아이에게는 관심 역시 한순간입니다. 아이가 책을 읽어달라고 할 때는 되도록 하던 일을 멈추고 아이의 요청을 들어주세요. 그러면 내 아이와 함께하는 책육아의 길이 환하게 열릴 거예요.

책이 재미있으면 아이들은 책을 읽는다

때 묻지 않은 아이들의 선택은 감각에 충실합니다. 배고프면 먹고, 배부르면 먹지 않아요. 잠이 오면 자고, 잠이 오지 않으면 자지 않지요. 재미있는 것은 하고, 재미없는 것은 하지 않습니다. 아이는 어른과 달리 현재를 살기 때문이에요. 책도 마찬가지입니다. 재미있으면 읽고 재미없으면 읽지 않습니다. 아이가 '책은 재밌는 것이다'라고 느낄 수 있게 해주려면 부모의 섬세한 노력이 필요해요.

시중에는 아이와 부모의 호기심을 자극하는 수많은 책이 있어요. 가성비, 가심비(심리적 만족도) 모두 따지다 보면 정말 선택하기 어렵겠죠. 이 책을 읽고 있는 지금도 어떤 책을 주어야 할지 고민스럽다는 분은 일단 전집으로 책육아를 시작할 것을 추천합니다. 이때 꼭 명심해야 할 게 있어요. 60권 전집을 구입할 때 10권만 읽어도 된다는 마음가짐이어야 한다는 거예요. 아이마다 다른 성향을 가지고 있기에 정말 10권만 읽는 아이도 있지만, 시간이 흐르면 그 10권은 수십 번 반복해서 읽는 대박 전집이 되어 있을 것입니다. 10권을 수십 번 읽는 동안 그 옆에 있는 다른 50권의 책도 한두 번은 보게 돼요. 그러다 보면 전집 한 질을 읽는데 몇 개월 또는 1~2년이 걸릴 수도 있습니다.

아이가 60권 전집과 친숙해지고 재미있어지기까지 시간을 주세요. 몇 권 읽지 않았다고 해서 책을 정리하지 마세요. 전집 중 일부분만 줄기차게 본 아이는 그 옆에 꽂혀 있는 책들에도 관심을 갖는 때가 옵니다. 특정 분야에 관심이 생기면 예전에 읽지 않던 책을 아이 스스로 찾아서 꺼내 읽기도 합니다. 아이에게 전집과 함께 시간도 주었다고 생각한다면 책육아가 훨씬 수월해질 거예요.

60권 중에서 유독 좋아하는 10권! 이제 그 10권과 비슷한 책을 찾아보세요. 자연이 주제라면 자연관찰을, 창작동화라면 비슷한 글밥의 다른 창작동화를 찾아서 넣어주세요. 택배 상자가 열리자마자 "책! 책!" 하며 읽어달라고 할 것입니다.

아이는 부모의 말보다 마음을 먼저 느끼고 알고 있어요. 책을 좋아했으면 좋겠다는 마음을 들키는 순간 책육아와 멀어질 수도 있어요. 좋아하는 분야를 찾았다고 해서 전집을 3~5질씩 사들이는 등 한꺼번에 많은 양의 책을 주지 마세요. 책을 산더미처럼 쌓아놓으면 부모 마음을 들키기 쉬워요. 부모 입장에서도 '저 책 다 읽어야 하는데…' 하는 생각 때문에 아이를 독촉하게 돼요. 한 달에 몇 질이라는 식으로 정해진 것은 없습니다. 부모 마음도 들키지 않고, 아이에게도 부담

되지 않도록 아이 눈빛을 보면서 적절하게 넣어주면 좋아요. 저도 처음에는 한 달에 한 질 정도만 넣어줘야지 했지만 상황에 따라 부족할 때도 있었어요. 책을 많이 읽는다 싶을 때는 충분히 볼 수 있게 중고 도서와 도서관을 이용해서 더욱 몰입할 수 있게 해주세요.

🌱 아이가 좋아하는 관심사에서 시작하자

책육아는 아이가 좋아하는 관심사에서 시작하세요. 동물을 좋아하는 아이가 '개'를 유독 좋아한다고 해봅시다. 그러면 개와 관련된 책에 더욱 집중할 수 있도록 전집뿐만 아니라 단행본을 찾아 넣어주세요. 전집이 씨줄이라면 단행본은 날줄이에요. 씨줄과 날줄을 잘 엮어주면 아이는 자연스럽게 책을 좋아하게 된답니다. 책을 좋아하면 TV를 보다가도 멈추고 책을 보는 몰입이 생겨납니다. 그 몰입은 자연스럽게 주변 분야로 확장돼요.

끼돌이는 탈것 분야를 전반적으로 좋아했기에 탈것 주제의 책을 많이 넣어주었어요. 그중에서도 '기차'를 가장 좋아해 기차 관련 책이라면 언어와 난이도에 한계를 두지 않고 넣어주었지요. 전집 중에서는 창작동화를 좋아했는데요. 창작동화 중에서도 일본 작가가 그린 창작동화를 참 좋아했습니다. 푸름이 3종 세트인《푸름이 까꿍》,《푸름이 짝짜꿍》,《달님 그림책》은 전권을 수십 번 반복해서 읽을 정도로 무척 좋아했죠.《탄탄 세계테마동화》,《일곱색깔 무지개》,《웅진 마술피리그림책 꼬마》,《꼬마야 꼬마야 주머니동화》,《차일드 보물상자》등 수많은 창작동화를 수십 번 반복해서 봤습니다.

기차를 좋아하다 보니 과학 분야로 관심이 확장됐어요.《반딧불 과학동화》,《달팽이 과학동화》,《도담 원리과학동화》등 과학 전집을 주어서 스스로 호기심을 해결하게 해주었습니다. 과학 전집을 보다가 이번에는 '우주'에 관심이 있다는 것을 관찰하고, 도서관 과학 코너에서 우주와 관련된 책들만 모아 10~20권씩 넣어주었어요. 전집으로 인해 깊이가 다소 부족할 수 있는 부분을 보충할 수 있도록 말이지요.

이순신에 푹 빠져 있을 때는《Why? People 이순신》,《who? 인물 한국사 이순신》을 함께 넣어주었는데요. 같은 이순신을 다루지만, 한 권은 이순신 장군의 일대기가 중심이고 다른 한 권은 전투가 중심이었기 때문입니다. '거북선', '판옥선', '임진왜란' 등 다양한 주제의 책도 함께 읽다 보니 '조선 시대 임금'으로 관심 분야가 확장됐고, 결국 조선 시대 전체에 대한 관심으로 뻗어 나가 역사 전반에 대한 관심으로 이어졌습니다.

책육아로 몰입하고 확장하는 아이들은 호기심이 굉장히 많습니다. 아이의 궁금증은 이루 말할 수 없을 정도로 다양해요. 부모가 그 궁금증을 다 해결해줄 수는 없지요. 그래서 백과사전이 필요합니다. 인터넷으로 검색하면 금방 알 수 있겠지만, 인터넷 검색 결과는 궁금점 자체만 해결해주기 때문에 확장하기 어렵습니다. '기차'를 인터넷으로 검색하면 '궤도를 달리는 기관차'라는 사전적 검색과 더불어 다양한 이미지를 살펴보게 될 텐데요. 그림과 사진이 곁들여진 《21세기 학생백과》,《브리태니커 비주얼 사이언스 백과》,《교원 초등 라이브러리》등의 백과사전을 펼쳐 아이와 함께 찾아보세요. 다양한 종류의 기차는 물론이고 기차의 작동 원리, 역사, 탄생 배경 등 궁금했던 부분이 다양한 내용과 연계된답니다.

아이는 궁금한 점이 생겼을 때 처음에는 부모에게 물어보지만, 백과사전에 익숙해지면 스스로 백과사전을 찾아보게 돼요. 부모가 "함께 찾아볼까?"라고 하면서 되도록 빨리 백과사전 찾는 법을 익히게 도와준다면, 궁금한 것을 아이 스스로 해결해나갈 거예요.

아이가 관심 분야를 중심으로 다양한 분야로 확장해나갈 수 있도록 그와 연결된 다양한 책을 넣어주세요. 책육아! 아이가 좋아하는 관심사에서 시작하세요.

책에 깊이 몰입하는 시기, 책의 바다

책육아를 시작한 분이라면 손꼽아 기다리는 시기가 있죠. 바로 '책의 바다', 그야말로 책을 홍수처럼 읽어내는 시기예요. 책을 꺼냈다 하면 즉각 빠져들어 몰입하는 상태죠. 너무 많이 읽어 걱정될 정도로 책을 읽습니다. 아침에 눈을 뜨자마자부터 저녁에 잠들 때까지 주야장천 읽는 경우도 있지만, 1~2시간 동안 100~200권을 집중적으로 읽기도 해요.

책의 바다 시기가 오면 지금까지 무척 기다려왔던 시간이기 때문에 '앗싸!' 하는 마음이 들죠. 그런데 한편으로는 수백 권의 책을 읽어주다 보면 엄마·아빠의 목, 엉덩이, 어깨 등 온몸이 아프기 일쑤예요. 그렇다 보니 이제 그만 읽고 좀 쉬고 싶다는 생각이 간절하기도 합니다. 그렇지만 책 읽어주기를 멈추지 마세요. 기다리고 기다리던 책의 바다인걸요. 엄마와 아빠가 바통을 이어받으면서 아이가 책의 바다를 양껏 헤엄쳐나갈 수 있도록 해주어야 합니다. 책의 바다인 만큼 책 속에 풍덩 빠뜨려주어야 아이는 그 바다에서 요리조리 자유자재로 헤엄칠 수 있어요.

아이들이 왠지 조용하다 싶을 때 등줄기가 서늘해지던 경험, 다들 있으시죠? 부모라면 아이가 어디선가 조용히 사고를 치고 있는 장면의 기억을 한두 가지는 가지고 있을 거예요. 그런데 책의 바다 시기에는 완전히 다른 장면이 펼쳐져요. 아이들이 조용하다 싶을 때는 혼자서 수십 권의 책을 읽고 있는 거예요. 그 순간의 평화로움은 이루 말할 수 없죠. 아이가 아직 한글을 떼지 못했다면 '혼자서 책을 읽지도 못하는데…'라는 생각이 들기 십상인데요. 짧은 생각에 아이에게 책을 읽어주겠다고 다가가는 순간 책에 몰입하고 있는 아이를 방해하는 꼴이 되고 말아요. 이럴 때는 아이의 몰입을 방해하지 마시고 오랜만에 찾아온 편안한 순간을 즐겨보세요.

책의 바다 시기에는 두려움도 함께 찾아옵니다. '근육이 발달하는 시기인데, 이렇게 움직이지 않아도 될까?', '이렇게 많은 책을 읽으면 책값은 어떡하지?' 하는 생각이 문득 찾아오죠. 이런 걱정은 의식적으로 내려놓으세요. 책의 바다가 지속되는 기간은 대개 1~2개월이랍니다. 물론 6개월에서 1년 정도까지 가는 아이들도 있긴 합니다. 그렇다고 해도 걱정을 하기보다는 아이의 눈빛에 더욱 집중하는 것이 필요해요. 책을 더 읽고 싶은 눈빛이라면, 집에 책이 부족한 상황일 수도 있어요. 그동안 한 달에 전집 1질 정도를 넣어주었다면, 이때는 2~3질 정도로 양을 충분히 늘려줍니다. 아이가 받아들일 준비가 돼 있으니까요. 책이 다 꺼내져 바닥에 널브러져 있어서 더는 꺼내 보지 않는 상황이라면, 다시 책꽂이에 꽂아서 읽고 싶은 책을 꺼내 읽을 수 있게 해주세요. 아이가 지금 보고 있는 영역과 관련 있는 분야의 책도 넣어주세요. 창작류를 보고 있다면 비슷한 수준의 창작책을 더 폭넓게 넣어주고, 생활동화, 자연관찰 등으로 다양한 영역으로 확장해주세요.

책의 바다에서 수백 권씩 양껏 읽던 아이는 어느 순간 책을 놓습니다. 언제 그랬냐 싶게 책에서 멀어져 놀이터로 뛰어 나가죠. 책값 걱정, 근육 걱정은 언제 그랬냐 싶고 아이가 책의 바다에서 좀더 헤엄치면 좋겠다는 생각이 들기 마련이에요, 그것은 부모의 욕심이에요. 아이들이 탁 털고 책의 바다에서 빠져나올 때 부모도 함께 나와 자연에서 마음껏 뛰노세요. 그렇게 뛰놀다 보면 온종일, 한 달, 두 달,

1년을 뛰어놀 것만 같던 아이들이 책에 몰입했던 그 경험을 따라 또다시 책의 바다 시기를 맞이합니다. 두 번 다시 오지 않을 것 같던 책의 바다 시기가 다시 찾아오는 거죠. 따라서 뛰노는 시기에도 책의 끈을 놓지 않도록 아이의 눈빛을 따라가며 아이가 무엇을 좋아하는지 관심 있게 지켜보세요.

끼돌이는 20~26개월 사이에 책의 바다가 처음 찾아와서 목이 터지라고 책을 읽어주었습니다. 많이 읽는 날에는 엄마·아빠가 교대로 책을 읽어주면서 책에 충분히 몰입할 수 있도록 해주었지요. 밤에는 당연히 잠들기 전까지 책을 읽어주었습니다. 체력적으로 너무 힘들었기에 '책의 바다가 언제 끝나려나…' 생각도 했는데요. 끼돌이가 책을 놓고 나가는 순간 그때 더 읽어줄 걸 하며 아쉬운 마음이 들었답니다. 그 이후 책의 바다를 두세 차례 정도, 한번 들어갔다 하면 1~2개월 정도씩 들어갔다 나왔다를 반복했어요.

✿ 아이가 잠들 때까지 읽어주자

자, 책의 바다 시기가 왔습니다. 책을 얼마나 읽어주어야 할까요? 아이마다 다르겠지만 저는 끼돌이가 잠들 때까지 읽어주었어요. 낮에는 날마다 전철을 타고 돌아다니던 시절에 책의 바다에 접어들었는데요. 끼돌이는 1~2시간 동안 집중해서 200~300권의 책을 보곤 했어요. 온종일 전철을 타고 온 터라 저는 지쳐 있는데 끼돌이는 전철

아이가 잠들 때까지 책을 읽어주었습니다. 아이는 아주 만족해서 깊고 편안한 잠에 빠져들었어요.

에서 한숨 자고 일어났기에 무척 쌩쌩했죠. 집에 오면 털썩 자리에 앉기가 무섭게 책을 읽어달라고 했어요. 밤에는 제가 팔베개를 하고 끼돌이가 잠들 때까지 읽어주었습니다. 낮 동안에 충분히 즐겁게 논 끼돌이는 제 팔에서 2~3시간 동안 책을 읽고 나서야 잠이 들었는데요. 어깨가 어찌나 아프던지 너무 힘들었지만, 누워서 읽어주는 것이 그나마 제게는 휴식이었죠. 수없이 많은 책을 읽고 난 날이면 어김없이 제 옆에는 책이 수북이 쌓이곤 했는데요. 잠자며 뒤척이다가 그 책들의 모서리에 찔려 잠이 깨기도 했어요.

책의 바다 시기에는 오래도록 책을 읽기에 아이가 편하게 읽을 수 있는 유아용 소파나 독서대를 마련해주면 좋습니다. 끼돌이 역시 유아용 소파와 독서대를 이용하기도 했지만, 주로 제 무릎 위에 끼돌이가 앉는 일명 '합체 자세'로 책을 읽었어요. 한번 앉으면 100권이 기본일 정도로 엄청나게 많은 책을 읽었어요. 소꿉놀이용 쇼핑카트에 앉으면 높이도 잘 맞고 자세가 편했는지 한참을 앉아서 수없이 많은 책을 봤고요. 어느 날부터는《빅마우스 투피와 비누》전집 상자에만 앉았다 하면 책을 놓지 않더라고요. 그래서 구입처에 요청해 전집 상자만 따로 구해서 끼돌이가 원하는 최적의 상태에서 책의 바다를 즐길 수 있도록 해주었습니다.

아무리 책의 바다 시기라고 해도 아무 책이나 마구잡이로 읽는 것은 아니에요. 이때도 무조건 재미있는 책을 넣어주어야 합니다. 저는 당시 지역 카페나 벼룩시장을 통해 대부분의 책을 구입했는데요. 아이가 흥미를 보이지 않는 분야나 재미없는 책이라도 저렴하다는 생각에 일단 구입하여 넣어준 적도 있는데, 그렇게 구입한 책들은 한 권도 들춰보지 않더군요. 반면 끼돌이의 성향을 고려해 넣어준《바바파파》,《EQ의 천재들》,《웅진 똘똘뭉치들》,《마음쑥쑥 리틀 명작북스》,《반짝반짝 리틀전래북스》,《재미둥이 생활동화》와 같이 재밌는 책들은 마르고 닳도록 반복해서 읽었어요.

❦ 아이가 좋아하는 분야는 수준과 관계없이 넣어주자

책의 바다를 헤엄치다 보면 아이가 유독 즐겁게 보는 분야가 생겨나요. 앞서 얘기했듯이, 끼돌이는 탈것에 대한 관심에서 출발해 기차에 몰입했어요. 다양한 기차 책을 보다 보니 자연스럽게 과학으로 확장됐어요. 과학에 대한 관심은 우주로 뻗어 나갔고요. 아이들이라면 한 번쯤 꼭 좋아하는 이순신 장군에 몰입해서는 임진왜란을 꿰차게 됐고, 조선 시대 임금으로 확장되면서 조선 시대 역사로 확장했습니다. 이처럼 확장할 수 있었던 건 끼돌이가 좋아하는 영역이라면 수준과 상관없이 책을 넣어주었기 때문이에요.

끼돌이가 안 본 책은 있지만, 한 번 본 책은 없답니다. 아이들은 책 한 권을 수십 번 반복해서 보기 때문에 한 번 읽은 책은 여러 번 반복해서 읽게 됩니다. 그러므로 좋아하는 분야라면 난이도와 상관없이 넣어주세요. 깊은 몰입에 들어가면 부모가 아이의 지적 수준을 따라가기가 불가능할 정도가 되기 때문에 아이가 스스로 선택해서 읽을 수 있도록 다양한 선택지를 주세요. 기차를 좋아하는 끼돌이에게는 대학 교재, 철도 관련 논문, 철도 전문잡지를 넣어주었어요. 처음에는 사진과 그림만 보더니, 다음번에는 마음에 드는 기사를 보고, 다음에는 전문 칼럼을 읽는 등 아이 스스로 단계를 점차 높여나가더군요.

이순신에서 시작된 확장도 마찬가지입니다. 처음에는 이순신 장군이라는 인물에 큰 관심을 보였어요. 그런데 난이도나 분야와 관계없이 다양한 이순신 책, 임진왜란 책을 접한 끼돌이는 이순신 장군의 해전 스토리를 임진왜란과 연관 지어가며 각 해전의 양상과 왜군 및 조선군의 선박 수 등 구체적인 사실까지 모두 외워 엄마·아빠에서 설명할 정도로 깊이 빠져들었습니다. 임진왜란 시기의 이순신 장군과 선조의 관계에 몰입하다 보니 조선 시대 임금으로 확장됐고, 태조 이성계 시대로 거슬러 올라가 조선 시대 전반으로 확장됐어요.

아이가 좋아하는 분야라면 아이 스스로 깊이를 결정해 몰입해 들어갈 수 있도록 충분한 책을 넣어주세요. 한번 몰입을 경험한 아이는 다른 분야로 확장해나가서도 깊이 몰입합니다. 그 분야들이 동떨어져 있는 것이 아니라 서로 긴밀하게 연결되어 있기에 융합하고 통합해나가게 되죠. 아이의 지적 호기심이 최고조로 만족될 수 있도록 환경을 제공해주는 것이 책육아입니다.

놀면서 진행하는 한글 떼기

책육아로 아이와 함께 행복한 육아를 하고 있다면, 아이의 한글 떼기를 준비하세요. 아이가 한글을 읽게 되면 스스로 궁금증을 해결할 수 있기 때문에 아이에게도 부모에게도 책육아가 훨씬 수월해집니다. 책과 친숙한 아이들은 이른 시기에도 글자에 관심을 보이는 경우가 많습니다. 아이가 호기심을 보이고 문자를 궁금해하면, 부모들이 기존에 해왔던 학습 방법이 아니라 즐겁게 놀면서 진행하는 한글 떼기를 준비해주세요.

아이가 한글 떼기를 시작할 준비가 됐다는 것을 부모가 어떻게 알 수 있을까요? 한글을 떼는 방법에는 통문자로 접근하는 방법과 낱글자(자음, 모음)로 접근하는 방법이 있습니다. 아이와 놀이로 한글을 떼기 위해서는 통문자로 한글을 떼는 것이 좋아요. 아이가 인지하고 말할 수 있는 단어가 300~500개 정도 된다면, 한글을 뗄 충분한 준비가 된 거예요.

우선, 엄마·아빠가 아이와 함께할 한글 놀이를 준비하세요. 우리 아이가 실제 사용하고 있고 접해봤던 단어들로 300~500개의 낱말 카드를 미리 만들어 주제별로 분류해놓으세요. 예를 들면 버스·택시·전철처럼 탈것끼리, 호랑이·사자·개처럼 육지에 사는 동물끼리, 고래·오징어·상어처럼 바다에서 사는 동물끼리, 사과·복숭아·배처럼 과일끼리 분류합니다. 이를 가지고 아이와 함께 놀이를 하면서 '한글을 배우는 것이 아니라 그냥 흡수할 수 있도록' 재밌게 놀면 됩니다.

우리 부모들은 의자에 앉아 학습지를 풀어 채점을 한 후, 맞은 것에 집중하는 것이 아니라 틀린 것에 집중하는 방법으로 한글 떼기를 했습니다. 놀이를 통해서 한글 떼기를 진행한다고 하면 정말 가능할지 저 또한 의구심이 들었는데요, 정말 가능하더라고요. 아이들은 학습으로 진행할 때는 온몸을 비비 꼬며 거부하지만, 놀이로 접근하면 전혀 다른 모습을 보입니다. 놀이 과정에서 한글에 노출되기 때문에 즐겁게 놀았을 뿐인데 어느새 한글을 똑 떼게 되지요. 그럼, 어떻게 하면 될까요?

아이들과 함께 노는 상황에 한글 단어를 노출해주세요. 사냥놀이,

낚시놀이, 시장놀이 등 아이와 함께할 수 있는 놀이는 무궁무진해요. 이 중 20~30가지의 놀이를 정한 뒤 놀이에 필요한 도구를 준비하세요. 낚시놀이를 한다면 낚싯대가 필요하고, 사냥놀이를 한다면 총이나 활이 필요하겠죠. 이보다 더 중요한 것은 포스트잇과 네임펜! 빵 터질 만한 놀이가 떠올랐는데 미리 준비한 낱말카드가 없을 때, 재빠르게 포스트잇에 써서 낱말카드로 활용하는 겁니다.

놀이로 한글을 떼겠다고 마음먹었다면 한두 달 안에 똑 떼겠다는 생각으로 시작하는 것이 좋아요. 서너 달이 지속되면 반년, 1년이 금방 훅 지나가 버리거든요. 지지부진한 시간이 길어지다 보면 엄마의 두려움과 불안이 커져 진행이 더뎌질 뿐만 아니라, 취학 시기가 다가오는 상황이라면 마음이 급해질 수도 있습니다. 따라서 놀이로 한글을 떼겠다고 마음먹었다면 집중력 있게 밀도 있게 해야 해요. 아이를 살피면서 아이가 기분이 좋고 적절한 상황이다 싶을 때, 준비한 낱말카드와 놀이 도구를 후다닥 가져다가 아이와 한글 떼기를 즐기세요.

이제 모든 준비가 완료됐습니다. 준비한 낱말카드와 놀이 도구를 이용해 호랑이·사슴·토끼 등 동물을 사냥하고, 고래·오징어·문어 등 물고기를 낚는 한글 놀이를 여러 번 반복합니다. 다만, 아이가 얼마나 알고 있는지 확인하려 해서는 안 됩니다. 아이에게 낱말카드를 보여주며 "이거 뭐라고 읽지?"라고 물어보면 아이는 한글과 멀어질 거예요. 아이가 글자를 아는지 모르는지 절대 확인하지 마세요.

확인을 한다는 것은 '모를 거야'라는 의심을 전제로 합니다. 아이가 얼마만큼 알고 있는지 궁금하겠지만, 무조건 아이는 알고 있다는 확신을 가지고 한글 놀이만 열심히 하면 됩니다. 이제부터는 책을 읽어줄 때 제목 정도는 손으로 짚어가면서 읽어주어도 좋아요.

통문자가 어느 정도 익숙해졌다면, 자주 사용하지 않는 낱글자를 떼기 위해 진도가 넘어가야 해요. 통문자를 좀더 해야 할지 낱글자로 넘어가야 할지 고민이 된다면, 이때는 당연히 아이가 어느 정도 알고 있는지를 봐야겠죠. 그때는 자연스러운 방법으로 확인하세요. 아이가 좋아하는 캐릭터가 되어 아이와 대화해보세요.

"OO야, 이건 어떻게 읽는 거야? 난 모르겠어. OO가 알려줘."
"그거 기차라고 해!"
"기차? 우와, 대단하다! 그럼 이건 어떻게 읽는 거야?"

아이가 대답을 못 하더라도 실망감을 표현하지 마세요. 저 또한 머리로는 알고 있지만 그 상황에서는 나도 모르게 '몇 번을 했는데 아직도 몰라' 하는 마음이 있었어요. 끼돌이가 기차라는 단어를 가장 많이 봤기에 기차라는 단어는 당연히 알고 있을 것으로 생각했는데 대답하지 못할 때 막막했거든요. 하지만 아이 성향에 따라 알고 있는 것을 바로바로 표현하는 친구도 있지만 99까지 쌓아놓고 100이 되어야 표현하는 아이도 있습니다. '아이가 지금 항아리 안에 차곡차곡 쌓아두고 있구나' 하는 단단한 마음으로 아이를 바라봐 주세요.

통문자 놀이가 부족했다면 아이가 한 글자도 답하지 못하기 때문에, 2~3단어 정도만 확인해도 어느 정도 알고 있는지 짐작해볼 수 있어요. 아이는 놀이를 하면서 낱말카드에 쓰인 단어를 대부분 흡수했기에 아이가 주저 없이 답하는 걸 보고 깜짝 놀라실 거예요.

통문자를 흡수했다면 자주 사용하는 낱말은 쉽게 읽을 수 있지만, 그것만으로는 책을 읽어내기 어려워요. 왜냐하면 책에는 '샛', '류', '릉', '곶'처럼 평소에 자주 사용하지 않는 글자들도 나오기 때문입니다. 이제 낱글자를 시작할 때가 됐습니다. 자주 사용하지 않는 글자를 모아 주사위놀이를 하거나 아이가 좋아하는 동요 음계에 낱글자를 넣어 부르는 식으로 놀아주세요.

끼돌이는 '가나다라마바사아자차카타파하 에헤 우헤우헤우허허' 노래를 좋아해 '가'부터 '그, 기'까지 엄청나게 많이 불렀어요. 그 덕분에 노래를 부르면서 다양한 낱글자를 흡수했답니다. 통글자에 낱글자가 버무려지는 순간 한글 떼기 성공!

❧ 한글 떼기도 좋아하는 것으로부터

낱말카드를 비롯해 모든 준비를 마치고 한글 놀이를 시작했어요. 하지만 끼돌이는 미리 준비해놓은 한글 놀이가 불가능했습니다.

"끼돌아! 호랑이 잡자. 우리가 사냥꾼이 되어보는 거야."

"나 사냥꾼 아니야! 난 끼돌이야."

머릿속이 하얘졌어요. 모든 준비가 완료된 상태에서 만난 예상치 못한 난관이었죠. 하지만 포기하지 않고 어떻게 해야 할지 궁리한 끝에 좋아하는 것에서 시작해야겠다는 결론에 이르렀습니다.

끼돌이가 좋아하는 기차에 포스트잇을 붙여줬어요.

"기차가 포도를 싣고 갑니다."

"기차가 사과를 싣고 갑니다."

좋아하는 것과 연계되자 한글 떼기에 속도가 붙기 시작했어요. 시도조차 불가능했던 낚시놀이는 물론이고 사냥놀이까지도 가능해졌죠.

한글 놀이의 압권은 현장에 있었습니다. 끼돌이는 날마다 전철을 타러 다녔기에 전철역 낱말카드를 만들었는데요. 특별한 놀이가 필요 없이 전철역이 지날 때마다 낱말카드를 보여주면 충분했습니다.

"이번 역은 회룡, 회룡역입니다."

전철역에서 내리면 기둥마다 '회룡'이 붙어 있기에 같은 단어에 여러 번 반복해서 노출됐습니다. 자주 오가는 전철역 순서를 대부분 외우고 있던 끼돌이와 함께 흐트러진 전철역을 순서대로 맞추는 놀이 역시 통문자를 노출하는 데 큰 도움이 됐죠.

낱글자 역시 지하철 노선도로 충분했습니다. "의정부역에서 오이도역까지 어떻게 가야 할까?" 전철역마다 하나하나 글자를 짚어가

지하철을 타고 다니며 단어를 보여주고 한글 떼기를 했습니다.

며 찾기도 하고 "우리 노선도에서 '계' 자 찾아볼까?", "이번엔 '향' 자를 찾아볼까?" 하며 특정 글자를 누가 먼저 찾는지 놀이식으로 진행하니 부족한 낱글자가 저절로 보충됐어요.

30개월에 시작한 끼돌이의 한글 떼기는 36개월에 마무리됐습니다. 통문자와 낱글자가 잘 버무려진 끼돌이는 전철을 타고 온 날 저녁 지금까지 한 번도 읽어본 적이 없는 책을 꺼내 와 제게 읽어주었어요. 그날을 떠올리면 아직도 가슴이 찡하고 뭉클합니다.

읽기 독립의 시기

책육아에는 '읽기 독립'이라는 말이 있습니다.

'읽기 독립'은 내가 만들어낸 용어다. '책육아'라는 단어도 푸름이 교육을 통해 퍼져나간 것이다. 읽기 독립은 일테면 아이가 컴퓨터 게임을 하거나 TV를 보다가 누가 책을 읽으라는 말을 한 적도 없는데 너무나 책이 읽고 싶어서 스스로 게임이나 TV 시청을 멈추고 책을 읽는 상태를 말한다. 읽기 독립을 이루면 아이는 스스로 성장해가기에 부모가 할 것이 별로 없다.

— 최희수, 《푸름아빠 거울육아》 중에서

책육아를 시작한 엄마라면 누구나 책을 읽어주기 시작해 한글을 똑 떼고 스스로 책을 꺼내서 읽는 상상을 하게 되죠. 아이 스스로 선택한 책에 흠뻑 빠져 읽는 모습은 상상만 해도 뿌듯합니다. 책이 너무 재밌어 깔깔깔 웃는 모습을 볼 때나, 뒷이야기가 너무 궁금해 화장실까지 책을 들고 가는 모습을 볼 때면 책을 정말 좋아하는구나 하는 생각이 들어요. 심지어 컴퓨터 게임을 하거나 TV를 보다가도 책이 읽고 싶어 보던 것을 멈추고 책을 본다면 정말 깜짝 놀랄 만한 일이겠죠. 그래서 읽기 독립은 책육아의 꽃이라고 할 수 있어요.

한글을 일찍 떼는 것도 결국은 빠른 읽기 독립을 위해서라고 할 수 있어요. 아이가 한글을 똑 뗐다면, 아이를 위해서도 부모를 위해서도 책육아의 꽃인 읽기 독립을 향해 가야 해요. 지금까지 아이들에게 책이란 엄마·아빠가 들려주는 것이었어요. 아이는 부모가 읽어주는 책을 통해 듣는 귀가 발달한 상태죠. 읽기 독립을 위해서는

읽기 독립을 위해서는 스스로 읽을 수 있도록 해줘야 합니다.

가장 먼저 스스로 읽을 수 있도록 해주어야 합니다. 즉 듣는 책에서 읽는 책으로, 책을 접하는 방식을 바꿔줘야 해요.

무조건 책을 읽히려고 하기보다는 우선 무엇이든지 함께 읽는 연습을 해보세요. 집 앞에 붙어 있는 마트 전단을 보면서 세일 품목들을 함께 읽어보세요. 자연스럽게 숫자도 접할 수 있어요. 나들이 중이라면 곳곳에 있는 간판을 읽어보세요. 간판을 읽을 때는 엄마·아빠가 운전을 하는 것보다는 함께 버스를 이용하면 좋아요. 아이와 함께 앉아 밖에 보이는 간판을 반복해서 읽다 보면 아이의 자신감도 훌쩍 자란답니다.

읽는 근육이 붙었다면 이번에는 사랑하는 아이에게 편지를 써보세요.

"끼돌아, 사랑해!"

간단한 문구로 자신감을 불어넣어 주면서 점점 글의 양을 늘리는 거예요.

"끼돌아, 사랑해! 엄마가 선물을 준비했어. 식탁 옆의 검은색 의자 밑에 무엇이 있을까?"

아이가 좋아하는 과자를 의자 밑에 놓아 읽는 즐거움을 느낄 수 있도록 해보세요. 아침에 일어나 편지를 펼치면서 너무나 궁금해하는 아이의 표정을 바라보면 무척이나 뿌듯할 거예요. 아이가 편지를 좋아한다면 다음번에는 의자 밑에도 또 다른 편지를 놓아 편지를 여러 번 읽게 해주세요. 이를 반복할수록 아이는 생각하면서 읽는 것이 아니라 글자를 보면서 그냥 자연스럽게 읽게 돼요.

읽기 독립의 방법: 쉬운 책, 재미있는 책! 충분히!

이제는 책을 읽어야겠죠? 책을 스스로 읽는 읽기 독립을 위해서 가장 중요한 것은 자신감이에요. 듣는 책의 수준이 네 줄짜리 글밥 책이었다면 이제는 두 줄 정도의 쉬운 책을 넣어주세요.《곰곰이생활동화》,《곰솔이처럼 해봐요》,《그르그 시리즈》,《미미와 키키》,《무민 그림동화 시리즈》,《구리와 구라 시리즈》,《우당탕탕 야옹이 시리즈》,《개구쟁이 아치》와 같이 두 줄짜리 재밌는 책을 넣어주는 거예요. 문장이 길지 않고 글줄 수도 적당한 데다가 매우 재밌어서 한 권 한 권 읽다 보면 어느새 전부 읽어낼 거예요. 책 읽는 데 자신감이

쑥쑥 자랍니다.

두 줄 정도의 쉬운 책은 충분히 넣어주어야 해요. 책값이 많이 든다는 생각에 이 정도는 됐다 싶어 난이도가 높은 수준의 책을 바로 들이밀면 역효과가 날 수 있어요. 500권 정도로 충분히 넣어주면, 아이들은 듣는 책에서 읽는 책으로 바뀌고 책이 너무나 읽고 싶어서 TV를 보다가 멈추는 읽기 독립이 이뤄져요. 여기서 '500권'이라는 말은 꼭 500권이 아니라 그만큼 쉽고 만만한 책을 충분히 넣어주어야 한다는 마음가짐을 의미해요. 권수를 이야기하면 그만큼을 반드시 주어야 한다고 생각하기 쉽지만, 단 몇 권의 책으로도 가능해요.

이때 명심해야 할 게 한 가지 있습니다. 소리 내서 읽지 않아도 된다는 점이에요. 어떤 부모님들은 아이가 제대로 읽는지 확인한다는 의미로 아이에게 소리 내서 읽으라고 강요하는데요. 소리 내서 읽지 않아도 쉽고 재밌는 책을 충분히 읽으면 자연스럽게 읽기 독립이 된답니다.

읽기 독립의 방법은 아이의 나이에 따라 달라집니다. 나이가 어리다면 쉬운 책으로 접근하는 방법이 효율적이지만, 좀더 큰 아이들은 쉬운 책을 들이밀면 수준이 낮다고 생각해서 거부할 수도 있습니다. 이때는 아이가 좋아하는 관심사의 책, 그리고 아이들이 좋아하는 똥, 코딱지를 주제로 한 빵빵 터질 수 있는 즐겁고 재미있는 책으로 준비해주세요. 아이들은 흥미와 재미가 있으면 호기심을 갖게 되고 뒷이야기가 궁금해서 더 보고 싶어 합니다.

그리고 부모가 읽어줄 때 한 단어나 문장을 일부러 틀리게 읽어 주는 방법도 써볼 만합니다. 아이가 '나는 이것도 알고 있는데 엄마·아빠는 모르는구나. 내가 더 잘할 수 있구나' 하며 자신감을 갖게 되거든요. 내 아이에게 맞는 방법을 찾아 다양하게 시도해보면서 아이가 스스로 읽을 수 있도록 해주세요.

❧ 아이가 읽어달라고 할 때까지 읽어주자

읽기 독립이 된다면 제가 읽어주지 않아도 될 거라 생각했습니다. 하지만 끼돌이는 읽기 독립이 된 후에도 계속 책을 읽어달라고 했어요. 기저귀를 뗐을 때처럼 이제 기저귀를 갈아주지 않아도 된다는 일종의 해방감이 있었는데, 기저귀를 다시 채워야 하는 상황을 맞닥뜨린 것 같았죠. 혹시 읽기 독립이 완벽하게 되지 않았나 하는 걱정도 됐고요. 그래도 일단 가져오는 책은 계속 읽어주었지만 언제까지 읽어줘야 하나 싶고 '이제 스스로 알아서 읽어!' 하는 마음이 있었습니다. 읽기 독립이 된 후에도 몇 달이 지나도록 책을 읽어달라고 가져오던 어느 날, 아이가 책을 가지고 온 것이 아니라 엄마·아빠와의 추억을 가지고 왔다는 생각이 들었습니다. 수년 동안 엄마가 팔베개를 하면서 잠들기 전까지 책을 읽어주었고, 합체 자세로 스킨십하며 수만 권의 책을 읽었잖아요. 그러니 어떻게 읽기 독립이 됐다고 그 순간부터 혼자 읽을 수 있겠어요. 혼자 읽는 책도 좋아하지만,

엄마·아빠와 맺었던 끈끈한 매듭이 느슨해지는 데 조금 더 시간이 필요했던 거예요.

이때는 요령이 필요해요. 아이가 읽을 수 있는 속도보다 천천히 읽는 거죠. 그러면 아이가 벌떡 일어나 "엄마! 내가 읽을게" 할 거예요. 그때 두 손, 두 발 뻗고 편히 주무세요. 읽기 독립이 된 아이들은 궁금해서 견딜 수 없어 새벽까지 원 없이 읽고 잠들 테니까요.

끼돌이도 읽기 독립이 된 후에는 재밌는 전집을 들였을 때 하룻밤 사이에 30~40권짜리 전집을 다 읽어버리곤 했어요. 책이 재미있지 않았다면 밤을 꼴딱 새우는 건 불가능하겠죠. 저희 부부는 새벽까지 책을 다 읽고 잠든 끼돌이에게 이불을 덮어주며, 읽기 독립의 위대함을 다시금 느꼈답니다.

책육아는 기본 중의 기본이다

배려 깊은 사랑의 네 가지 요소는 눈빛, 경청, 공감, 놀이와 스킨십입니다. 배려 깊은 사랑을 실천하겠다고 마음먹었다면, 책육아는 기본 중의 기본입니다.

아이의 눈빛을 바라보면서 아이의 관심 분야가 어디에 있는지 끊임없이 관찰하여 책을 넣어주어야만 책육아가 가능합니다. 아이의 말을 경청하면서 아이의 관심 분야가 달라졌을 때를 감지하고 섬세

하게 대처해야만 책육아를 지속할 수 있습니다. 아이의 감정에 공감
했을 때 한글 떼기와 읽기 독립이 퉁탕거림 없이 매끄럽게 이뤄질
수 있습니다. 그리고 지성과 감성이 하나가 되는 무대에서는 스킨십
이 자연스럽게 이뤄집니다.

🌱 책 읽기의 시간은 따뜻한 사랑의 시간

책육아를 통해 배려 깊은 사랑을 실천하겠다는 마음을 먹었지만, 막
상 실천하기는 무척 힘이 듭니다. 아이가 지속적으로 나의 상처받은
내면아이를 건드리기 때문입니다. 책을 읽어주는 순간에 '나는 어릴
때 내 소유의 책 하나 없었는데, 이렇게 책도 준비해주고 책 읽어줄
려고 마음까지 먹었는데 이것도 싫다고 하니?', '책을 그렇게나 읽어
줬는데 아웃풋은 하나도 없네', '다른 친구들은 골고루 다양하게 읽
는데 너는 왜 보던 책만 계속 봐?' 등 머릿속에서 수많은 생각이 빙
빙 돌면서 가슴을 치게 합니다. 날마다 같은 생각이 반복되기에 고
통스럽죠.

　밖으로 향해 있는 손바닥을 안으로 돌려 제 마음을 바라보았습
니다. '내가 왜 이렇게 화가 나고 힘들까' 생각해봤어요. 아이 때문
에 화가 나는 줄 알았지만 아이가 아니라 내가 어릴 적 받았던 상처
로 인해 화가 난 것임을 알 수 있었어요. 아이와 함께할 때 어떤 점
이 반복적으로 불편한지 자신을 들여다보고, 상처받은 내면아이를

찾아보세요. 내 소유의 책을 갖고 싶었던 마음, 수없이 비교당하면서 상처받았던 어린아이… 육아를 하며 부딪히는 상황에서 나의 마음을 찾을 수 있었습니다. 내 감정에 이름표조차 붙여주지 못할 때 아이를 위해 읽어주었던 책이 엄마인 나를 위한 책이었습니다. 책에 담겨 있는 이야기들이 나의 이야기 같아서, 나의 감정을 표현해주는 것 같아서 아이에게 읽어주다가 나를 위해 읽고 있다는 것을 알게 되었지요. 아이와 나의 상처받은 내면아이에게 책을 읽어주면서 따뜻한 사랑을 전해보세요.

🌱 책육아에서 발육아로

'엄마'라는 이름을 달게 되었을 때 '아이의 재능을 발견하지 못하는 부족한 엄마면 어떡하지?' 하는 불안과 두려움의 시기가 있었습니다. 내가 알아차리지 못할까 봐 보다 다양한 것을 경험하게 해주고 아이에게 교육이라는 이름으로 쓸어 넣어주는 것이 아이에게 환경을 제공해주는 것이라고 생각했었습니다. 아이는 부족하고 서툴기 때문에 조금이라도 먼저 사회 경험을 한 부모가 목적을 가지고 교육을 시켜야 한다고 말이지요.

제 안에 깊숙이 자리 잡고 있던 막연한 두려움은 배려 깊은 사랑을 통해 눈 녹듯 사라졌습니다. 호기심 가득한 눈빛으로 관찰하는 모습, 반짝이며 자신의 이야기를 하는 똘망한 눈빛, 공감 속에서 함께할 때의 따뜻함, 놀이와 스킨십을 할 때 그 무엇보다 행복한 얼굴. 그렇게 아이의 눈빛을 바라보면서 배려 깊은 사랑을 실천하다 보니 두려움이 자연스럽게 사라진 것입니다.

처음에는 아이의 눈빛을 본다는 것이 도무지 무슨 말인지, 어떻게 해야 하는 것인지 알 수가 없어 그저 아이가 바라보는 것을 함께 바라보았습니다. 좋아하면 더 오래도록 바라볼 테고, 싫다면 다른 곳을 바라볼 테죠. 그저 시선을 맞추면서 바라보았습니다. 그렇게 같은 곳을 향해 함께 바라보며 아이의 눈높이에 맞췄습니다. 어른의 시선에서 아래로 내려다보는 것이 아니라 제가 무릎을 낮춰 아이의 눈높이로 같은 곳을 바라보니 아이의 마음에 온전히 닿을 수 있었습니다. 부모의 눈높이로 아이를 바라보면 비교와 판단이 들어가게 되지요. 하지만 아이의 눈높이에서 바라보면 비교, 판단 없이 있는 그대로 바라볼 수 있습니다. 내 아이를 있는 그대로 바라보면, 아이가 좋아하는 것을 알 수 있게 되고 더 좋아하게 할 수 있어요. 아이의 마음도 온전히 들여다볼 수 있습니다.

아이와의 눈높이를 항상 맞출 수 있었던 것은 아닙니다. 오랫동안 기차만 좋아하는 아이를 보며 한 가지만이 아닌 다양한 영역에 관심을 갖기를 바라는 마음이 수없이 올라왔습니다. 아이가 가지고 있는 힘을 믿지 못하고 잘하는 것보다 부족한 것을 먼저 찾아내기도 했죠. 차갑고 냉정하게 바라보기도 했습니다.

그 차갑고 냉정함이 결국 내가 받았던 상처임을 자각할 수 있었

배려 깊은 사랑과 책육아를 지속하기 위해 독서토론을 시작했습니다.

고, 상처받은 내면아이를 치유하는 과정에서 나를 인정하고 안아주며 사랑하는 법을 알았습니다. 스스로 부족하다며 불안과 두려움을 가득 안고 있던 저를 사랑해주고 인정해주는 과정이었습니다.

어느덧 배려 깊은 사랑과 책육아 9년 차에 접어들었습니다. 끼돌이는 다른 아이들처럼 책육아 4단계를 지나 어느덧 초등학생이 되었죠. 하루가 다르게 성장해가는 아이에 맞춰 '배려 깊은 사랑과 책육아를 지속하기 위해 할 수 있는 것이 무엇이 있을까' 고민한 끝에 실천에 옮긴 것이 독서토론입니다. 독서토론은 가족이 서로 눈빛을 바라보고 경청하고 공감하는 배려 깊은 사랑의 세 가지 요소를 갖고 있습니다. 책을 읽고 그 책에서 전달하고자 하는 교훈을 찾아보는 등의 기회로 만들려고 생각하면, 아이는 그 시간이 답답하고 지루하다고 느끼게 되죠. 온 가족이 함께 공통된 책을 읽고 이야기를 나누다 보면 엉뚱하다고 생각했던 아이들 생각에 무릎을 치게 될 때도 있고, 과묵하기만 하던 남편의 깊은 속 이야기도 함께 나눌 수 있습니다. 수년간의 독서토론 경험이 자양분이 되어 끼돌이는 이제 스스로 발표자료를 만들어 가족들 앞에서 강의를 하고, 좋아하는 주제를 가지고 소설을 쓰기도 합니다. 호기심을 충족하고 배움을 찾아가기 위해 스스로 책상에 앉아 공부하는 것도 잊지 않습니다.

내 아이를 잘 키우고 싶다는 생각으로 시작한 배려 깊은 사랑과 책육아 자연스럽게 '발육아'가 되었습니다. 결코 쉬운 과정은 아니었습니다. 저 자신을 성장시켜야만 했고. 스스로를 재양육하면서 어른이 되기 위해 노력해야 했습니다. 그 덕분에 발육아를 위해서 제가 할 수 있는 것이 딱 한 가지뿐이라는 사실을 알게 되었습니다. 아이가 가진 위대한 힘을 믿고, 아이에게 잠재되어 있는 무한한 능력을 꺼내 세상을 향해 힘차게 날아갈 수 있도록 응원해야 한다는 것입니다.

Q 책이 중요하다는 건 알겠는데, 읽어주기가 너무 힘들어요.

A 책이 중요하고 아이 발달에도 좋다는 것을 모르는 사람은 없습니다. 그래서 부모들은 아이들이 책과 친해지길 바라면서 책을 구입하고, 보다 쉽게 접할 수 있는 환경을 마련해주면서 다양한 방법으로 책을 노출해주지요. 하지만 정작 사소한 부분을 놓치는 분들이 많습니다. 예컨대 아이가 책을 들고 오면 "잠깐만!"이라고 외치면서 "설거지 하고 읽어줄게", "빨래 널고 읽어줄게"라는 말이 툭 나와버리죠. 아이가 관심 있어 하는 '순간'이라는 찰나의 시기를 놓치고 마는 거예요. 하던 일을 다 하고 난 뒤에는 아이의 관심이 이미 다른 곳에 가 있기 십상이죠. 잠자리 독서가 좋다고 해서 잠자기 전에 책을 읽어 주면 아이들은 "또! 또!"를 외칩니다. 이럴 때 아이가 잠 안 자려고 책을 읽어달라고 하는 것으로 오해하고는 그만 자자면서 책을 덮어 버리는 부모도 있습니다. 아이는 책을 좋아하는 건데 자신을 골탕

먹이는 것으로 생각하는 거예요. 또, 아이에게 책을 읽어주다 보면 잠이 쏟아져 미치겠다는 엄마·아빠를 주변에서 많이 볼 수 있습니다. 어린 시절에 자신의 부모가 책을 읽어준 경험이 없어서인 경우가 대부분이죠.

아이와 함께 책을 통해 눈빛을 나누고, 아이가 하는 말을 경청하면서 공감하는 과정은 아주 따뜻한 사랑을 경험하는 과정이기도 합니다. 이런 사랑을 받아본 경험이 없다면 아이에게 책을 읽어줄 때 불현듯 나 자신이 사랑받지 못했다는 것을 떠올리게 되죠. 회피와 잠은 모두 무의식이 쓰는 방어기제입니다. 무의식적으로 그 순간에서 도망가고 싶어지고, 잠이 쏟아지는 거죠.

그렇다면 생각을 조금 바꿔보세요. 아이에게 책을 읽어줄 때 내 아이에게가 아니라 '나'에게 읽어준다고 생각하는 겁니다. 어릴 때 엄마·아빠가 읽어주지 못했지만 이제 내가 나의 내면아이에게 읽어준다고 생각하면 큰 위로가 됩니다. 그러면 책 읽어주기가 전혀 힘들지 않을 거예요.

아이에게 읽어주기 위해 책을 구입해서 책장에 꽂아놨지만 손이 가지 않을 수도 있어요. 내 아이에게 맞는 책을 세심하게 골라서 책장에 넣는 것까지는 가능했지만 그 책을 꺼내서 읽어주기가 싫은 거예요. 그럴 때는 자신에게 선물한다는 마음으로 자신이 원하는 책을 구입해서 아이에게 읽어주세요. 이는 동시에 엄마인 자신에게 읽어주는 셈이 됩니다. 그렇게 한 권, 두 권 읽어주다 보면 내 아이에게 흔쾌히 책을 읽어줄 수 있습니다.

Q 책 읽어주다가 외우겠어요. 계속 똑같은 책만 갖고 와요.

A 책육아를 하는 부모가 아이에게 책을 읽어주는데 "또또"를 외친다면, 힘들더라도 쾌재를 불러야 해요. 아이가 책에 깊은 관심을 보인다는 증거이기 때문이죠. 그렇게 반복해서 읽는 책은 아이가 좋아하는 분야일 가능성이 큽니다. 같은 책을 수십 번 읽어주느라 목은 따끔거리고 엉덩이도 너무나 아프겠지만, 아이의 관심사가 무엇인지에 집중해보세요. 그림을 좋아하는 것인지, 책 속의 캐릭터를 좋아하는 것인지, 동물을 좋아하는 것인지 등. 좋아하는 것들을 하나하나 연결해나가면 내 아이가 좋아하는 분야를 찾을 수 있습니다.

좋아하는 분야가 따로 없다면 다양한 분야를 줄 수 있으니, 그것은 더할 나위 없이 반가운 일이죠. 책을 선택하는 데 어려움이 있겠지만 아이가 다양한 분야를 접할 수 있도록 전래동화, 서양 동화, 국내 창작, 외국 창작, 과학 전집 등 다양한 책을 넣어주세요. 반대로, 아이가 좋아하는 분야를 명확히 알았다면 그다음 수준의 책이나 연관된 책을 넣어주면서 몰입하고 확장할 수 있게 해주세요.

똑같은 책만 계속 가져오는 아이도 있습니다. 만약 그 책이 번역 출간된 책이라면 원서를 주면서 다양한 언어를 접할 기회를 만들어주세요.

'우리 아이는 왜 같은 책만 가져올까?', '우리 아이는 왜 좋아하는 것이 없을까?'라고 염려하지 말고 '같은 책을 가져오면 어떻게 해주면 좋을까?', '어떤 분야를 넣어주면 좋을까?'와 같이 '왜'가 아니라 '어떻게'라는 관점에서 바라보세요. 그러면 아이의 요청에 섬세하게 응할 수 있습니다.

Q 책을 좋아했는데 갑자기 쳐다도 안 봐요.

A 책을 좋아하던 아이가 언제 그랬냐는 듯 갑자기 책을 한 장도 펴보지 않는 시기가 반드시, 게다가 몇 번이나 찾아옵니다. 푸름엄마는 이 시기를 '항아리 비우는 시기'라고 명명했어요. 쉽게 말해서 머리를 비우는 시기인 거예요. 항아리 비우는 시기는 책육아를 하는 부모라면 누구나 겪게 됩니다.

책은 아이에게 지성을 쏠어 넣어주는 도구로 볼 수 있지만, 깊게 들여다보면 아이가 이미 가지고 있는 무한한 에너지를 끌어내 주는 거예요. 한 차례 에너지를 깊게 사용해 책을 읽었다면, 다시금 책을 읽을 에너지를 비축하는 시간이 필요한 거죠. 이렇게 잠시 책에서 벗어나 에너지를 채우는 동안에는 그간 읽었던 다양한 책이 통합되고 발전합니다. 이런 사실은 그 시기를 몇 번 겪어보면 알 수 있습니다.

이 시기에는 책을 읽으라는 말이나 감정적인 압력을 줄 필요가 전혀 없어요. 그렇다고 해서 아이에게 관심을 끊어도 된다는 말은 아닙니다. 오히려 다시금 책에 몰입할 계기를 찾기 위해 더욱 집중해서 아이의 눈빛을 보고 아이의 말을 경청하며 함께 놀아야 해요. '바보 놀이'를 하고 논다면 바보 관련 주제의 책을, '똥'을 주제로 킥킥거리고 논다면 똥 주제의 책을 끊임없이 넣어주면서 잠시 느슨해진 책과의 매듭이 끊어지지 않도록 눈과 귀를 열어놓아야 합니다.

Q '책의 바다' 시기가 없는데 괜찮나요?

A 모든 아이는 책의 바다 시기를 거치게 됩니다. 다만 부모가 이를 눈치채지 못했거나 다른 아이와 비교하면서 외면했던 거지요. 책의 바다를 보내는 양상은 모든 아이가 저마다 다릅니다. 인터넷에서 책의 바다에 있다는 아이들의 사례를 검색하다 보면 '저 아이는 하루에 200권씩 읽는다는데', '저 아이는 온종일 책을 읽는다는데' 같은 생각이 떠오르는 게 당연해요.

내 아이는 자신만의 속도와 양으로 책의 바다 시기를 거칩니다. 다른 아이와의 비교를 멈추고 내 아이의 눈빛을 바라보세요. 하루에 10권을 뜨문뜨문 보는 것도 내 아이에게는 책의 바다일 수 있어요. 책을 보는 양에 집착하기보다는 책을 바라보는 아이의 눈빛에 집중하는 것이 아이를 책의 바다로 인도하는 데 도움이 될 것입니다.

책의 바다 시기가 지금 당장 오지 않을 수도 있어요. 아이들은 저마다의 성향과 특성이 있기 때문입니다. 책을 좋아하는 아이로 자라게 하고 싶다면 '책의 바다가 언제 오려나' 하는 생각보다는, 책의 바다는 아니더라도 책과의 끈을 놓치지 않는다는 점을 바라보세요. 그리고 아이의 눈빛이 머무는 분야를 꾸준히 확장시켜주기 위해 노력한다면 책의 바다를 넘어 삶의 바다에서 큰 행복감을 누리며 살아갈 것입니다.

Q 한글 떼기 일찍 시작해야 하나요?

A 한글 떼기는 언제 시작하는 것이 가장 좋을까요? 정답은 '빠르면 빠를수록 좋다'입니다. '소설만큼 재밌는 영화는 없다'라는 말이 있는데요. 영화가 아무리 소설을 잘 표현해냈다고 하더라도 인간의 상상력을 뛰어넘을 순 없다는 의미를 담고 있어요. 아이들의 상상력은 무한대입니다. 책을 좋아하는 아이가 한글이라는 무기를 장착한다면 상상력에 날개를 단 격이겠죠. 책육아를 통해 그림책을 충분히 본 아이들이라면 한글을 떼고 문고판 책을 읽으면서 무한한 상상의 나래를 펼칠 수 있어요.

누군가는 한글을 일찍 떼면 창의력이 부족해질 수 있다고 말하기도 합니다. 그런데 오늘날과 같은 무한정보의 시대에서는 수렴적 사고가 아닌 발산적 사고에서 창의력이 생겨나요. 책을 통해 좋아하는 것에 몰입하고 그것을 확장하는 무한계 아이들은 수렴적 사고와 발산적 사고를 동시에 할 수 있어요. 자신이 하는 일에 몰입하고 그것을 통해 즐거운 상상을 하는 우리 아이들. 스스로 책을 읽으면서 자신이 원하는 방향으로 무한히 사고를 확장할 수 있어요. 창의력이 부족하다고 우려하는 이들은 아마도 무한계 아이들의 진가를 알아보지 못한 사람들일 겁니다.

어린아이일지라도 글자에 관심을 보인다면, 한글을 뗄 수 있는 아주 적절한 시기예요. 아이에게 한글을 주는 것을 두려워하지 마시고, 한글을 자연스럽게 흡수할 수 있도록 아이가 좋아하는 것을 찾아 한글 놀이를 즐겨보세요. 한글 떼기는 아이도 부모도 행복한 육아로 가는 지름길입니다.

Q 읽기 독립이 어려워요.

A 끼돌이와 함께 박물관에 갔을 때의 일이에요. 읽기 독립 전에는 궁금한 것을 엄마·아빠한테 물어봤었는데, 이제는 읽기 독립이 되어서 박물관의 안내문을 스스로 읽고 궁금증을 해결하더군요. 집에 돌아와서는 부족한 부분들을 책으로 보충해나가고요. 이때 저희 마음이 어땠을까요? 마냥 좋지만은 않았어요. 이젠 끼돌이에게 해줄 수 있는 게 별로 없다는 생각과 함께 상실감이 찾아왔어요.

독립에는 처절한 고통이 따르기 마련이에요. 읽기 독립이 어렵다면 부모님 마음을 먼저 들여다보세요. 부모 입장에서 아이를 읽기에서 독립시키지 않았을 때 일종의 달콤함이 있기 때문에 읽기 독립을 주지 못하는 건 아닐까요? 부모가 외로워서 내 아이를 독립시키지 못했다면, 이제 그만 아이를 놓아주세요.

부모가 많은 양의 책을 읽어주는 좋은 엄마, 좋은 아빠이고 의식에서는 '빨리 읽기 독립이 되어라'라고 하지만 무의식에서는 책을 읽지 못하게 방해하는 마음이 있을 수 있어요. 자신의 그런 마음을 알아차렸다면, 읽기 독립을 넘어 세상으로 훨훨 날아갈 수 있도록 아이를 도와주시기 바랍니다.

Q 책육아를 이제 알게 됐는데 너무 늦은 건 아닌가요?

A 책육아에 늦은 시기란 없습니다. 이제 알게 됐으니 '책'에 집중하는 것보다 '배려 깊은 사랑'에 집중해보세요. 아이가 아닌 나 자신에게 먼저 배려 깊은 사랑을 실천하세요. 수치심과 죄책감에서 벗어나 나를 재양육하는 시간이 필요합니다. 나를 먼저 치유해나가면서 그 힘으로 아이에게 책을 읽어주고 배려 깊은 사랑을 실천해보세요.

이때 아이의 실제 나이가 아닌 책 나이에 집중해야 합니다. 또래 아이들을 의식해서 높은 수준의 책부터 시작하는 것이 아니라 글밥이 낮은 수준의 책부터 차근차근 밟아나가야 해요. 책의 힘을 믿을 때 그리고 내 아이를 믿을 때 그 힘이 배가 된다는 것을 잊지 마시고 책육아를 실천해나가세요. 그러면 아이는 책육아의 꽃인 읽기 독립을 이룰 뿐만 아니라 배려 깊은 사랑을 듬뿍 받아 사랑 가득한 아이로 자랄 것입니다.

6장

영포자 엄마도 되는
엄마표 영어 책육아

내 아이는 나와 다르게 최고의 환경에서 좋은 것들만 누리고 살았으면 하는 것이 모든 부모의 바람일 것입니다. 저 역시 아이를 임신했음을 안 순간부터 정말 잘 키워야지 수백 번 다짐했습니다. 하지만 아이를 낳고 보니 예상대로 되지 않음을 느꼈어요. 아이가 하나도 예쁘지 않은 겁니다. 사랑이 샘솟고 감동의 눈물을 흘릴 줄 알았는데 그냥 서먹서먹하게만 느껴지는 내 감정에 당혹스러웠어요. 아이를 키우는 일은 더 녹록지 않았습니다. 수시로 아이들과 연결을 끊고 싶었고 아이들의 이쁜 짓에 감동하기보다는 알 수 없는 공허함과 외로움이 밀려들었습니다.

하지만 시간이 흘러 되돌아보니, 나와는 다르게 키우고 싶었던 그 마음이 사랑이었음을 알게 됐습니다. 영포자 엄마가 아이들에게 영어 책육아를 해보겠다고 숱한 시행착오와 힘든 고비들을 마주했는데, 그러면서도 포기하지 않았기에 그 이야기를 나눌 수 있게 됐습니다.

아이들만큼 엄마의 그림자를 정확히 비추는 존재는 또 없습니다. 밤새 아이가 좋아하는 책을 골랐어요. 고른 책을 아이들이 좋아하며 달려들 상상으로 한껏 들떴죠. 하지만 어김없이 무너지며 좌절을 맛봤고, 본전도 못 찾은 희생에는 반드시 분노가 따랐습니다. 내 안의 결핍을 마주하여 눌린 감정을 만나면서 아픈 나를 볼 수 있는 소중한 시간이 바로 육아였습니다.

육아서에 나오는 성공 사례들처럼 꽃길만 걸으면 얼마나 좋을까요. 그런 꽃길은 나에게도 반드시 존재합니다. 상대만 가지고 있고 나에겐 없는 것이 아닙니다. 남의 집 아이만 되고 내 아이는 안 된다는 믿음이 아무것도 선택하지 못하게 발목을 잡습니다. 무엇이든 해봐야 압니다. 생각으로 두려움을 넘을 수는 없습니다. 경험을 해봐야 나와 내 아이에게 맞는 방법도 찾아집니다.

영어 그림책은 특별한 엄마들이 특별한 아이들에게 읽어주는 책이 아닙니다. 아이를 무릎에 앉히고 쉽고 예쁜 영어 그림책을 읽어준다면 아이는 영어 이상의 것을 온몸으로 기억하게 될 것입니다. 영어 그림책을 통해서 엄마의 사랑을 표현하길 바랍니다. 오늘 바로 작은 것부터 시작하시길, 온 마음 담아 응원합니다.

두 아이를 언어 영재로 키운 육아 철학 ✳

❦ 영포자 부부의 단순무식 영어 책육아

하루에 버스가 두 번 다니는 시골 오지에서 자란 나는 중학교 1학년 때 영어를 처음 접했습니다. 알파벳을 중학교에 가서 처음 접한 거예요. 그런데 영어 선생님은 매번 15분 동안 필기하라고 하실 뿐 수업도 진중하게 이끌어나가지 않았습니다. 그렇게 3년간 같은 선생님한테 영어를 배운 나는 영포자(영어 포기자)가 됐습니다. 나만이 아니라 남편도 같은 학교 친구였기에 사정은 같습니다. 한마디로 부부 영포자였던 거예요. 그러니 내가 아이에게 영어책이라는 것을 사주기까지 얼마나 많은 망설임과 두려움이 있었을지 짐작이 갈 것입니다. 사실 영어로 된 그림책이 있다는 것조차 아이 낳고 처음 알았습니다.

처음에는 '나처럼 만들지 말아야지'에서 시작했습니다. 그렇게 중고 전집을 몇 날 며칠을 고민해서 골라 집에 들여놓고도 석 달을 못 읽어줬어요. 두려웠습니다. 영어라는 글자로 된 책은 마치 공원에서 갑자기 맞닥뜨린 외국인인 양 피하고 싶었거든요. '이걸 줘도 되나? 한글도 모르는 아이에게 괜히 줬다가 말더듬이 되는 거 아닌가? 자폐아 되는 거 아닌가?' 하는 두려움이 엄습했습니다.

그렇게 석 달 후 처음 꺼내서 읽어준 탈것 책 한 권을 아이는 마르고 닳도록 읽어달라고 했습니다. 스스로 꺼내서 볼 거라 착각한 엄마는 그제야 알았습니다.

'아이는 이 책이 있는 줄도 몰랐구나.'

처음엔 엄마가 읽어주면서 재밌게 가지고 놀게 해주어야 하는데, 난 영어가 무서운 엄마였던 겁니다.

전집을 사면 아이가 전권을 차례차례 볼 거라는 기대도 바로 깨졌습니다. 아이는 60권짜리 전집에서 오직 한 권만 읽었습니다. 그런데 어느 날 기차를 타러 가는 길에 두 돌도 안 된 아이가 "Off we go!"라고 하는 게 아닙니까. 순간 내 귀를 의심했습니다. 아이 입에서 영어가 튀어나오다니 보고도 듣고도 믿기 어려웠어요. 물론 단어 하나, 문장 한 줄 말했다고 해서 아웃풋은 아닙니다. 그 책 한 권을 무수히 반복했기에 가능했다는 걸 그때는 알지 못했습니다. 하지만 그 사건을 계기로 나는 아이에게 사심을 제대로 품었어요. '잘만 하면 내 아이 영재 만들 수 있겠구나' 하고 말입니다.

하지만 내가 꿈꾸는 대로 되는 게 거의 없었습니다. 일단 책 고르기부터 난관이었습니다. 고르는 족족 실패였죠. 어쩌다 괜찮은 책 같아서 읽어줄라치면 아는 단어가 하나도 없어서 '아이가 물어보면 어쩌지?' 하는 마음에 잠도 못 이뤘어요. 그래서 밤을 새워가면서 단어를 찾아 한글로 적어놓고 다음 날 읽어주곤 했습니다(그런 날이 있었다니, 지금 생각하니 눈물겹네요). 남편은 아이가 영어책을 들고 가면 이리저리 피하기 바빴어요. 내 눈치를 보면서 말입니다. 발음도 안 되지, 단어도 모르지 여간 난감한 게 아니었을 거예요. 아빠 마음을 훤히 아는 건지 아이는 유독 아빠에게 영어를 읽어달라고 했습니다. 남편의 발음을 듣고 있을 때면 정말 속이 부글부글 끓었어요. '그렇게 읽어주면 어떻게 해!'라고 외치고 싶었죠. 그래도 아이는 아빠가 읽어주는 영어책을 재밌다며 듣고 있었습니다.

그렇게 우리 부부는 영어 무식자인 상태로 영어 보드북들을 사다가 펼쳐놓고 아이에게 읽히기 시작했습니다. 단어도 모른 채, 발음도 구렁이 담 넘어가듯 읽었습니다. 어떤 책은 그냥 그림을 가지고 놀기만 했어요. 부모가 영어를 못해도 상관없다는 말은 진짜입니다. 아빠가 발음하는 소리를 듣고 아이가 키득키득 웃는 상황이 벌어졌어요! 아들은 우리 부부의 발음을 교정해주기 바빴습니다.

엄마표 영어를 시작하기로 마음먹었다면 이것저것 재는 데 시간을 보내지 말라고 말하고 싶습니다. 온라인 영어 서점을 일단 들어가서 책을 사시라. 그런 다음 틀어주고 읽어주시라. 이거면 됩니다.

지금 당장 스마트폰 맨 앞에 동방북스, 웬디북 같은 온라인 서점 앱을 다운받고 하루 정도는 시간을 내어 둘러봤으면 좋겠습니다. 처음엔 뭐가 뭔지 모르겠고 어지러울 수도 있습니다. 그럴 땐 다른 방법도 있지요. 요즘엔 재밌는 책들의 정보를 유튜브나 인스타 같은 통로로도 쉽게 찾을 수 있습니다.

🌱 아이의 관심사를 안다는 것은 아이를 보고 있다는 것

인기 있다는 책들, 남들 잘 듣는다는 노래를 틀어줘도 내 아이는 싫다고 말할 수 있습니다. 남의 집 아이들은 다 잘 본다는 ORT(옥스퍼드 리딩 트리)도 내 집 아이들은 안 볼 수가 있어요. 내 아이가 지금 무엇에 눈과 마음이 가 있는지 봐야 합니다. 엄마가 아이와 연결되어 있다면 지금 내 아이의 눈이 가 있는 곳이 어디인지 알 수 있습니다.

그럼에도 내 아이는 뭐 하나 딱히 좋아하는 게 없을 수도 있습니다. 넓고 얕게 탐험 중일 수도 있으니 왜 딱히 좋아하는 게 없냐고 다그치지 마세요. 오히려 그런 경우엔 웬만한 책들과 DVD가 잘 먹힐 수도 있습니다. 내 아이는 안 된다는 생각을 버리고 환경을 다양하게 만들어주는 시도를 해보세요.

우리 딸은 아기 때부터 디즈니 애니메이션 영화 〈겨울왕국〉에 빠져들었습니다. 아직 1단계도 충분하지 않은데 영화를 보게 됐으니 말리고 싶은 마음이 있었습니다. 하지만 중요한 건 아이가 원하는 것을 즐겁게 주는 것이었기에, 좋아하는 것을 더 좋아하도록 영화를 다운받아 더 몰입하게 해주었습니다. 그랬더니 딸은 〈겨울왕국〉 OST 가사를 완전히 외워서 불렀고, 영화 대사까지 다 외웠어요. 〈겨울왕국〉은 이제 디즈니의 다른 영화로도 확장됐으며 여섯 살 때는 내가 모르는 영화 내용을 설명해주기도 했습니다.

우리 아들도 탈것을 좋아하긴 했지만 그 관심이 몇 년씩 가지는 않았습니다. 탈것을 한참 좋아하더니 곧 레고로, 종이접기로, 운동으로, 게임으로 옮겨갔습니다. 그럴 때마다 관련 책이 없나 열심히 찾아봤습니다. 레고를 좋아할 때는《레고 시티》와 레고가 나오는 원서들, 레고 백과사전 같은 것들을 눈에 보일 때마다 사주었습니다. 그래서 읽기 독립도 결국 쉬운 레고 책 몇 권을 수없이 반복하면서 이루어졌어요. 나중에는《레고 닌자고》까지 책과 DVD를 즐기게 됐습니다.

아이가 특별히 관심을 보인다면 더없는 축복입니다. 그 관심사로 한글도 영어도 주면 깊이 몰입할 수 있어요. 만약 호기심의 폭이 넓다면 그 또한 좋습니다. 다양한 환경을 무난하게 노출해줄 수 있기 때문입니다. 어떤 상황에서도 내 아이에게 적합한 환경을 주겠다는 엄마의 선택과 아이를 믿는 마음만 있다면, 아이는 우리 세대처럼 힘들고 어렵게 영어를 접하지 않아도 될 것입니다. 두 아이를 통해 경험해왔기에 나는 이제 어떤 아이를 만나도 책을 좋아하게 만들 자신이 있습니다. 영어 책육아가 아이들 안의 큰 힘을 끌어낸다는 사실을 10년이 넘는 세월 동안 보아왔으니까요. 그것은 내 안에 믿음이 있기 때문이기도 합니다. 책의 힘을 믿고 나와 아이들이 사랑임을 믿는 힘입니다.

🌱 맘껏 놀아야 엉덩이가 무거워진다

새 책을 들여와도 아이들은 시큰둥하고 나 몰라라 하는 날이 많았어요. 엄마는 고심고심해서 큰돈 들여 책을 사줬건만 아이들은 그 마음을 헤아려주지 않았습니다. 그 고생에 감동하여 열심히 읽어주는 모습도 아이답지 못하다는 건 알겠는데, 엄마들은 "와, 새 책이다! 재밌겠네" 하면서 달려드는 모습을 기대하곤 하죠. 하지만 아이들은 엄마가 새 책 들인 날 놀이터에서 무한 그네타기가 더 하고 싶을 수도 있습니다. 집에서 블록 쌓아서 하는 기차놀이가 더 재밌는 날일 수도 있어요.

오늘 하루 책을 안 읽는다고 해서 책하고는 담쌓은 아이 바라보듯 해서는 안 됩니다. 아이가 놀고 싶어 하는 날엔 엄마도 같이 놀면 돼요. 아이하고 놀아주는 게 가장 힘들다는 엄마들을 많이 봤습니다. 청소는 온종일 하고 집안일은 쉴 새 없이 해도 아이랑 앉아서 놀아주는 것이 훨씬 더 힘들게 느껴진다고 하죠. 어릴 적에 부모가 나와 놀아준 기억이 없다면 내 아이가 "엄마 놀자"라고 할 때 더 괴로울 수 있습니다. 지금이라도 내 놀이를 하고픈 욕구가 있기에 "나 좀 내버려 둬" 하는 마음이 저 깊이에서 꿈틀거리죠.

이럴 때는 차라리 야외로 나가보는 것도 좋습니다. 아이들은 몸을 움직여 놀아야 합니다. 시간 제약도 없고 어떤 개입도 없는 놀이를 하면서 아이들은 많은 것을 배웁니다. 일일이 따라다니면서 다칠까,

실컷 놀다 온 날이면 현관에 들어서 자마자부터 꼼짝하지 않고 앉아 책을 보곤 했습니다.

위험할까 전전긍긍할 필요가 없습니다. 어린아이라면 엄마 보호 구역 안에서 놀게 하고, 큰 아이들이라면 엄마는 책 한 권 들고 나가서 읽고 아이들은 땅 밟고 땀 흘리며 마음껏 놀게 하세요.

실제로 그렇게 한 날 우리 아이들은 현관문을 들어서서 신발도 벗지 않은 채 독서 삼매경에 빠지곤 했습니다. 그렇게 1~2시간을 몰입해서 책을 읽은 뒤 깊은 잠에 빠져들었습니다. 온 에너지를 다 쓰고 논 날이면 어김없이 집에서는 몇 발짝 걷지도 않고 책만 보다가 조용히 잠들곤 했어요.

🌱 영어 그림책, 감정을 담아 읽어주자

저는 말도 못 하는 아기들에게 책을 읽어준다는 것을 상상해본 적도 없던 사람이었습니다. 그런 경험을 해본 적이 없기에 알지 못했던 거예요. 육아서를 접하고 책을 읽어주어야 한다는 것을 알게 됐지만, 어떻게 읽어줘야 할지 어색하고 오글거리기만 했습니다.

그러던 중 친구 집에 갔다가 친구가 아기에게 구연동화를 해주는 것을 보고 엄청난 충격을 받았습니다. 저의 큰 장점 중 하나는 '좋아 보이면 무조건 따라 한다'예요. 어설프게나마 나도 목소리를 바꿔가며 재미있게 읽어주기 시작했습니다. 그렇게 하다 보니 슬슬 재미있어지는 거예요. 마치 연극 연습을 하는 것 같기도 했고, 책 읽어주는 것이 일이나 숙제처럼 느껴지지 않았습니다.

처음에 아이가 책을 좋아하게 만들려면 감정을 담아 읽어주면 좋습니다. 물론 책의 바다에 빠져 앉은자리에서 50권씩 보거나 밤새 보려고 할 때조차 이렇게 읽어주라는 건 아닙니다. 그럴 때는 양만 채워줘도 충분합니다. 엄마가 입으로는 글자를 읽고 머리로는 딴생각을 해도 아이는 즐거워합니다.

🌱 한 페이지 가지고 놀아도 된다

식탁 리딩을 하려고 책을 다섯 권쯤 챙겨놓고도 한 권은커녕 한 페이지로 식사 시간을 다 보낼 때가 많았습니다. 아이가 무언가 꽂힌 장면에서 넘어가려 하지 않는 거예요.

우리는 보통 '이 한 권을 다 읽어주어야지' 하는 마음이 크지만, 아이는 마음에 드는 페이지에서 수다 삼매경에 빠집니다. 그럴 때는 한 페이지 가지고 충분히 놀아주세요. 배경 그림도 꼼꼼히 보고, 그림으로 이야기꽃을 활짝 피워보세요. 우리가 보지 못하는 디테일을 아이들은 봅니다. 진하게 즐긴 그 한 페이지는 챙겨둔 다섯 권의 책보다 더 큰 것을 남겨줍니다. 영어책은 엄마가 사랑을 표현하는 도구가 되어야 함을 잊지 마세요.

> **영어책 = 장난감 = 게임 = 놀이**

우리 부모들에게는 책은 좋은 것이고 장난감이나 게임은 나쁜 것이라는 믿음이 짙게 깔려 있습니다. 하지만 아이들은 어떨까요?

저희 큰아이가 어느 날 자기가 사고 싶은 장난감을 안 사주니 이런 말을 했습니다.

"엄마는 책은 많이 사주는데, 장난감은 왜 사달라고 할 때 안 사줘?"

그림 영어책이지만 아이에게는 엄마랑 즐거웠던 가면 놀이일 뿐이고 그사이 자연스레 어휘를 익히게 됩니다. 아이는 공부해서 영어를 알게 되었다고 생각하지 않지요.

그래서 내가 "그럴 때 어떤 기분이야?"라고 물어봤어요.

"엄마가 날 안 사랑하는 것 같아. 내가 사달라고 하는 것은 안 사주고 엄마가 사주고 싶은 것만 사주니까."

아이의 대답을 듣고 정말 놀랐어요. 책을 마음껏 사주니 좋아할 줄 알았는데, 아이는 자기가 원하는 것을 얻지 못해서 엄마가 자기를 사랑하지 않는다고 느꼈던 거예요.

아이에게는 책이나 장난감이 같은 것이 되어야 합니다. 즐거우니 보고, 좋아하니 가질 수 있어야 합니다. 책을 보는 것도, 게임에 몰입하는 것도, 장난감에 빠져 사는 것도 즐거움이 주는 행복은 모두 같습니다. 그것에 옳고 그름의 잣대를 들이대는 것은 언제나 우리 부모입니다. 몰입은 나쁠 것이 없습니다. 아이들에게는 책이 주는 기뿜이나 게임이 주는 기쁨이나 장난감이 주는 기쁨이 같은 행복입니다. 무엇에서든 깊은 몰입의 기쁨을 맛본 아이는 좋아하는 일에 도전하고 목표를 이뤄냅니다. 아이가 진짜 원하는 것을 막으면 정작 해야 할 일에서도 의욕이 없어질 수 있어요. 아이는 순수합니다. 재밌으면 하고 재미없으면 안 합니다. 좋아하는 것을 할 수 있는 자유를 준다면, 자기 안에 있는 힘을 믿고 무엇이든 도전하며 행복하게 삶을 일궈나갈 것입니다.

🌱 기대치를 낮추자

'책을 읽어주면 적어도 나보다는 나은 삶을 살겠지'라는 생각에서 시작했지만, 아이가 어휘력도 뛰어나고 말도 빠르고 한글도 빨리 떼는 것을 보니 신기하기도 하면서 욕심이 나기 시작했습니다. '나도 영재를 만든 엄마가 될 수도 있지 않을까?' 하는 마음이 들면서 힘이 들어가기 시작했어요. '한 권 더 읽었으면', '새 영어책을 사줄 때 좋아서 달려들었으면', '사람들 앞에서 영어로 발화(發話) 좀 했으면' 하면서 매 순간 욕심과 집착으로 아이의 눈빛을 외면하기 시작했습니다.

아이는 엄마의 그 사심을 귀신같이 알아차렸어요. "영어 싫어!"를 남발하며 외국인 앞에서도 일부러 우리말만 했습니다. 아이가 영어를 직접 사용해보았으면 해서 괌 여행을 갔건만, 아이는 '헬로' 한마디도 하지 않고 4박 5일을 수영만 하다 왔어요.

전 그날 이후로 모든 것을 내려놓았습니다. 내가 들이밀수록 아이는 내가 원하는 방향과 멀어진다는 걸 알게 됐기 때문이에요. 영어 노래를 듣고 영어 그림책을 한 권이라도 보고 자란 아이라면 적어도 나처럼 중학교 때 영포자가 되지 않을 거고, 하고 싶은 일을 영어 때문에 접어야 하는 좌절도 겪지 않을 거라고 믿었습니다. 하지만 이제 아이가 초등학교 3학년이 되어 학교에서 영어를 배울 때 외계어처럼 들리지만 않아도 된다고 기대치를 낮췄어요. 그러자 영어가 더는 집착의 대상이 아니라 해도 좋고 안 해도 괜찮은 가벼운 일상이 되어갔습니다. 그 덕에 아이들과 더 즐겁게 영어책을 가지고 놀게 됐죠.

진짜 엄마표 영어란 무엇일까

✿ 진짜 엄마표 영어

'엄마표'라는 말이 유행처럼 번지던 시기가 있었습니다. 지금은 많이 일반화되기도 했고, 심지어 학원에서조차 엄마표를 내세우기도 합니다. '엄마표를 배우는 학원'인 셈이죠. 엄마가 주도하면 속도는 빠릅니다. 하지만 그것이 일방통행식, 주입식 교육과 무엇이 다를까요?

모국어를 평생 말하고 읽고 쓰듯이, 영어도 멀리 보고 가야 합니다. 엄마가 환경과 정보를 주되, 선택은 아이가 할 수 있게 하는 것이 진정한 엄마표입니다. 어떤 책을 읽을지, 얼마나 읽을지, 어떤 영상을 볼지를 아이가 정할 수 있어야 합니다. 단기간에 성적을 내고 끝내는 시험이 아닙니다. 일상에 녹아들어 익숙하게 돌아가야 오래갑니다. 공부가 되고, 숙제가 되고, 부담이 되면 엄마도 아이도 머지않아 좌절과 함께 포기하게 됩니다.

엄마표 영어는 다양한 그림책과 영어 소리로 된 DVD나 CD, 유튜브, 넷플릭스, 그 밖에 여러 가지 앱을 활용해서 영어 소리를 노출해주고 엄마의 목소리로 그림책을 읽어주면 됩니다. 예전엔 활용할 수 있는 도구들이 많지 않았지만, 지금은 무척 다양해졌습니다. 환경도 손쉽게 마련해줄 수 있고요.

🌱 영어가 두려운 엄마의 마음 들여다보기

그런데도 아이들을 그 비싼 영어 사교육 시장으로 데려가는 데엔 여러 가지 이유가 있습니다. 그중 가장 큰 것은 엄마가 영어에 대한 두려움이 있어서 아이에게 주지 못하기 때문입니다. 내 발음 때문에 아이가 잘못 배울까 싶어서 또는 내가 영어를 너무 못해서 아이에게 안 좋은 영향을 줄 것 같은 두려움이죠.

물론 학원도 아이가 필요로 한다면 잘 활용하면 됩니다. 하지만 어린 나이의 아이들을 너무 일찍 읽고 쓰게 하는 학원에 보내면, 결과적으로 영어에서 점점 멀어지게 할 뿐입니다. 심지어 빨리 읽게 하고픈 마음이 앞서 학원에 가서 6개월 이상 파닉스를 배우게 하는 엄마도 있습니다. 아무리 좋은 학원이라도 결과를 내지 않으면 엄마들이 찾을 리 없죠. 그런 이유로 학원에서는 아이들의 성향이나 관심사에 맞추어 영어 교육을 하기가 쉽지 않습니다.

사교육은 엄마의 불안과 죄책감을 덜어주는 데 한몫합니다. 하지만 아이의 선택이 아니라 엄마의 불안감을 잠재우기 위한 것이기에, 결국 '영어는 재미없는 공부'라는 인식을 돈 들여가며 심어주는 것이나 다름없습니다. 아이들은 그림책으로도 얼마든지 읽는 능력을 습득할 수 있습니다.

우리 첫째에게 17개월에 처음 영어책이란 걸 사주었고 그때부터 용기 내서 한 권씩 읽어주었습니다. 나도 가보지 않은 세계라서 두려웠습니다. 주변 엄마들은 한글도 모르는 애한테 영어책을 읽어준다며 걱정스러운 눈빛을 보내기도 했습니다. 하지만 나는 모국어를 배우는 원리 그대로 다른 언어도 배울 수 있지 않을까 생각했습니다.

나의 그 믿음은 적중했습니다. 세 돌이 지날 즈음 아이는 내 커피잔에 쓰여 있는 'hot'이라는 단어를 읽었습니다. 그리고 뜨거우니 조심하라더군요. 그 순간 '아, 되는구나! 그림책으로 다른 나라 언어도 되는구나' 하고 믿게 됐습니다. 그날부터 나는 앞만 보고 달려왔습니다. 아웃풋은 잊었어요.

물론 중간중간 집착을 하기도 했고, 슬럼프도 당연히 왔고요. 아이가 지독히 거부하는 시기도 있었습니다. 그럴 때마다 아이의 눈빛을 잃지 않으려고 무진 애를 썼습니다. 영어 하나 잘하게 되는 게 아이의 삶에서 전부가 아니기에 아이의 형편과 마음을 가장 우선에 두었습니다. 언제나 그랬듯이 '환경을 주되 선택은 아이가'라는 원칙을 무너뜨리지 않았습니다.

엄마표 영어를 성공으로 이끄는 환경

✿ 부엌의 서재화

한때는 거실을 서재로 꾸미는 게 유행이었습니다. 저 역시 아이를 잘 키워보고자 TV를 없애고 거실에 책장을 놓았습니다. 거실에 책장을 놓으면 아이가 책에만 빠져 살 줄 알았습니다. 제가 집안일을 하고 있을 때면 거실에서 얌전히 책을 읽고 있는 아이의 등짝을 기대했어요.

하지만 현실에는 너무나 많은 변수가 있었습니다. 거실에 책장도 놓고, 소파도 적절히 배치하고, 책도 구비해놓았지만 아이가 나만 따라다니는 거예요. 거실이 아무리 책 읽기에 딱 좋은 환경이라도, 엄마가 철퍼덕 앉아서 아이와 함께 연결되어 있을 때만 아이도 안심하고 책을 봅니다. 그런데 저는 아이를 어떻게 하면 떨어뜨려 놓을까 하는 사심이 가득했어요. 아이가 어릴 때는 부엌에서 이유식도 만들어야 하고 아이 끼니와 간식 같은 것도 챙겨야 해서 부엌에 있는 시간이 많았습니다. 아이는 잘 놀다가도 제가 부엌으로 가면 와서 제 발밑에서 놀거나 제 바지를 잡고 서 있는 거예요. 거실에서 놀 줄 알았지만 정작 거실에 있는 시간은 제가 있을 때만이었어요.

그래서 그때 부엌에 책장을 놓자고 생각하게 됐습니다. 일단 식탁을 과감히 치웠습니다. 산 지 얼마 안 되는 식탁이었지만 지금 더 필요한 것이 무엇인지 생각했습니다. 아주 버리기는 아까워서 한쪽으로 치워두었는데, 나중에 동생이 태어나자 동생에게 방해받지 않을 큰아이의 공간을 만들어주는 용도로 아주 잘 활용할 수 있었어요.

주저하지 않은 나의 선택은 아주 탁월했습니다. 아이는 내가 설거지하고 밥하는 시간에 언제나 엄마 가까이에서 놀았고, 알록달록 책들이 부엌에 있으니 자연스레 몰입이 이어졌어요. 요즘에는 스틸 냉장고가 나오니 냉장고를 자석칠판으로 활용하면 좋습니다. 영어 글자들을 여러 세트 사서 붙여두면 아이가 잘 가지고 놀아요.

그날부터 지금까지도 우리 집엔 언제나 부엌에 책장이 들어가게 됐습니다. 식탁에서 밥 먹는 것을 포기해야 하는 것은 아닙니다. 요즘엔 다행히도 부엌을 더 넓게 만드는 추세여서 식탁을 놓고도 책장을 조그맣게라도 놓을 수 있는 공간이 확보됩니다. 만약 그것도 여의치 않다면 식탁 위에 미니 책장을 놓고 활용하면 됩니다. 손을 뻗으면 닿는 곳에 책을 놔둬야 엄마가 책육아를 실행할 수 있습니다.

남들 다 하는 그런 환경 말고, 나에게 적합한 환경을 주도적으로 만드는 것도 좋습니다. 식탁을 꼭 쓰고 싶다면 식탁과 책장을 'ㄴ' 자로 연결해서 배치해보세요. 밥 먹다가 손이 심심한 아이들이 책을 빼서 볼 거예요. 아이들이 커가면서 안 보는 책들이 생기더군요. 그 책들을 식탁과 연결된 책장에 꽂아두었습니다. 그랬더니 안 보던 영어책이었는데 모두 활용하게 되었어요. 역시 환경이 중요하다는 걸 다시 한번 깨달았습니다.

🌱 책통장을 만들자

우리 친정은 흰쌀밥을 먹기 힘들 정도로 가난했습니다. 그런데 더 가난한 환경의 남편을 만났어요. 20년 된 월세 아파트인 제 자취방에서 신혼을 시작했습니다. 아이를 낳고도 가난에서 쉽게 벗어나지 못했습니다. 아이를 낳기 전까지는 저도 일을 했지만 첫아이가 태어나자마자 일을 그만두었습니다. 어릴 적 엄마 없이 너무 외롭게 자란 탓에 아이가 생기면 무조건 일부터 그만두리라 다짐했거든요.

외벌이로 아이를 키우게 되자 아이에게 책을 사주는 것이 보통 부담스러운 일이 아니었습니다. 새 전집 하나 사주려면 한 달 생활비와 맞먹는 가격이라 손이 덜덜 떨렸습니다. 그래서 늘 중고 시장을 기웃거릴 수밖에 없었어요. 그런데 영어책은 중고로 구하기가 쉽지 않았습니다. 한글책은 꼭 관심사가 아니어도 아이가 읽어주었지만 영어는 그렇지 않았습니다. 혹하는 그림책이거나 본인의 관심사여야지만 읽었기 때문에 아무 책이나 살 수가 없었어요. 그러다 보니 중고 책을 찾다가 날을 새는 일도 허다했습니다.

그렇게 잠 못 자고 다음 날엔 힘드니까 육아에 지치고 아이에게 화가 나기 일쑤였습니다. 나라에서 주는 양육수당은 늘 어디다 썼는지도 모르게 사라져버리곤 했습니다. 이미 생활비로 다 나가버린 거지요. 그래서 그때부터 '나는 굶어 죽는 한이 있어도 이 돈만은 책을 사주는 데 쓰리라' 다짐하고 만든 게 책통장입니다. 안 그러면 이 중요한 시기에 돈 때문에 아이에게 책 사주길 망설일 것 같았습니다.

아이의 책 몰입 시기에는 돈이 들어오기 무섭게 통장이 텅텅 비었습니다. 그런데 시간이 지나자 돈이 쌓여서 목돈이 되기도 했습니다. 뜻밖에 돈이 생길 때도 이곳에 넣어놓고 책 사는 일에만 썼어요. 우리 집에는 책통장의 돈으로 사 온 책이 (세어보지는 않았지만) 5,000권은 훨씬 넘는 듯합니다. 그리고도 지금 내 책통장은 배가 빵빵합니다. 마르지 않는 샘같이 느껴집니다. 그 덕분에 책 사는 일에 망설이느라 보내는 시간이 줄어들었어요. 지금은 우리 가족이 보는 모든 책을 이 통장에서 지출해 삽니다.

아이의 책통장을 만들어보세요. 책을 좋아하는 아이를 보게 되는 건 당연하고, 집에 책은 늘어나는데 통장에는 돈이 마르지 않는 마법을 경험하게 됩니다.

🌱 나들이 땐 책 도시락, 여행 갈 땐 책가방을 싸자

아이가 어릴 땐 종일 붙어 있어야 하니 하루가 참 길죠. 봄이 되면 꽃이 피고 날도 풀려 엄마인 내 가슴은 자꾸 밖으로 향합니다. 그럴 때는 아이랑 뒷산, 근처 공원, 하다못해 아파트 정원에라도 나가보세요. 아이를 위해서가 아니라 엄마를 위해서입니다.

저 역시 아이를 위해서가 아니라 나를 위해 매일 한 번은 나갔습니다. 물론 그것도 아이가 '안 나가 병'에 걸리면 쉬운 일이 아니었지만, 아이가 거부하지 않을 때는 가벼운 산책이라도 꼭 나갔어요. 그럴 땐 읽든 안 읽든 책을 꼭 가지고 나갔습니다. 물론 먹을 음식도 꼭 쌌죠. 나가서 할 일이 진짜 없으면 경치 좋은 데 앉아서 맛난 간식을 먹으면서 책 한 권 꺼내 읽고 오기도 수없이 했습니다. 제일 많이 간 곳은 아파트 뒷산이었습니다. 아무것도 하지 않아도 산길을 걷고 나무와 초록을 보고 오는 것만으로도 하루가 잘 가고 에너지가 충전됐어요.

아이에게만 좋은 육아는 희생입니다. 희생하는 육아는 오래 못 가요. 내 부모로부터 사랑과 보살핌을 충분히 받지 못했다면 육아는 더욱 힘이 듭니다. 그러니 내면의 어린아이도 함께 키워야 합니다. 아이도 좋고 나도 좋은 육아를 해야 합니다. 저에겐 길고 지루한 육아의 시간을 버티게 해준 것 중 하나가 여행이었습니다.

저는 원래 여행을 좋아했는데 아이를 낳고는 경제적으로도 힘들고 아이 때문에 부담스러워서 쉽게 용기가 나지 않았습니다. 하지만 내가 좋아하는 것을 조금씩 하면서 아이를 키워야 엄마도 행복하고 아이도 행복합니다. 처음으로 용기를 내어 아이와 단둘이 여행을 떠나본 게 아이가 17개월 때입니다. 남편이 멀쩡히 있는데도 아이와 단둘이 여행을 가서 자려니 서글프고 혼자된 것 같고 적응하기 힘들고 무서웠어요. 그런데 아이는 너무 좋아했습니다. 다른 환경에서 아이를 보니 색다르게 느껴졌어요. 나랑 아이가 더 진하게 연결되는 느낌이었습니다.

그때부터는 아이와 단둘이 짧은 여행을 자주 다녀왔습니다. 아이는 그 추억들을 아직도 꺼내어 곱씹습니다. 여행을 준비하면서 제가 제일 먼저 하는 일은 책가방을 싸는 것이었습니다. 물론 새로운 환경에 가서 진득하니 책에 몰입하기란 힘들죠. 대단한 걸 기대하는 게 아니라 심심할 때 숙소에서도 자연스럽게 책과 연결되는 시간을 갖기 위해서였어요. 여행이나 집안 행사로 친정이나 시댁에 갈 때 또는 명절 때는 책과 담을 쌓기가 쉽죠. 언제 어디서나 책으로 하루를 마무리하는 게 습관이 되길 바란다면 책가방을 열심히 싸면 됩니다.

🌱 많이 보여주고 많이 들려주자

아이들이 '엄마'라는 한 단어를 말하기까지 '엄마'라는 소리를 얼마나 많이 들어야 하는지 다들 알지요. 아기들은 '엄마'라는 글자를 읽지도 쓰지도 못하지만, 말은 먼저 하죠. 그만큼 듣는 것이 가장 먼저

하루 중 가장 많이 오가는 복도를 그냥 두기가 아까워 책을 꽂아두었더니 안 보던 책들이 더 잘 활용되었습니다.

이고, 많이 들으면 말하게 됩니다.

그런데 우리 엄마들은 아이가 빨리 글자를 읽기를 바랍니다. 여기에는 여러 가지 이유가 있을 겁니다. 아이를 통해 엄마의 유능감을 채우고 싶은 욕심이 있을 수도 있고 하루빨리 읽기 독립을 시켜서 육아에서 해방되고 싶은 마음도 있을 것입니다. 하지만 듣기가 충분히 되어야 읽기도 됩니다. 많이 들려주고 많이 보여주면, 아이는 이미지와 소리를 매칭해나가면서 말을 하게 됩니다.

저는 첫아이 때 한글과 영어 낱말카드를 집 안 사물에 다 붙여두었습니다. 한번 붙여두면 크게 손이 갈 일이 없기에 큰맘 먹고 해봤습니다. 1년이 가도 아이에게 큰 변화가 없어서 소용없나 보다 하고 포기할 때쯤 아이가 그 낱말들을 전부 알고 있다는 사실을 깨닫게 됐습니다.

그다음부터는 온 벽에 글자들을 노출하기 시작했습니다. 많이 들려주면 말을 하듯이, 많이 보여주니 글자를 인식해나가더군요. 영어 글자뿐만 아니라 숫자, 한자, 구구단 그리고 아이에게 들려주고 싶은 좋은 글귀들을 빈 벽에 채웠습니다. 나의 믿음대로 아이는 호기심을 가지고 지식을 흡수하고 있었습니다.

책을 충분히 읽어주는 것도 글자 노출입니다. 제가 하루하루 그냥 영혼 없이 했던 일 중 하나가 책 제목을 짚어주는 것이었습니다. 그만큼 책은 노출이 기본입니다. 한글책도 꽂아두기만 한다면 아이가 스스로 알아서 읽지 않습니다. 처음에는 엄마가 이런 책이 있음을 아이에게 제시해주고 행복한 느낌을 갖도록 분위기를 만들어주어야 해요. 책꽂이에 가지런히 예쁘게 꽂아둔다고 해서 보는 게 아닙니다. 더군다나 영어책은 그럴 가능성이 더 크죠. 빈 벽에라도 세워두고 펼쳐두어서 눈에 띄게 하세요. 제목에 쓰여 있는 큰 제목을 보는 것만도 노출입니다. 책 표지의 그림을 보면서 아이는 호기심을 갖게 됩니다. 아이를 믿으세요. 엄마의 믿음이 내 아이를 영어 잘하는 아이로 만듭니다.

영어 책육아의 키포인트

❧ 한글책 읽는 습관이 먼저다

많이 받는 질문 중 하나가 "영어유치원 보내도 될까요?"입니다. 요즘엔 더 비싸졌다고 하니 아마 월 100만 원은 훌쩍 넘지 않을까 싶습니다. 물론 아이의 발달 상황을 잘 이해하고 놀이로써 좋은 환경을 주면 괜찮겠지만, 아직 한국말도 서툰 아이에게 영어 환경을 주겠다고 그 비싼 영어유치원에 밀어 넣는 건 좀 고민해볼 일입니다.

영어유치원은 이미 가정에서 엄마의 영어 그림책 읽어주는 소리를 충분히 들어서 모국어와 차이를 별로 느끼지 못하는 아이들에게는 좋을 수도 있습니다. 단, 아이의 발달 단계에 맞아야 하고 스트레스 받지 않고 영어를 접할 수 있는 곳이어야 합니다. 집에서 영어 그림책 한 권 노출되지 않고 영어 노래를 신나게 들어보지 않은 아이에게 영어유치원이란 답답하고 스트레스만 받는 곳이 될 수도 있습니다. 유아 시기의 아이들에게는 모국어 어휘 수준이 영어보다 더 높아야 합니다. 제 주변에도 영어유치원에 보냈다가 초등학교 때까지 영어를 전혀 하지 못하는 부작용을 겪고 있는 아이들이 있습니다.

또한 영어유치원에 보내는 이유가 엄마가 집에서 전혀 영어 환경을 줄 수 없어서라면 더더욱 고민해보길 바랍니다. 영어유치원에 보내면 엄마가 뭔가 따로 해주지 않아도 된다는 안도감에 집에서 더 노출을 하지 않게 될 수도 있으니까요. 그러면 결국 기대만큼 큰 효과는 거두지 못하게 됩니다.

유아 시기의 아이에게는 한글책을 읽어주는 틈틈이 영어책도 한두 권씩 끼워서 읽어주고 신나는 챈트나 노래를 들려주면 됩니다. 한글책을 읽어줘야 하는 이유는 모국어를 통해 어휘력이 늘어나고,

이에 따라 이해력도 높아지고 유추하는 힘도 길러지기 때문입니다. 생각해보세요. 영어 그림책도 결국 책인데 한글 그림책도 많이 접해보지 않은 아이가 영어책을 읽기 쉬울까요? 결국 책을 좋아해야 영어책도 읽게 됩니다.

우리 큰아이도 신기하게 한글을 떼고 3개월 뒤 영어를 읽게 됐습니다. 영어책을 그리 많이 읽어준 것 같지 않았기에 저로서는 믿기지 않았습니다. 지나고 나서 보니, 한글책을 충분히 읽어 어휘력도 좋았고 글자의 원리를 터득했기에 영어도 수월했던 것이었습니다. 그 경험을 한 뒤 둘째에게도 한글책을 더 열심히 읽어줬고, 영어책도 모국어와 구분 없이 즐길 수 있었습니다.

🌱 소유의 시기에는 채워주자

책값이 부담되기에 도서관을 이용하는 경우도 많습니다. 물론 저도 지금은 도서관을 적극적으로 이용합니다. 하지만 아이들이 어렸을 때는 웬만하면 책을 사주었어요. 아이마다 성향이 다르겠지만, 우리 아이는 빌려온 책은 어찌 그리 잘 아는지 마치 '너는 금방 떠날 아이니까 정을 주지 않을 거야'라고 하는 것 같았습니다. 그러고 보니 우리 아이는 반복해서 책을 보는 아이였습니다. 두고두고 몇 년씩 같은 책을 봤습니다.

아이들은 책에 대해서도 낯가림을 합니다. 우리 아들은 심지어

1년 가까이 쳐다도 보지 않던 책이 있었어요. 얼마 후 한번 빠져들더니 수백 번 봤지만요. 새 책이 오면 보란 듯이 모른 척하더군요. 그럼 그냥 현관이랑 복도에 깔아두고 오며 가며 보게 했어요. 그러다 보면 아이가 조금씩 그 책 가까이 다가가더라고요.

도서관에서 빌려온 책은 책에 호기심을 줄 때쯤 사라져버리죠. 더 보고 싶어서 생각나도 그 책은 이미 없습니다. 그리고 엄마들은 빌려온 책에 대한 부담감이 있습니다. 아이들은 책을 어른처럼 깨끗이 보기 힘들잖아요. 더 어린 아가들은 물고 빨고 온몸으로 책과 뒹굴어야 하는데, 빌려온 책에 침이라도 흘리는 것을 보면 엄마들은 화들짝 놀라기 마련입니다. 그때문에 아이들도 책에 마음을 주기 쉽지 않을 거예요.

아이들은 책 한 권에 있는 글자를 익히고 지식을 습득하는 것이 아니라 그 책이 주는 행복한 기억과 함께합니다. 엄마와 즐겁게 보고 듣고 눈빛을 주고받았던, 쫑알쫑알 옹알이하며 또는 수다를 떨며 봤던 그 좋은 느낌을 기억합니다. 이런 좋은 기억이 한 권, 두 권 쌓인다면 책을 싫어할 이유가 없겠죠.

🌱 몰입기와 휴식기

어릴 때부터 책 읽는 환경을 마련해주고 간단한 보드북을 읽어주다 보면 "또! 또!"를 외치며 책을 반복해서 읽어달라고 하는 시기가 옵니다. 우리 집 두 아이도 그랬고, 대부분 아이에게 그 시기가 온다는 것을 많은 사례를 통해 알고들 있을 겁니다. 보통 고요한 밤에 책을 읽느라 잠을 자지 않는 아이들이 많습니다.

하지만 그것도 아이마다 다를 수 있음을 큰아이를 통해 알게 됐습니다. 다른 애들은 밤에 책을 읽느라 낮과 밤이 바뀐다는데 우리 아들은 그렇지 않은 것입니다. 대신 온종일 놀다가 책, 자다가 책, 밥 먹다가 책 하면서 밤이 되면 제시간에 꼬박꼬박 자는 거예요. 그땐 마음속에 우리 애는 영재가 되긴 글렀나 하는 의구심이 있었습니다. 보통 낮과 밤이 바뀔 정도로 몰입이 이루어져야 영재 아닌가 하는 틀이 있었기 때문입니다. 지금 우리 아들은 200페이지 글줄 책을 찍어서 읽는 속독이 가능하고, 엄청난 독서광입니다. 낮에 충분히 읽고 싶은 욕구가 채워졌기에 밤에는 자는 것입니다. 우리 둘째는 또 밤에만 책을 읽습니다. 낮에는 거의 놀이나 그림에 빠져 살아요.

이처럼 아이들은 저마다 다릅니다. 남의 집 기준에 내 아이를 끼워 맞추지 마세요. 내가 뭘 잘못해서도 아니고 아이가 부족해서도 아닙니다. 그저 다른 것뿐입니다. 아이를 고유하게 키운다는 것은 바로 이런 다름을 인정하는 것입니다. 낮과 밤이 바뀌든, 낮에만 읽든, 밤에만 읽든 다 몰입입니다. 이런 몰입을 엄마가 지켜줄 수 있는지가 중요한 거지, 언제 어떻게 몰입이 오는가는 중요한 문제가 아닙니다.

이런 몰입이 오면 엄마는 좋기도 하지만, 한편으론 두렵습니다. 특히 처음 아이를 키우는 엄마라면 애가 책만 읽다가 이상해지는 건 아닐까 하는 두려움이 생깁니다. 자신이 경험해보지 못한 세상이기에 그럴 수 있습니다. 또 어린아이가 너무 책만 읽으면 자폐아가 된다는 말이 떠돌기도 했습니다. 아직도 이런 말을 하는 엄마들을 볼 때면 안타깝습니다. 물론 아이의 발달 상황을 고려하지 않고 욕구와 감정도 무시한 채 강압적으로 책을 읽힌다면 당연히 아이는 몸과 마음을 다칠 수 있겠지요. 하지만 엄마가 품에 안고 사랑의 표현으로 책을 읽어준다면, 아이는 배움을 즐거워하는 아이로 자랍니다. 또 엄마의 무의식에 질투가 있다면 아이가 책을 가져와서 읽어달라고 할 때 화가 나기도 합니다.

저는 위의 두 가지 경우에 다 포함되는 엄마였습니다. 더 일찍 영어책을 노출해줄 수도 있었는데 한국말도 모르는 아기에게 다른 언어를 주면 아이가 말더듬이가 될 것 같았습니다. 그리고 책 잘 읽는 아이로 만들고 싶어서 책도 많이 샀지만, 아이가 책을 자꾸 가져와 읽어달라고 하면 화가 났어요. '난 이런 책 구경도 못 해봤고 우리 엄마는 나한테 책이란 걸 읽어준 적도 없는데 내가 어떻게 읽어줘' 하는 무의식의 아픔이 있었다는 것을 나중에 알게 됐습니다.

엄마의 이런 내면의 상처를 자각하고 받지 못한 슬픔을 풀어내고 나면 아이가 몰입기가 왔을 때 좀더 행복하게 책을 읽어줄 수 있습니다(이를 해결하는 방법은 뒤의 '내 아이도 되는 영어 영재로 키우는 법'에서 자세히 다룹니다). 아이에게 몰입 시기가 왔을 때는 아무리 볕이 좋고 꽃이 날려도 아이는 책만 보자고 하고 밖을 안 나갑니다. 그럴 때 너무 서운해하지 않아도 됩니다. 휴식기가 오면 아무리 재미난 책이 새로 와도 하루에 한 권도 안 읽을 때가 많습니다. 그때 실컷 돌아다니고 콧바람 쐬러 나가면 됩니다. 몰입은 짧고 휴식기는 길어요. 그러니 아이가 "책! 책!" 할 때 같이 마음껏 헤엄치길 바랍니다.

엄마가 몰입기와 휴식기를 알아채야 하는 이유가 있습니다. 하필 아이가 휴식기일 때 새 책을 들여와, 처다도 보지 않는 아이를 보면 엄마가 화가 날 수도 있습니다. '아이가 책을 좋아하지 않는구나'라고 단정 짓고 책을 팔아버리기도 합니다. 하지만 그러지 마세요. 아이들은 어떤 일에 몰입을 하고 나면 항아리를 비우는 시기를 거칩니다. 아이가 책을 보지 않는다면 '지금은 놀고 싶은 때구나' 하면서 같이 또 일상을 살면 됩니다.

우리 아이들을 관찰해보니 DVD도 한두 달을 완전히 몰입해서 보고 나면 또 한 달 정도는 한 편도 보지 않고 놀기만 하더군요. 처음엔 이제 DVD 안 보려나 했습니다. 그런데 한 달쯤 그렇게 놀고 나면 다시 빠져들기를 반복했습니다. 심지어 이제는 DVD를 제가 고를 필요도 없어요. 아이가 전에 본 시리즈의 다음 편을 구해달라고 하거나 다른 거를 보고 싶다고 말해줍니다. 그러면 저는 결제만 하면 끝입니다.

휴식기가 끝나고 다시 몰입할 때를 대비해서 읽을 책이 있는가를 미리 봐두면 좋습니다. 아이가 다섯 살 정도일 때 휴식기가 다른 때보다 너무 길었어요. 언젠가는 돌아오겠지 하며 지켜봤는데 6개월을 넘어가는 거예요. 알고 보니, 아이가 읽을 책이 없었던 겁니다. 심심해하면서 책장으로 갔다가 돌아오기를 반복하기에 알았습니다. 그래서 그때 《바바파파》라는 책을 들여줬더니 500번은 반복해서 보더라고요. 그 뒤로는 휴식기가 그처럼 길게 온 적 없이 꾸준히 독서를 즐겼습니다.

❦ 도서관과 서점을 좋아하게 만들자

엄마들의 로망 중 하나가 도서관을 제집 드나들듯 하는 아이를 보는 것입니다. 저도 그랬어요. 아이가 장난감 가게보다 도서관과 서점을 더 좋아했으면 하는 욕심이 가득했습니다. 하지만 제 바람과 현실의 간극은 왜 그리 크던지. 도서관에 데리고 가면 아이는 신발도 벗기 전에 집에 가자고 했습니다. 또 서점은 어떤가요. 서점 들어가는 입구에 펼쳐진 각종 장난감에 마음을 뺏겨 책은 구경도 못 하고 온 날이 수도 없습니다.

생각해보면 도서관을 좋아해야 한다는 것은 나의 욕심이었습니다. 내가 도서관에 가고 싶은 그 순간에 아이에겐 다른 욕구가 있을 수 있다는 걸 생각하지 못한 거죠. 그래서 도서관을 가기는 하되 아이가 싫다고 하면 그냥 돌아왔어요. 열 번 가면 한 번은 책을 보고 싶은 때를 만나기도 할 테니 말입니다.

저는 한동안 도서관에 도시락을 먹으러 다녔습니다. 앞에서 나를 위해 나들이를 가라고 했는데, 저에겐 그중 한 곳이 도서관이었습니다. 아이는 책을 읽는 곳에는 들어가고 싶어 하지 않았지만 도서관 휴게실에는 가고 싶어 했습니다. 그곳에 가면 냉장고에 시원한 음료수가 즐비한 것을 알고 있었거든요. 그래서 도시락을 싸서 휴게실로 직행해서 밥을 먹고 바로 집으로 오기를 반복했습니다.

꼭 책을 읽혀야 하는 건 아니었습니다. 도서관으로 가는 30번 버스를 기다리면서 숫자도 익히고, 버스 타고 가면서 보이는 간판으로 한글 찾기 게임도 하고, 사람 구경도 하고, 변화무쌍한 하늘도 보곤 했습니다. 그런 시간이 의미 없지 않았음을 이제는 압니다. 도시락 열심히 까먹었던 그 큰아이는 지금 컵라면 하나 사 먹을 돈만 챙겨서 도서관 문 열기 전에 가서 문 닫을 때 돌아오곤 합니다.

서점에 가면 아이가 장난감 사달라고 떼를 쓰는 통에 그게 너무 미워서 한동안 서점은 발길을 끊기도 했습니다. 지금은 후회가 됩니다. '그때 사줄 걸' 하고요. 그 시시한 장난감들 사줄 시간도 그리 길지 않은데 말입니다. 지금은 서점에 너무 가자고 해서 난감할 정도입니다. 온라인 서점이 싸고 적립도 되니 온라인 서점에서 사자고 해도 아이는 직접 사는 맛이 있다며 꼭 서점에 가자고 합니다. 코로나19로 학교에 가지 않고 한가해진 아이들이 하루에 한 번씩 서점에 가자고 해서 그동안 쌓아놓은 책통장이 텅텅 비는 사태까지 벌어졌어요.

영어 서점에 수많은 알록달록 예쁜 그림책과 다양한 종류의 책들이 존재한다는 것만 알아도 아이 삶에 좋은 영향을 주지 않을까요? 그땐 왜 몰랐을까 싶지만, 그 시간을 통해 배운 것들을 많은 사람들에게 나눠줄 수 있게 됐습니다. 삶에서 필요 없는 일은 하나도 없다는 걸 새삼 깨닫습니다.

🌱 미련 없이 내려놓기: 확인 NO, 지적 NO

책을 들여놓고 엄마가 바라는 건 아이들이 신나게 달려들어 책을 펴보는 것입니다. 하지만 육아에서 우리 기대대로 되는 건 거의 없지 않은가요? 그러니 실망보다는 '당연하지!' 하는 마음을 먹어야 합니다. 아이들이 장난감 대하듯 책을 대하길 바라지 마세요. 엄마의 욕심이 앞서면 아이들은 책에서 멀어집니다. 아이가 책을 스스로 빼왔다고 해도 읽다가 관심이 다른 데로 갈 수도 있고 더 재미난 일에 마음을 뺏길 수 있습니다. 그럴 때는 힘들더라도 미련 없이 책을 내려놓으세요. 아이의 그런 욕구를 세심하게 존중해주어야 결국 책과 친해집니다. 아이에게 부담이 되지 않아야 한다는 뜻입니다.

한글책은 덜하겠지만 영어책을 읽어줄 때나 영어 DVD를 볼 때 엄마들이 흔히 하는 생각이 있습니다. '아이가 알아듣긴 하나?' 하는 것입니다. 아이가 자리를 뜨지 않고 듣거나 보고 있다면 재미있는 것입니다. 단어의 뜻을 모르는데 어떻게 이해하느냐고 물을지도 모르겠네요. 우리가 배운 방식이 아이가 습득하는 방식과 달라서 의심이 되는 것입니다. 하지만 아이는 그림을 보면서 다 매칭하고 있습니다. 아이는 이해가 되지 않거나, 재미가 없으면 참고 보려고 하지 않습니다.

정말 보고 싶지 않은데도 보고 있다면 그 아이는 책이 아니라 마음부터 살펴줘야 합니다. 엄마를 살피고 있는 착한 아이일 가능성이 아주 크니까요. 건강하게 자라고 있는 아이라면 싫다고 말합니다. 재미없다고, 안 읽겠다고 말합니다. 그럴 때 엄마가 온전히 공감해 주어야 합니다. 어쩌면 공감이 안 되는 경우가 더 많을 거예요. 저 역시 아이가 가져온 책을 다 보지도 않고 책장을 후루룩 넘겨버릴 때면 아이의 손을 잡아 누르고 싶었어요. '다 읽어야지. 다 읽고 넘어가야지' 하는 나의 욕심이 앞선 것입니다. 지친 체력으로 영어책까지 읽어주면서 보내온 세월에 아이가 조금이나마 아웃풋을 보여주면 힘이 나겠는데, 아이는 살짝이라도 확인할라치면 어김없이 바보짓을 해대곤 했습니다.

🌱 아웃풋을 자연스럽게 확인하는 방법

아웃풋을 재미있게 파악하는 방법이 있습니다. 바로 사전이나 그림책을 활용한 숨은그림찾기입니다. 단어들이 쓰여 있고 그림에서 찾아보는 사전도 있습니다. 아이들은 찾기라면 무조건 좋아하기 때문에 엄마가 단어를 말하고 그림 속에서 아이가 찾게 한다면, 아이가 어느 정도 인지하고 있는지 알 수 있습니다. 아이가 너무 모르는 게 많다 싶으면 센스 있게 힌트를 주면 됩니다. 일테면 손가락을 그 단어 근처에 가져가서 찾는 시늉을 하는 거죠.

그리고 아이가 맞추면 물개박수를 쳐주세요. "와! 어떻게 알았어?"라며 호들갑스럽게 감동을 표현하세요. '하나도 모르네' 하는, 엄마의 실망스러워하는 표정을 들키지 않아야 합니다. 안 그러면 아이는 영어를 영영 멀리할 수도 있습니다. 한글책을 읽힐 때 똑바로 읽지 않는다고 지적하는 엄마들이 있는데요, 아이를 책에서 영원히 멀어지게 하는 지름길입니다. 영어에서는 발음 지적을 많이 하는데, 영어 환경이 아니고 부모님이 영어를 쓰는 것도 아니기에 발음은 당연히 서툴 수밖에 없습니다. 많이 들려줘도 처음에는 발음이 엉성한 게 당연해요. 아이들이 발음할 때는 한국말도 서툴게 들리죠. 영어는 더합니다. 발음을 지적하거나, 해석을 시켜보고 지적하는 것은 절대 해서는 안 되는 일입니다. 아이들은 DVD나 CD에서 나오는 원어민의 발음을 결국 따라갑니다.

우리 아들은 영어를 읽기 시작한 지 얼마 안 됐을 때 우리 부부의 발음을 듣고는 깔깔대고 웃었고, 지금은 제가 영어 노래를 부르면 굉장히 괴로워합니다. 발음을 지적해주고 싶어서랍니다. 아이도 뭐가 좋은지 다 압니다. 엄마의 발음이 좋다고는 절대 생각하지 않습니다. 소통에서 정말 중요한 건 원어민 같은 발음이 아니라 나도 할 수 있다는 자신감과 실수해도 괜찮다는 자존감입니다.

🌱 쉬운 책을 반복하는 것이 읽기의 지름길

한두 살짜리 어린 아기는 인지 단계의 아주 쉬운 보드북으로 시작합니다. 하지만 모두가 이렇게 빨리 영어를 접하는 게 아닙니다. 이미 유아 시기를 지나쳤거나 초등학교 때 엄마들이 엄마표를 시작하는 경우도 많습니다. 그때 고민되는 것이 책의 수준을 선택하는 것이죠. 아이의 한글책 수준은 높은데 영어책을 같은 레벨로 하자니 아이가 받아들이기 힘들다는 것입니다.

이럴 때는 한두 줄짜리 쉬운 영어책이되 스토리가 있는 것을 구해주면 됩니다. 아기들이 보는 보드북을 보기엔 너무 시시할 거예요. 한글책을 읽어온 아이라면 어휘부터 차근차근 하지 않아도 금세 따라잡습니다. 이 나이에 이런 책을 읽어도 되나 싶겠지만 언어를 익힐 때는 쉬운 단계를 반복하는 게 좋습니다. 아이에게도 만만함을 줘야 합니다. 어떤 사람들은 아이가 자꾸 읽는 책만 읽는다고 걱정하는데, 영어에서는 반복만큼 좋은 게 없습니다. 아기들도 수백 번, 수천 번 '엄마'라는 소리를 들었기에 '엄마'라고 말할 수 있는 것입니다.

아이가 책 한 권을 또 읽어달라고 하면 몇백 번이고 기쁘게 읽어주세요. 저희 아이의 영어 읽기가 가능했던 것은《레고 시티》라는 아주 쉽고 얇은 책을 수없이 반복하고 나서부터였습니다. 제가 그 책을 읽어줄 때 너무 지겨워서 살짝 숨겨둔 적도 있지만 아이는 포기하지 않았습니다. 당시 레고에 엄청난 관심을 가지고 있었거든요.

✿ 레벨을 성급하게 올리지 마라

아이가 좋아하는 책이 있다면 그 정도 수준의 책을 더 구입합니다. 같은 레벨의 책을 충분히 준 다음에는 바로 레벨을 올리지 말고 아래 단계의 책을 줍니다. 그러면 아이는 만만함에 재미를 갖게 될 겁니다. 그다음에 다시 레벨을 올린 책을 주면 아이 스스로 실력이 향상됐음을 느낄 거예요.

영어에서는 어려운 책을 섣불리 들이밀지 않는 게 중요합니다. 예를 들어 글밥 한 줄짜리 책을 수없이 반복했다면 두 줄짜리로 늘려서 읽어주는 틈틈이 세 줄짜리도 끼워 읽어줍니다. 그런 다음 네 줄짜리로 단계를 높이지 말고 한 줄짜리 쉽고 만만한 단계의 책을 넣어주는 것입니다. 그런 다음 다시 세 줄짜리 문장 수준의 책을 읽어줍니다. 단계를 이런 식으로 높여가야 아이도 거부감 없이 받아들이게 됩니다. 다시 말하지만, 초등 저학년 때까지는 계속 만만하고 쉬운 책을 차고 넘치게 넣어주세요.

📖 시작 단계에 좋은 쉬운 책들

[고미 타로 작가의 쉬운 그림책] 고미 타로 작가의 책은 어린 아기들도 다른 작가의 책들과 구분해낼 정도로 개성이 있는 그림이 특징입니다. 담백하면서도 간결한 그림과 문체여서 노출 초기에 활용하기 좋으며, 특히 이 시리즈는 아이의 성장 과정을 주제로 하여 아이가 쉽게 공감할 수 있습니다.

[잉글리쉬에그 ZOO 시리즈: 판다, 비버, 멍키북] 잉글리쉬에그가 너무 비싸서 그나마 저렴한 같은 회사 ZOO 시리즈를 중고로 샀습니다. 지금까지도 듣고 있는 효자 전집이며, 발음도 정확하고 뮤지컬 같은 노래들이 장점입니다.

[SCHOLASTIC READER 레벨 1-noodles] 강아지를 좋아하지 않는 아이는 없으리라 봅니다. OTTER보다 짧은, 한두 문장으로 구성되어 있는 1단계의 쉬운 책입니다.

[I Can Read-OTTER] 귀여운 수달의 일상을 그린 이야기로, 페이퍼북이지만 쉽고 낮은 단계라서 영어 글자를 뗄 때도 좋은 리더스북입니다.

[I Can Read-Biscuit] 동물과 강아지를 좋아하는 아이들이라면 이런 작은 리더스북 1단계들을 많이 주세요. '나도 영어 잘해'라는 자신감과 유능감을 갖도록 하는 것이 무엇보다 필요합니다. 단계를 높이려고 성급하게 어려운 책을 들려주고 읽어주고 있다면, 엄마의 마음 안에 아이를 통해 인정받고 싶다는 욕구가 있는 것은 아닌지 들여다보시면 좋습니다.

🌱 관심사에서 출발하자

0세에서 두 돌까지는 그래도 주는 대로 잘 읽는 시기입니다. 그래서 이 시기에 영어를 소리로 많이 접해주고 그림책으로 노출해주면 쭈욱 영어 환경을 주기가 쉬워요. 물론 그럼에도 영어 거부의 시기는 옵니다. 모국어가 익숙해질 때쯤 "영어책 싫어. 한글책이 좋아!"라고 하는 때가 오거든요. 엄마가 이 시기 아이의 욕구를 존중해주면 다시 영어에 빠져드니 걱정하지 않아도 됩니다.

좋고 싫은 게 확실해지는 시기인 3세 이후부터는 아이가 관심이 없는 분야는 싫다고 강하게 거부하기도 합니다. 우리 아이는 탈것을 좋아했습니다. 그래서 그 시기에는 탈것 아니면 어떤 놀이도 불가능했습니다. 저는 다양하게 주고 싶었지만, 절대 굴복하지 않는 우리 아이는 결국 탈것으로 한글도 뗐습니다. 한글도 이러니, 3세 이후 영어 노출이라면 더더욱 관심사에서 출발해야 합니다.

자동차나 동물을 좋아하는 아이라면 책을 구하기가 그나마 쉬워요. 그런데 책 소재로 많이 쓰이지 않는 것들을 좋아한다면 책을 고르는 데 고민이 많이 됩니다. 이럴 때는 백과사전을 사줘도 잘 봅니다. 글밥이 상당하겠지만 아이들은 좋아하는 것이라면 글밥 상관없이 그림을 즐겨요. '어차피 읽지도 않는데 이런 걸 꼭 사야 하나?' 하지 말고 사주는 게 좋습니다.

우리 아이가 차를 좋아할 때 영어 서점에 데리고 갔더니 애니메이션 영화 〈카(CAR)〉의 두꺼운 원서를 사달라고 했어요. 당시 금액이 꽤 비쌌는데 아이가 막무가내여서 어쩔 수 없이 사주었습니다. 그런데 그날부터 그 책을 마르고 닳도록 보더군요. 물론 그림을 열심히 봤습니다. 아이는 2년 정도를 열심히 사전처럼 보더니, 어느 날 거기에 딸린 CD를 처음으로 플레이어에 넣더니 듣기 시작했습니다.

이후 아이는 그 책의 모든 내용을 읽고 이해하게 됐어요.

그 과정을 지켜보면서 저는 엄마표 영어를 다시 한번 확신하게 됐습니다. 엄마표에서 제일 필요한 건 엄마의 인내심뿐이었습니다. 믿고 기다려주면 아이는 내면의 엄청난 씨앗을 꺼내 뿌리고 싹을 틔웁니다.

🌱 영어 그림책을 거부하는 아이들을 위한 처방

태어나서부터 자연스럽게 영어 소리를 듣고 자라지 않았다면, 어느 날 갑자기 엄마의 열정이 불타올라 들이미는 영어책을 거부하는 건 당연합니다. 아무리 쉬운 글밥이라도 소리에 익숙하지 않기에 소음처럼 들리죠. 이럴 때 부모의 반응은 두 가지로 나뉩니다. 다른 방법으로 다시 접근해보는 부모님과 '우리 애는 영어 싫어해' 하고 바로 포기하시는 부모님으로 말이죠.

아이가 좋아서 달려들어 봐주진 않아요. 그러니 이럴 때는 아이가 혹할 만한 것들로 접근해야 합니다. 영어책의 세계를 알고 제가 너무 놀란 건, 책들이 너무 이쁘고 다양하고 재밌다는 거였어요. 펼쳐보는 책, 밀어보는 책, 눌러보는 책, 소리 나는 책, 퍼즐 맞추는 책, 돌려보는 책, 변신하는 책, 반짝이는 책, 숨은그림찾기 책, 각종 물건을 뽑아서 만져볼 수 있는 책 등 정말 장난감인지 책인지 분간이 안 갈 정도로 재밌는 책들이 많습니다.

자동차에 관심이 많다면 자동차 모양의 책들도 있습니다. 핸들이 달려 있는 책도 있어요. 아이는 핸들을 돌리며 "빵빵!" 하면서 놀곤 했습니다. 이런 책들은 아이가 책을 뜸하게 볼 때 리듬이 끊기지 않게 하려고 많이 사주었습니다. 로버트 사부다 작가의 팝업북은 책이라기보다는 예술 작품에 가깝다는 생각이 들었습니다. 이런 책들은 영어 글자를 읽어주기보다는 책 자체를 즐기게 해주었습니다. 그런 창의력 넘치는 책을 보고만 자라도 아이의 감성이 얼마나 쑥쑥 자랄지 설렐 정도였어요.

🔖 장난감처럼 가지고 논 책들

[My Liittle Pink Princess Purse] 직접 그림들을 빼서 가지고 놀 수 있고 향기까지 들어 있어 여러 감각을 자극하는 책입니다. 두꺼운 소재로 되어 있어 잘 망가지지 않습니다.

[Giant Pop Out Shapes] 책장이 커다랗게 펼쳐져 "와!" 하고 감탄하게 만드는 어휘 팝업북 시리즈입니다. 그저 펼쳐보고 신기해하며 노는 사이에 아이는 그림과 엄마의 소리를 매칭해서 어휘력을 쌓아갑니다.

[Fire Engine NO.1] 실제 자동차 모형으로 만들어진 책입니다. 실제로 바퀴도 달려 있어서 움직이므로 가지고 놀 수 있습니다. 탈것을 좋아하던 아들이 특히 잘 가지고 놀았던 책입니다.

[COLOR SURPRISE(한글책으로는 '깜짝깜짝 색깔들')] 숫자 색깔 시리즈인데 이 책은 너무나 잘 가지고 놀고 많이 봐서 두 번이나 새로 샀습니다. 그림만 봐도 무엇인지 알 수 있으며, 쉽고 예쁘고 가지고 놀 수 있어 책인지 장난감인지 모를 정도입니다. 이 책으로 아이의 어휘력이 풍성해져 갔지요. 단 한 번도 단어를 외우거나 학습으로 영어를 접근해본 적이 없지만 어휘력의 수준이 상당히 높

아졌습니다.

[my mommy's tote] 실제 가방 모양의 손잡이가 달린 책으로, 엄마의 핸드백에 여러 가지 물건이 들어 있어 다양한 어휘를 익힐 수 있습니다. 아이가 역할놀이를 할 때도 가지고 놀 수 있는 정말 장난감 핸드백 같은 책입니다.

[A Bugs Pop-up Concept Book 시리즈] 작은 미니 팝업북인데 처음 영어를 접하는 아기들 때부터 쥐여주기 좋은 앙증맞은 시리즈입니다. 아기들이 신기해하면서 잡아당기다 보니 금세 망가지는 단점이 있지만, 나는 그걸 막지 않고 함께 잡아당겨 보고 맛보는 등 맘껏 놀게 해주었습니다. 책 한 권 아끼는 가치보다 아이가 더 큰 것을 몸으로 얻고 있음을 믿었습니다.

[Animal Opposites] 동물을 주제로 한 반대말 플랩북입니다. 반대말을 어렵게 가르치지 않아도 해석해주며, "반대말이야"라고 말해주지 않아도 그림과 엄마의 소소한 동작만으로도 반대의 의미를 이해하게 해줍니다.

[My Little Red Fire Truck] 소방차 안의 여러 도구와 장비를 빼서 작동해볼 수 있는 책입니다.

[My Little Blue Robot] 로봇을 직접 조립해볼 수 있는 책입니다.

[My Little Red Toolbox] 모든 툴을 꺼내서 잘라보고 돌려볼 수 있는 책입니다.

영어 책육아에 대한 오해와 진실

🌱 영상물만 보려는 아이 vs. 두려운 엄마

첫아이 때는 영상물에 노출되지 않게 하려고 36개월을 이 악물고 지켰습니다. 그랬기에 세 돌이 지나서도 영어 책육아를 1단계부터 차근차근 시작해갈 수 있었습니다. 혼자 하는 독박육아에 영상 없이 세 돌까지 버티기란 쉽지 않았어요. 식당에 가서도 나 편히 밥 먹자고 아이의 호기심 많은 눈을 핸드폰으로 돌리지 않았습니다. 지금도 우리 아이들은 식당에 가면 할 이야기가 너무 많아 수다 삼매경입니다. 그때는 핸드폰을 쥐여주고 싶은 유혹이 강했지만, 지금 생각하면 정말 잘한 것 같습니다. 핸드폰을 자유롭게 쓸 수 있음에도 아이들이 엄마·아빠랑 수다 떠는 걸 더 좋아하는 걸 보면요.

둘째 아이 때는 세 돌까지 영상 노출을 피하는 건 거의 불가능했습니다. 첫째 아이가 보는 DVD를 막을 방법이 없었거든요. 둘째는 두 살 때쯤부터 12세가 보는 영상에 노출됐습니다. 너무 어린 나이라서 그랬는지 영상에 집중하는 시간은 그리 길지 않더라고요. 너무 어려운 어휘가 나오고 말이 빠르기 때문에 조금 보다가는 놀이를 하곤 했습니다. 저는 자연스럽게 흘러가도록 두려움 없이 지켜봤습니다. 만약 너무 자극적이라 걱정이 되는 날이면 둘째를 거실로 데리고 나와 관심을 다른 곳으로 돌리고 책을 읽어주거나 그림을 그리며 놀게 했습니다. 그런 자극적인 영상을 어린 나이에 노출했으니 순한 건 안 볼 것 같지만 아기들 보는 것도 잘 보더군요. 그러면서 점차 자기 취향을 찾아갔습니다.

영상물에 대한 두려움은 접어두고 상황에 맞게, 우리 집 육아 환경에 맞게 엄마가 조절하면 됩니다. 다만 아이가 영어책을 좋아하길 바란다면 아무리 육아가 힘들더라도 너무 일찍 영상을 보여주는 건 피하라고 말하고 싶습니다. 돌 지난 아기나 이제 겨우 두 돌 된 아기들에게 영어 영상을 일부러 보여줄 필요는 없어요. 적어도 세 돌은 지나서 보여주길 바랍니다. 그래야 책이라는 환경을 아이에게 충분히 줄 수 있는 시간을 확보할 수 있습니다.

엄마 자신이 편하려고 주는 것이라면 나중에 아이가 책을 안 볼 때 죄책감으로 힘들어질 수도 있습니다. 그러니 지금 힘들더라도 조금만 슬기롭게 버티시기를. 굳이 책이 아니더라도 집 안의 물건들을 자유롭게 꺼내 놀게 한다든지, 그림 도구를 많이 주어 가지고 놀게 한다든지 하는 것이 좋습니다.

그래도 영상 아니면 못 버티겠거든 유튜브 말고 슈퍼심플송이나 노부영 애니메이션 DVD를 줘보는 방법도 있습니다. 유튜브는 끝없이 이어지기 때문에 아이 스스로 조절하기가 힘들거든요. 또는 율동 DVD나 CD를 틀어주는 것도 좋습니다. DVD는 한 편, CD는 한 면이 다 돌아가고 나면 끝이 났다는 것을 알려주니 노출 시간을 조절할 수 있습니다.

세 돌이 지나 타협이 되는 개월 수가 됐는데도 더 보고 싶다고 떼를 쓸 수도 있는데요. 이 나이 즈음에는 시간보다 DVD 편수나 CD 수로 '몇 개'라고 정하는 게 낫습니다. 아직 시간 개념이 뚜렷하지 않기 때문에 몇 시간을 보고도 조금 봤다고 생각할 수 있기 때문입니다. 약속한 편수를 다 봤다면, 아이가 떼를 쓰더라도 엄마가 약속을 일관성 있게 지켜야 합니다. 떼를 쓰는 아이에게 마음이 약해져 엄마가 먼저 약속을 깬다면 이 문제로 긴 싸움을 하게 될 것입니다.

너무 힘든 날에는 영상을 틀어주고 엄마는 옆에 누워 노래를 같이 따라 불러주는 것도 좋습니다. 그러면 아이는 엄마와 연결감을 느끼게 됩니다.

❧ DVD 먼저 보여주면 책을 안 본다?

저 역시 책은 순한 자극이고 DVD는 강한 자극이라는 두려움이 있었기에 DVD가 딸려오면 숨겨놓곤 했습니다. 책을 먼저 읽히고 싶은 마음에 영상 노출이 된 나이임에도 책을 먼저 들이밀었습니다. 아이는 관심사가 아니었는지 전혀 관심을 보이지 않았어요. 책 낯가림인가 하고 한참을 기다려봤지만 아이는 여전히 책에 관심이 없었습니다.

DVD까지 같이 샀기에 거금을 들였는데 안 보니까 어찌나 속상하던지요. 결국 'DVD라도 봐라' 하는 생각에 그냥 틀어주었습니다. 그런데 DVD는 너무 잘 보는 게 아니겠어요! 《밀리 몰리》라는 책과 DVD였는데 DVD에 흠뻑 빠진 후에 시들해질 즈음 책을 주었더니 엄청나게 몰입해서 읽더군요. 세 돌이 지난, 영어책이 어느 정도 노출된 아이라면 꼭 책이 먼저여야 하는 건 아닙니다. 아이의 흥미를 유발하기 위해 DVD를 적절히 활용하면 안 보던 책도 보게 되는 행운을 얻을 수 있습니다.

🌱 영어를 못하는 엄마라면 사교육이 낫다?

앞서 고백했듯이, 저는 영어를 포기한 영포자였습니다. 우리 남편도 영어책을 가지고 오면 긴장하며 요리조리 피하는 사람이었습니다. 그럼에도 저희는 못하는 발음으로 열심히 영어책을 읽어주었습니다.

사교육의 유혹에 흔들리지 않은 게 아닙니다. 아이가 영어를 읽게 되면서 영어로 말도 잘했으면 하는 욕심이 났어요. 그래서 좋다고 하는 학원 탐방에 나섰습니다. 미국 교과서 또는 그림책으로 가르친다는 어학원들을 아이를 데리고 열 군데 넘게 돌아다녔어요. 그렇게 해서 얻은 결론이 있습니다. 시대가 바뀌었어도, 간판이 바뀌었어도 그 안의 내용은 크게 차이가 없다는 겁니다.

아이는 처음엔 호기심을 가지고 달려들었다가 이내 지겨워하거나 짜증을 냈습니다. 학원에서는 아이의 호기심이나 발달 상황, 관심사보다는 엄마에게 어떻게 보이냐에 집중하기 때문입니다. 그리고 교재가 표지만 다르지 하나같이 비슷비슷한 내용이었습니다. 배운 것을 외우고 테스트하는 주입식에서 완전히 벗어나기는 힘들어 보였습니다.

이해가 되긴 했습니다. 학원이란 곳은 결과가 무엇보다 중요하죠. 그래야 엄마들이 아이들을 보낼 테니 말입니다. 그렇기에 처음에는 독서라는 흥미로 재미를 주다가도 쓰기를 가르치고 어휘를 익히게 합니다. 아이가 원하는 시간에, 원하는 책으로, 원하는 만큼 영어 독서를 즐기는 건 학원에서는 불가능해 보였습니다.

지인 중에 딸을 학원에 보내 파닉스부터 배우게 한 사람이 있습니다. 파닉스를 배우는 데 6개월 이상이 걸린다고 합니다. 그리고 반복해서 문장 쓰기를 합니다. 읽기는 빠르게 됩니다. 하지만 아이는 문제를 풀기 위해 글자를 읽는 것이지 소통을 위해 언어를 배운 느낌이 아니었습니다.

1주일에 3일, 각 1시간씩 학원에 가서 공부한다고 해봅시다. 한 달이면 12~15시간입니다. 1년이 52주니까 156시간, 즉 6일 반입니다. 1년에 겨우 6일 반 동안 영어에 노출되는 것입니다. 엄마표 영어로 매일 아침 영어 노래를 듣고, 차로 이동할 때 짬짬이 듣고, DVD로 영상을 1시간 이상씩 꾸준히 흘려듣기 하고, 엄마가 안고 영어 그림책을 읽어주는 것에 비하면 너무나 짧은 시간입니다. 집에서 대충해도 학원에서 노출되는 시간보다 길고, 노출의 질도 높습니다. '영어를 왜 가르치려 하는가?'라는 질문을 엄마 자신에게 던져봐야 합니다. 단순히 시험 성적을 위해서인지, 아이가 영어를 소통의 도구로 삼아 더 넓은 세상에 나가 많은 경험을 하고 다양한 기회를 갖게 하려는 것인지 한 번쯤 꼭 자문해보길 바랍니다.

🌱 영어책만으로는 부족하다?

영어책의 기적에 대해서 이야기하고 싶습니다. 제가 영어책을 읽어 준다고 해서 우리 아이가 TV에 나오는 아이들처럼 읽고 말하고 쓰게 될 거라고는 상상도 못 했습니다. 경험해보지 않았고 주변에서 본 적도 없기에 쉽게 믿을 수 없었던 게 사실입니다. 지금까지 두 아이를 같은 방식으로 교육해왔고, 두 아이 모두 한글과 영어를 같은 방식으로 습득하는 것을 지켜봤습니다. 심지어 저는 과거형 문장을 전부 현재형으로 바꿔서 읽어주기도 했습니다. 제가 어려웠기에 그대로 읽어주면 아이도 헷갈릴 거라는 두려움이 있었던 것입니다.

어느 날 큰아이가 집에 있는 사탕들을 보고 "This is candies"라고 말했습니다. 문법적으로 완벽하진 않았지만 분명 단수와 복수를 구분하고 있다는 걸 알 수 있었습니다. 그리고 둘째는 "Where is daddy?"라고 했더니 "There is daddy in the bathroom"이라고 대답했습니다. 아이는 안에 있을 때 in을 붙여 말한다는 것을 알고 있었습니다. 물론 아무 데나 the를 붙이는 오류를 범하지만 우리나라 말도 문법에 맞게 말하는 아이들이 얼마나 되나를 생각해보면 당연한 시행착오입니다.

단순히 그림책을 읽어줬을 뿐인데 아이는 현재분사, 과거진행형 같은 문구도 이해하고 있었습니다. 물론 문법이 무엇인지는 모릅니다. 다만 그림책을 보고 그대로 받아들인 것입니다. 우리 역시 읽거나 말하기 전에 문법부터 배우지는 않았잖아요.

　아이들의 놀라운 능력은 여기서 끝이 아닙니다. 단 한 번도 알파 벳을 가르치거나 발음을 따로 가르쳐주지 않았지만 아이는 전혀 모르는 단어를 읽습니다. 우리는 발음기호를 열심히 외워도 알기 힘든 단어들을 아이는 망설임 없이 읽어 내려갔습니다. 영어 글자의 원리를 완전히 터득한 것입니다. 단어를 읽었다고 해서 뜻을 전부 다 알고 있는 건 아니지만 파닉스 체계를 알고 있다는 거예요.

　아들은 지금 저의 단어 사전이 됐습니다. 자신의 실력이 엄마를 뛰어넘었다는 것을 알게 된 후부터 아이는 입을 떼기 시작했습니다. 제가 영어 공부를 하면서 끙끙대고 있으면 블록 놀이를 하다가 툭 하고 던져줍니다. 그래서 엄마가 영어를 잘할 필요도 없음을 알게 됐습니다. 우리 아들은 원래 입도 뻥긋하지 않았습니다. 엄마가 너무 잘하려고 했기 때문입니다. 아니, 그래야 하는 줄 알았습니다. 내가 잘해야 아이도 잘한다고 믿었어요. 하지만 아이는 그런 엄마가 너무 부담됐는지, 아니면 엄마의 사심을 알았는지 제가 영어로 말할 때면 제 입을 틀어막았습니다. 지금은 제 발음을 지적해주고 제가 영어 노래를 부를 때 가사가 틀리면 바로잡아줍니다. 집에 영어 과외 선생님을 모시고 사니 얼마나 편한지 모릅니다. 둘째의 책을 읽어주다가도 여전히 막히는 문장들이 나오면 큰아이가 해결사가 되어줍니다. 저는 요즘 이런 생각이 듭니다.

　'엄마표 영어로 잘 키운 아이 하나 열 선생 안 부럽다.'

영어 그림책을 많이 본 아이나 한글책 독서를 많이 한 아이라면 유추력도 뛰어납니다. 어느 날 제가 《wonder》라는 원서를 읽다가 도저히 이해가 안 되는 문장을 만나 아이에게 물어봤습니다. 아이도 모르는 단어가 있었는지 앞뒤 문장을 반복해서 읽더니 유추해서 문장을 해석해주었습니다. 영어 독후 활동을 한 것도 아니고 영어 사교육이나 교구를 가지고 논 것도 아닌 순도 100%로 영어 그림책만 읽어줬을 뿐입니다.

영어 그림책을 읽어주고 들려주는 것만도 벅차지 않은가요? 무엇을 더 해야 한다고 생각하지 말고, 지금 당장 줄 수 있는 환경이 무엇인지 생각해보길 바랍니다. 너무 많은 것을 할 필요도 없습니다. 뭔가 더 대단한 것이 있으리라고 믿는다면 시작이 더 늦어질 뿐입니다. 오늘부터 영어책 한 권 읽어주기부터 시작해보세요. 시작이 거창할 필요도 없고 잘 갖추어진 환경도 의미 없습니다. 내려놓을수록 내가 얻고자 하는 것을 얻는 기적을 만나게 됩니다.

🌱 집중듣기를 안 하면 영어 잘하기 힘들다?

집중듣기에 대해서는 아이마다 너무나 다른 양상을 보입니다. 저도 큰아이 일곱 살 때 집중듣기를 시도해봤습니다. 헤드셋도 준비하고 알맞은 책도 준비했습니다. 하지만 아이는 전혀 관심을 보이지 않았고, 심지어 헤드셋을 끼고 있는 것 자체를 무서워했습니다.

집중듣기를 할 수만 있다면 굉장히 도움이 됩니다. 하지만 일고 여덟 살짜리 아이들이 얌전히 앉아서 10분 이상을 듣고 있는 게 가능할지 의문입니다. 내 아이는 안 된다는 것을 깨닫기까지 5분이 채 걸리지 않았습니다. 집중듣기가 되는 아이라면 하면 좋습니다. 물론 대화로써 아이와 타협이 가능하다면 말이죠. 안 되는 아이를 붙잡아 놓고 시킨다면 부작용은 감수해야 합니다. 어린 나이에는 영어가 그저 즐겁고 엄마와 하는 놀이처럼 재밌어야 합니다. 움직이지 못하게 앉혀놓고 학습하듯이 하게 한다면, 아이는 지금은 말을 듣겠지만 결국 영어는 재미없고 즐겁지 않았던 기억으로 남게 됩니다. 시도는 해보고 환경은 줘보되 아이의 반응을 존중해주길 바랍니다. 대화로 적정한 수준을 찾아 시도해보는 것도 좋습니다. 엄마가 아이의 마음에 공감해줄 수만 있다면 어떤 시도도 괜찮습니다. 내려놓아야 할 때 엄마가 과감히 물러설 수 있다면 말이죠.

내가 해왔고 말하고 싶은 엄마표 영어에서 중요한 것은, 내 아이가 영어시험에서 일등을 하거나 단순히 영어를 유창하게 말하는 것이 아닙니다. 영어라는 도구로 즐겁게 독서하고 배움이 즐겁다는 걸 깨닫는 것입니다. 삶이든 학습이든, 주도적으로 해나가길 바랄 뿐입니다. 아이에게 선생님이 되지 말아야 합니다. 아이에게는 엄마만 하기로 합시다. 엄마표 영어는 집에서 가르치는 사교육이 아닙니다. 욕심을 내려놓으면 뭔가 잘못될 것 같은 불안감이 들겠지만 그럴수록 더 놓아야 합니다. 한 권의 책이라도 엄마와 추억을 쌓는 도구가 되어야 합니다. 영어책은 재밌는 것이라는 한 가지 목표만 가지고 시작하세요.

연령별 알맞은 영어 그림책

☙ 돌 전까지

이 시기에는 '세상은 믿을 만하고 나는 소중하고 사랑받는 존재구나'를 온 감각으로 느껴야 합니다. 따라서 아이의 욕구에 즉각 반응해주고, 아기를 안정감 있고 일관되게 보살피는 것이 가장 우선시되어야 합니다. 영어 노래를 한두 곡 외워서 모유 먹일 때, 젖병 물릴 때, 안고 재울 때, 업고 산책할 때 엄마의 익숙한 목소리로 들려주는 것부터 시작하면 됩니다.

이때는 "엄마", "아빠"라는 소리를 수없이 듣고 저장해서 생애 첫마디를 내뱉는 시기입니다. 아기가 글자를 배운 다음에 우리말을 말하는 게 아니듯, 영어 또한 마찬가지입니다. 아기를 낳아 체력적으로도 심적으로도 힘들 수 있는 시기이기에 영어책 환경에 너무 집착하지 않아도 됩니다. 아기가 잠에서 깨어 젖을 먹을 때나 목욕할 때 엄마의 음성으로 영어 노래를 불러주는 정도면 충분합니다. 엄마가 노래 부르는 게 힘들다면 잔잔한 푸름이마더구스 CD를 틀어놓아도 됩니다. 마더구스는 영미권에서 구전되는 노래 그림책인데 간결하고 부드러운 선율과 반복되는 리듬이라 아기들에게 들려주기 좋습니다.

저는 짧은 영어 노래를 하나씩 외워서 그 노래가 지겨워질 때까지 불러주다가 또 하나 외워서 불러주는 식으로 영어 소리를 노출했습니다. 이 시기부터 영어 소리를 자연스럽게 듣고 그림책을 보고 자란다면 영어에 대한 큰 거부감 없이 엄마표를 순탄하게 진행할 수 있습니다.

이 시기의 장점은 급할 게 없기에 아이에게 여유 있게 환경을 줄 수 있고 일희일비하지 않아도 된다는 것입니다. 한글책을 주는 과정에서도 그렇듯이 돌이 안 된 아가에게는 사물인지책이나 어휘를 익히는, 색감 진하고 그림이 큼직한 보드북들을 주면 됩니다. 저는 누르면 노래가 나오는 멜로디북도 종류별로 사서 아기와 같이 누워서 누르며 노래를 들려주었습니다.

❦ 돌~3세

영어 노래를 가끔이라도 들려준 아가라면 이 시기에 영어 보드북도 거부감 없이 볼 거예요. 이 시기 아이들은 한글, 영어 구분이 없기에 그림책이라면 잘 봐줍니다. 인지책, 조작북, 노래책, 스토리북까지 다양한 구성으로 되어 있는 유아 전집을 보여주면 좋습니다. 책 고르는 데 에너지를 많이 쓰지 않아도 되고 활용 기간도 길기 때문입니다. 또 이때 좋은 책이 같은 내용이 한글과 영어로 되어 있는 쌍둥이북입니다. 같은 그림이지만 "또! 또!"를 외치는 시기이다 보니 두 번 읽어줘도 잘 봅니다. 이때는 쌍둥이북 전집의 활용도도 높습니다.

📖 이 시기에 활용했던 책들

[씽씽잉글리쉬] 첫째 아이의 첫 전집이었습니다. 보드북부터 촉감북, 스토리북, 마더구스까지 다양하게 구성되어 있어서 첫 책을 고르는 데 힘들어하는 엄마들에게 좋은 전집입니다. 세이펜이 적용되는 책이라서 영어 노래를 불러주고 읽어주기가 힘든 엄마에게도 좋습니다.

[캔디잉글리쉬 전집] 어린 시기에는 똑같은 책이지만 두 언어로 번갈아 읽어줘도 잘 듣습니다. 모국어 정착 시기 이전에 주면 편견 없이 두 언어를 흡수하고, 반복의 시기에 보여주기 좋습니다.

[샤방샤방잉글리쉬] 이 시기에는 한국에서 제작한 책들도 잘 활용되며 쌍둥이북이 거부감 없이 받아들여질 때라서 쌍둥이북을 많이 사서 보여주었습니다.

[돌잡이영어] 돌잡이 시리즈는 다 대박이 났던 전집이지요. 비싸다고 좋은 건 아님을 알게 되었답니다. 가성비도 좋고 구성도 좋은 돌잡이 시리즈입니다.

[프뢰벨퍼포먼스] 영유아 시기에 좋은 보드북으로 기본 어휘와 문장을 익히기에 좋습니다. 브랜드 책은 CD 없는 중고책을 구입하면 부담을 줄일 수 있어서 좋습니다.

[잉글리쉬몬스터] 알파벳 보드북과 스토리북, 노래책으로 구성되어 있고 알파벳 글자를 빼서 가지고 놀 수도 있어 활용도가 높습니다.

[플레이타임잉글리쉬 1, 2] 영어로 된 짧고 쉬운 생활동화입니다. 싸게 사서 영어책을 양적으로 채워줄 시기에 좋습니다.

[푸름이터잡기] 놀이북, 조작북, 팝업북 등 다양하게 구성되어 있는 원서 모음입니다. 전권을 다 잘 봤을 정도로 구성이 좋았던 전집입니다.

[코코몽 전집] 아이들마다 좋아하는 캐릭터가 생기죠. 아이가 코코몽을 좋아해서 영어로도 확장해주었는데 좋아하는 캐릭터를 공략하는 것도 빠르게 가는 방법입니다.

[잉글리쉬에그] 너무 비싸서 본책은 못 사고 엄마들을 위한 스토리텔링북을 싸게 사서 음원만 구해 들려주었습니다. 잉글리쉬에그는 음원이 최고예요. 책은 도서관에서 빌려 읽었는데 많이 들어본 노래들이라서 책에도 흥미를 보였던 전집입니다.

[spot 시리즈] 큼직한 글씨와 강아지가 주인공이라서 어린아이들이 특히 좋아하는 보드북입니다.

[maisy 시리즈] 사랑스러운 메이지의 병원 가기, 목욕하기, 레모네이드 만들기 등 메이지의 일상생활을 소재로 하여 아이들이 쉽게 공감할 수 있는 눈높이로 만들어졌습니다.

[Karen Katz Lift the Flap book 시리즈] 따뜻한 파스텔톤의 일러스트, 간결한 단어와 문장으로 이루어져 있어 처음 배우는 사물, 숫자, 간단한 영어를 만날 수 있는 유명 작가 카렌카츠의 보드북 세트입니다.

[에릭 칼 My very first book 시리즈] 낱말카드를 묶어놓은 느낌의 예쁜 책입니다. 말을 배우는 아이들과 함께 보면 좋습니다.

[튼튼영어주니어] 얇은 종이책이지만 그림이나 내용이 어렵지 않아 일상생활의 간단한 대화를 익힐 수 있는 책입니다. 중고로 싸게 사서 잘 활용한 페이퍼북입니다.

[삼성 그림책으로 영어시작] 저렴한 가격으로 엄마표 영어를 시작하기에 안성맞춤인 난이도입니다. 가성비 갑 중에 갑인 시리즈입니다.

🌱 4~7세

아무리 영어를 일찍 노출했더라도 거부감을 드러낼 수도 있는 시기입니다. 모국어가 익숙해지고 한글에 관심을 갖는 시기이기에 한글책만 고집할 수도 있습니다. 영어책만 읽던 아이도 거부하는 시기인만큼, 엄마가 한숨 고르고 간다고 생각하는 것이 좋아요. 그나마 관심사라도 되어야 볼 가능성이 큰데요, 관심 가지는 영역에 몰입할 때는 지켜주어야 합니다.

여기서 정말 중요한 것은 아이가 거부하면 '이제 영어를 싫어하면 어쩌나' 하고 걱정하지 말고 쿨하게 내려놓아야 한다는 것입니다. "그래, 지금은 한글책이 더 읽고 싶구나" 하면서 아이가 원하는 책을 읽어주어야 합니다. '내가 왕이야!' 하는 시기인 만큼, 아이는 이때 이겨봐야 지는 것도 자연스럽게 받아들입니다. 또한 온전히 배려받았기에 남도 배려하게 됩니다. 아이의 관심사가 뚜렷이 생기는 때이기도 하므로, 한글 읽기도 순탄치 않은데 영어책을 술술 읽어줄 거라는 기대는 빨리 접는 게 좋습니다. 이렇게 아이의 욕구를 있는 그대로 존중해주면 다시 서서히 영어책으로 들어옵니다.

저희 아들과 딸 역시 이 시기에 지독히 영어책을 거부했습니다. "영어책 싫어!", "영어 하지 마!"라면서 제 입을 틀어막기도 했어요. 다행히도 한글책에는 몰두했습니다. 저는 그렇게 몇 개월을 기다려주었습니다. 그러다가 아이가 기분이 좋아 보일 때 슬쩍 한 권씩 끼워서 읽어주었어요. 이때 많이 사준 것이 장난감 같은 영어 그림책들입니다. 알록달록한 그림책들을 만져보고 펼쳐보고 소리 내보고 빼보고 하면서 아이는 영어의 끈을 자연스레 이어갔습니다. 그리고 이 시기에는 인지책 같은 스토리 없는 책은 거의 보지 않고 두세 줄짜리 스토리북을 주로 읽기 시작했습니다.

책과 DVD가 같이 있는 것들도 정말 많이 봤습니다. 책과 함께 영상에 본격적으로 노출되기 시작하면서 아이는 긴 거부의 시기에서 조금씩 빠져나왔습니다.

📖 이 시기에 활용했던 책들

[로보카폴리] 탈것 좋아하는 아들에게 사랑을 듬뿍 받은 책입니다.

[뽀로로 전집] 뽀로로를 좋아할 때 영상과 함께 보여주기 좋았던 전집입니다.

[LEGO CITY(SCHOLASTIC READER 레벨 1)] 아들의 읽기 독립을 완성시켜준 책. 쉽고 권수가 적지만 레고에 관심 있을 때 들려주니 무한반복하면서 글자를 뗐습니다. 글자를 익히고 글을 읽는 것은 어려운 단계에서 이루어지는 게 아니라 쉬운 책을 반복해서 보는 것이 더 효과적이라는 것을 이 책으로 알게 되었습니다.

[슈퍼윙스] EBS 사이트에서 무한반복해서 시청했으며, 10여 권의 그림책으로도 만들어져 영상과 책을 함께 활용했습니다.

[티키톡] EBS 사이트에서 무한반복해서 시청한 티키톡 역시 그림책으로도 만들어져서 영상과 함께 활용한 시리즈입니다.

[구름빵 전집] 구름빵은 워낙 유명한 책이라 아이가 있는 집이라면 한글책 한 권쯤은 소장하고 있을 겁니다. 구름빵을 너무 좋아해서 영어 전집을 구매하고 DVD까지 모두 구해주었습니다. 구름빵 DVD의 특징은 한글 버전과 영어 버전이 번갈

아 한 번씩 나온다는 것입니다.

[밀리앤몰리] 기탄에서 나온 영어 전집인데 글밥은 좀 있지만 두 친구의 우정과 일상을 다룬 성장동화 같기도 하고 생활동화 같기도 합니다.

[말문이 빵 터지는 세마디 영어] 우리나라에서 아이들에게 영어 교육을 목적으로 만들어진 회화책. 반복해서 따라 해보는 챈트가 인상적이고 누구에게나 있을 법한 일상을 다뤄 친근하게 다가갈 수 있습니다. 중국어로도 쌍둥이북이 있어서 여러 환경을 주기에 좋습니다.

[투피와 비누] 책, DVD, 노래, CD까지 갖추어진 구성이라 활용도가 정말 좋았던 전집입니다.

[맥스앤루비] 보드북, 페이퍼북, DVD까지 확장해줄 수 있는 책입니다.

[까이유] 호불호가 있긴 하지만 DVD가 있어서 어린 시기에 보여주면 공감대가 형성되어 잘 봅니다. 까이유의 일상 에피소드를 다룬 책으로 보드북도 있고 플랩북, 조작북 형식으로도 되어 있어 아기들부터 유아까지 잘 볼수 있습니다.

[Picnic 전집] 이 시기에 딱 보기 좋은 글밥과 내용입니다.

[옥스퍼드 리딩 트리(ORT) 세트] 영국에서 아주 유명한 책입니다. 한솔 ORT 기관용을 얻어서 보여주었더니 무한반복하길래 ORT 풀 세트를 구입했습니다. 둘째까지 200% 활용한 책이고, 지금도 잘 봅니다. 인북스라는 사이트를 방문하면 ORT와 다른 시리즈들도 볼 수 있고 낱개로도 구입할 수 있습니다.

[박현영의 키즈싱글리쉬] 노래를 좋아하는 둘째에게 노래책을 참 많이 사주었습니다. 신나고 익숙한 한국 동요들을 영어로 바꾸어서 따라 부르기 어렵지 않습니다.

[read at home] ORT의 캐릭터들이 그대로 등장하는 소전집입니다. ORT 캐릭터를 좋아한다면 이것도 좋아합니다. 네 단계로 레벨이 나누어져 있고 단계별 글밥이 한 줄 정도씩 늘어난다고 보면 됩니다.

[bamboo and friends] 한두 줄의 글씨로 된 크고 쉬운 회화체의 동화책이라 일상에서 써볼 수 있는 문장들을 익히는 데 좋습니다.

[솔루토이영어] 솔루토이 시리즈는 학습 냄새가 나는 전집입니다. 파닉스를 한참 관심 있어 할 때 함께 보여주면 도움이 됩니다.

[코코몽생활동화 전집] 코코몽을 좋아해서 관련된 책은 모두 사주었습니다. 코

코몽 보드북으로 구성된 전집은 더 어린 시기부터 보여주었고, 이 생활동화는 4~7세 시기에 보기 좋습니다.

[tadpole 픽처북] 올챙이그림책의 영어 버전으로, 쉽지만 스토리를 즐기는 아이들에게 좋습니다.

[디즈니 Story reader me reader] 여덟 권의 디즈니 애니메이션을 한 세트로 묶어놓은 쉬운 그림책입니다. 사운드패드가 들어 있어 읽지 못하는 아기 때도 눌러보며 잘 가지고 놉니다.

📖 책이 함께 있는 DVD

[Curious George] 호기심이 많은 개구쟁이 원숭이와 노란 모자 아저씨의 우정과 일상을 그린 이야기입니다.

[paw patrol] 구조대 개들의 모험 이야기로 영어에 꾸준히 노출되어온 아이들이 편하고 재밌게 볼 수 있으며, 초등 저학년까지도 좋은 DVD입니다.

[pj mask] 밤이 되면 슈퍼파워를 가진 아이들이 파자마를 입고 악당들을 물리치는 이야기입니다.

[Clifford] 유난히 작았던 강아지가 엄청나게 커지면서 밝고 명랑한 소녀 에밀리와의 좌충우돌 에피소드를 다룬 책입니다.

[페파피그] 귀여운 돼지를 캐릭터로 만든 페파네 가족의 친숙하고 일상적인 소재로, 올바른 생활습관을 제시하는 애니메이션 시리즈입니다.

[맥스앤루비] 장난꾸러기 맥스와 엄마 같은 누나 루비의 신나는 일상 이야기입니다.

[바바파파] 변신의 귀재인 바바파파 가족의 모험 이야기. 한글 전집으로도 인기 있는 책이 DVD로 나와 있으니 영어 전집과 함께 주면 더 좋습니다.

[투피와비누] 인형 같은 두 생쥐의 엉뚱발랄한 상상의 모험 이야기입니다.

[찰리앤롤라] 오빠 찰리와 말괄량이 동생 롤라의 일상 이야기입니다.

[옥토넛] 바다구조대 옥토넛이 바닷속을 모험하며 위기에 처한 친구들을 도와 주는 이야기로, 흥미로운 소재와 어렵지 않은 레벨이라서 유아들에게 주기 좋은 DVD입니다.

[리틀베어] 다정하고 호기심 많은 꼬마곰의 하루를 흥미진진하게 그린 작품으로, 칼데콧상을 받은 모리스 센닥의 작품을 기초로 만든 DVD와 책입니다. 처음 영상을 노출하기에도 좋은 잔잔하고 서정적인 내용입니다.

[처킹턴] 꼬마 기차들이 일하고 모험하는 생활을 그렸습니다. 기차나 탈것을 좋아하는 아이들이 특히 좋아할 만한 소재를 다룬 영상입니다.

[토마스] 파란 꼬마 기차 토마스가 임무를 수행하며 일어나는 다양한 사건을 해결해나가는 흥미진진한 이야기입니다.

[레고닌자고] 여섯 명의 닌자가 악당들과 싸우며 능력을 키워나가는 모험기입니다.

[리틀프린세스] 공주 같지 않은 장난꾸러기 꼬마 공주 리틀프린세스의 엉뚱한 일상을 담았습니다.

[엘로이즈] 호텔에서 사는 럭셔리한 소녀 엘로이즈와 보모의 허둥지둥 소란스러운 일상 이야기입니다.

[닥 맥스터핀] 한 소녀의 의사 역할 이야기로 고장 난 장난감들이 살아나서 겪는 모험 이야기. 청진기가 있어야 살아나는 신기한 마법 이야기로 아이들의 관심을 불러일으키기에 충분합니다.

🎨 우리 집 대박 영어책 작가들 TOP 10

[Nick Sharratt(닉 샤렛)] 재치 있고 유쾌한 그림을 그리는 작가입니다. 색감이 원색적이라 어린아이들의 시선을 끌기에 손색이 없습니다.

[Tedd Arnold(테드 아널드)] 《Fly Guy》를 쓴 저자이며 엽기적인 그림을 많이 그리는 개성 강한 작가입니다.

[Emily Gravett(에밀리 그래빗)] 글밥이 그리 많지 않아 읽어주기도 쉽고 그림도 예뻐서 자꾸 손이 가는 그림책을 쓰는 작가입니다.

[Anthony Brown(앤서니 브라운)] 대표작으로는《My mom, My dad》가 있으며 한글책과 영어책을 쌍둥이로 사서 읽어주면 좋습니다.

[Jone Burningham(존 버닝햄)] 워낙 유명한 작가라서 한글책으로도 많이 접해봤을 것입니다. 존 버닝햄을 좋아한다면 영어 원서도 구해서 읽어주길 권합니다.

[Eric Carle(에릭 칼)] 대부분의 책에 동물이 등장하며 독특한 콜라주 기법이 특징인 작가입니다. 에릭 칼의 그림책은 어른과 아이 모두에게 유익한 내용을 담고 있습니다.

[Taro Gomi(고미 타로)] 간결하고 단순한 글과 그림, 위트와 재치 있는 상상력으로 어린 아기들부터 보여줄 수 있는 쉬운 보드북부터 다양한 시리즈를 내놓았습니다.

[Audrey Wood(오드리 우드)]《Tooth Fairy》와《Balloonia》가 대표작입니다. 이 작가의 책은 시중에 나와 있는 것을 다 사서 무한반복했을 정도로 아이들이 좋아했습니다.

[Mo Willems(모 윌렘스)]《Elephant & Piggie》시리즈와《꼬므토끼》로 유명한 작가입니다. 유아부터 초등까지 재밌게 즐길 수 있는 감동적이면서도 독창적인 책들을 펴냈습니다.

[Jon Klassen(존 클라센)] 색상과 화법이 굉장히 매력적인 작가입니다.《동그라미 세모 네모》와《내 모자 어디 갔을까》가 유명한데요. 묘하게 섬뜩한 내용으로 우리 집에서는 꽤 사랑받는 작가입니다.

🔲 영어에 친숙해진 후 다양하게 읽은 리더스북

[스텝인투리딩] 아주 간결하고 쉬운 단계부터 문장을 늘려가며 차근차근 읽혀나갈 수 있는 리더스북입니다. 읽기를 위한 교재이기에 원서 그림책하고는 다른 느낌을 줍니다. 단어 인지용으로 좋습니다.

[MAGIC BEAN] 내용도 구성도 너무 좋은 리더스북입니다.

[LEGO CITY] 레고를 좋아할 때 무한반복하며 읽기 독립이라는 선물을 안겨주었던 아주 쉬운 시리즈입니다.

[FLY GUY] 테드 아널드 그림의 특징은 탁구공 같은 눈입니다. 파리를 반려동물로 키우고 있는 소년의 다양한 모험이 펼쳐집니다.

[DK READER] 실사로 되어 있어서 호불호가 있을 수 있지만 잠자리에서 한두 권씩 끼워 읽히면서 다양한 어휘에 노출해주었습니다.

[ROBERT MUNSCH] 글밥이 많지만 반복되는 문장이라 어렵지 않습니다. 기상천외한 내용 덕에 몇 번이고 다시 봤던 시리즈입니다.

[READY TO READ(로빈힐 스쿨)] 학교에서의 생활 이야기라서 학교 입학할 때쯤 흥미를 보였던 책입니다.

[The Berenstain bears] 글밥은 다소 있는 편이지만 친근한 동물 가족의 일상 이야기라 아이들이 좋아합니다. DVD도 있으니 책이 어렵다면 DVD부터 활용하고, 아이가 캐릭터에 익숙해지고 내용에 흥미를 보일 때 나중에 주어도 좋습니다.

[FROGGY] 의성어 표현이 많아서 엄마가 재밌게 읽어주면 "또! 또!"를 외칠 만한 재미있는 그림책입니다.

[Lean to Read] 실사와 그림으로 구성된 리더스북이지만 주제가 다양하여 그림책처럼 즐길 수 있습니다.

[World of Reading] 1단계의 마블 시리즈를 보기 시작해서 2, 3단계의 책을 거쳐 지금은 영화로 제작된 모든 어벤져스 영상을 무한반복해서 영어로 편안하게 듣습니다.

알파벳에 관심을 보일 때 자석 알 파벳을 구입해서 냉장고에 붙여주 세요. 색깔대로 모으기, 대문자·소 문자 짝 찾기 같은 단순하고 쉬운 놀이들을 하면 글자와 친근해지 고, 익숙해집니다.

그림책 표지 그려보기. 전지를 몇 묶음씩 사두었다가 몇 장씩 펼쳐 주면 엄마는 잠시 커피 한잔 마실 틈이 생깁니다. 아이는 그림도 그 리고 글자도 그려보게 되지요.

포스트잇과 매직만 있으면 다양한 놀이가 창조됩니다. 아이가 직접 써보고 숨기면서 숨바꼭질을 참 많이 하며 놀았습니다.

가족들의 표정으로 만들어보는 감 정 카드 놀이. 감정에 대한 영어 그림책 《How do you feel?》을 읽 고 가족과 감정 표현해보기 놀이 를 했습니다. 그리고 사진을 찍어 서 아이와 함께 책으로 만들어보 았어요.

🌱 초등 저학년

초등학교 시기의 장점이 더 많다

초등학생인데 너무 늦었다고 걱정하시는 분들이 많습니다. 그 불안과 엄마 탓으로 돌려진 죄책감은 사교육으로 아이들을 내모는 원인이 되기도 합니다. 하지만 초등학생이라고 해도 결코 늦지 않습니다. 한글 독서를 꾸준히 해온 아이라면 문해력이나 직관력 등이 뛰어나기 때문에 영어도 금세 따라갑니다. 오히려 아기 때는 오래 걸렸을 문자 읽기를 더 빨리 할 수도 있습니다.

이 시기에는 아이와 솔직한 대화를 나누면서 엄마의 마음을 표현해야 합니다. 3학년 때부터는 학교 정규수업에 영어 과목이 들어가기 때문에 다시 좋은 기회가 옵니다. 아이들은 부모가 비교하지 않아도 또래 사이에서 스스로 비교를 합니다. 다른 친구들이 영어를 읽고 쓰고 하는 것을 보면 자기도 잘하고 싶어 하는 마음이 있기 때문에 엄마가 영어 환경을 노출해볼 기회가 됩니다.

이때 아이의 영어책 읽기를 무난하게 진행하려면 엄마가 먼저 줄 것을 잘 주었느냐가 중요합니다. 아이와 소통이 안 되고 아이가 받고 싶은 사랑을 못 받았다면 그림책 읽기가 잘 진행될 리가 없지요. 아이는 하기 싫어 몸을 배배 꼴 테고 엄마는 그 모습에 화가 나서 분노를 퍼붓게 될 수도 있습니다.

초등학생이라도 노래로 귀를 즐겁게 해주기

초등학생 역시 귀를 즐겁게 해주는 데에는 노래만 한 게 없습니다. 멜로디가 좋고 따라 부르기 쉬운 음원들을 구입해서 아침이나 식사 시간, 차로 이동할 때 등 집중이 잘되는 시간에 틈틈이 소리를 노출하는 것부터 시작하면 좋습니다. 안 듣는 것 같고 무심한 듯 보이지만 아이들은 다 듣고 있습니다.

저희 큰아이는 둘째에게 영어책을 읽어주고 노래를 부를 때 자기가 좋아하는 책을 읽습니다. 그런데 같이 노래를 불러보면 가사를 가장 정확히 알고 있고, 리듬을 기억하는 건 저도 둘째도 아닌 큰아이더군요. 안 듣는 줄 알았던 초등학생 아들이 제일 열심히 듣고 있었던 거예요.

그때부터 '틀어놓으면 다 듣는구나'라고 믿게 됐습니다. 들었던 음원에 해당하는 책을 잠자리에서 연결하여 읽어주는 잠자리 리딩만 꼭 지켜도 아이는 영어 독서를 즐기게 됩니다.

아이랑 영어 서점 가보기

아이랑 영어 서점을 방문해서 같이 책을 골라보면 좋습니다. 영어로 된 그림책이며 이야기책들이 얼마나 많은지, 이런 서점이 있다는 것만 알아도 모르고 성장하는 아이보다 낫지 않을까 싶습니다.

실제로 저도 그런 마음에서 서점 나들이를 시작하게 됐습니다. 처음엔 그냥 말 그대로 '놀러 가야' 합니다. 아이가 책을 보든 안 보든,

관심이 있든 없든, 그저 휙 둘러보고 나가자고 하더라도 가는 것이 좋습니다. 아이가 사고 싶은 게 있다면 그게 무엇이든 사주세요. 설령 몇만 원짜리 원서를 고르더라도, 아기들이 보는 보드북을 고르더라도 한 권은 꼭 사주길 바랍니다.

저도 그렇게 영어 서점의 존재를 알려주고 영어 서점과 친해질 기회를 조금씩 늘려갔습니다. 그동안 소리 노출과 그림책 노출이 꾸준히 이어져 온 아이라면 이 시기쯤엔 얼리 챕터북을 읽을 수도 있습니다. 제가 늘 강조하는 것은 절대 어려운 책을 들이밀지 말라는 것입니다. 아이가 영어를 읽는다고 해도 언제나 만만한 책을 먼저 주어야 합니다. 그리고 글이 길어진 만큼 재미가 없으면 읽다가 말 수도 있으니 아이가 키득키득 웃으며 읽을 수 있는 코믹북도 좋습니다.

디즈니 애니메이션도 이 시기에 많이 보게 됩니다. 무난히 알아듣는 아이들에겐 수준을 올려주는 디즈니 영화가 좋고, 유아 DVD에 흥미가 없는 아이라면 재미 요소가 많은 디즈니 영화가 좋습니다. 좋아한다면 그냥 보여주면 됩니다. 음성은 더빙이 아니라 반드시 영어로 틀어줘야 영어 환경이 됩니다. 다소 빠르고 말이 긴 영화라면 처음엔 자막을 보여주고 답답함을 없애주는 것이 좋습니다. 내용을 어느 정도 파악했다 싶으면 영어 자막을 보여주세요. 그다음 단계에서는 자막을 없애도 잘 볼 것입니다. 반복은 축복입니다.

영어 그림책을 읽어주면 좋다는 것을 알고 있음에도 안 되는 데에는 몇 가지 이유가 있습니다. 우선 엄마 안에 영어에 대한 두려움이 있거나 내 아이는 안 된다는 믿음이 있을 수도 있습니다. 좀더 깊이 들어가면 내 아이에게 질투하는 엄마의 내면아이가 있기도 합니다. 단순히 책을 소개하고 권수를 정해서 읽어도 도움은 되겠지만, 엄마 안의 두려움이 무엇인지 자각하고 풀어나가는 것이 더 중요합니다. 그렇게 하면 영어 책육아가 시간문제일 뿐이라는 걸 많이 경험했습니다. 결국 영어 교육에서도 배려 깊은 사랑이 본질입니다.

🌱 엄마 리딩: 엄마 자신에게 이쁜 책을 선물하자

아침에 아이들이 자고 있을 때나 잠에서 깰 때쯤 영어 그림책을 소리 내어 읽어주었습니다. 꼭 아침이 아니어도 각자 환경에 맞게 엄마 리딩을 하면 됩니다. 권수는 내가 읽을 수 있는 만큼 정해서 하면 되고요.

엄마 리딩을 하는 데는 여러 가지 이유가 있습니다. 먼저 엄마의 내면아이에게도 책을 읽어주는 것입니다. 알록달록 영어책이 집에 도착하면 내가 먼저 뜯어보고 싶고 내가 먼저 읽어보고 싶었습니다. 분명 아이를 위해 산 건데, 책이 도착하는 날이면 너무나 설레고 궁금했습니다. 얼마 후 '내면아이가 책을 갖고 싶었구나' 하고 알아차리게 됐습니다.

그날부터 저는 저에게 영어책을 사주었습니다. 영어책은 왜 그리 다 신기하고 이쁘게 만들었는지 제가 좋아서 산 것은 아이들도 좋아했습니다. 그래서 돈이 아까울 새도 없이 서로 읽겠다고 했습니다.

그렇게 시작한 엄마 리딩을 하고 있으면, 아이들이 잠에서 깨어 제가 음독하는 것을 멍하니 듣고 있다가 결국 제 곁에 와서 함께 듣습니다. 엄마 리딩은 엄마에게도 좋지만 아이들에게도 소리 노출이 되는 것이었습니다. 그리고 아이들에게 새로운 책을 제시해주는 효과도 있습니다. 엄마 리딩을 한 책은 아이들이 한 번 더 보게 되거나 식탁에서 읽어달라고 요청하는 경우가 많았습니다. 저는 지금도 매일 쉬지 않고 엄마 리딩을 하고 있습니다.

❦ 아침 소리 노출

언어에서는 듣기가 가장 먼저입니다. 태어난 지 얼마 안 되는 아기에게도 책을 읽어주기는 힘듭니다. 하지만 엄마가 노래 한두 곡을 외워서 불러주는 것으로 노출을 시작하면 됩니다. 아이가 눈을 뜨고 있는 시간이 늘어남에 따라 소리책, 색깔책, 촉감책 같은 것으로 시각을 자극해주면서 엄마의 음성으로 소리를 들려주면 됩니다. 그리고 DVD나 CD로 소리 노출을 서서히 늘려갑니다. 아직 어휘력이 부족한 아이들에게는 스토리 CD보다 편안하게 들을 수 있는 노래가 좋습니다.

아침 일과를 준비하는 동안 집 안에 영어 노래가 흐르게 해보세요. 엄마가 듣고 싶은 노래여도 좋고 아이들이 틀어달라고 하는 게 있으면 그 노래를 틀어주면 됩니다. 우리 집은 아침마다 누구랄 것도 없이 먼저 일어나는 사람이 CD 플레이어의 버튼을 누르는 게 일상이 됐습니다. 그러려면 플레이어와 CD가 손닿는 곳 아주 가까이에 있어야 합니다. 인테리어 때문에 플레이어를 높은 곳이나, 보이지 않는 곳에 놓으면 실행하기가 어렵겠지요.

전집을 사면 노래 CD가 들어 있는 경우도 있고 세이펜이 되는 전집에 노래가 되는 것들도 많습니다. 아이들이 어렸을 땐 주로 그렇게 노래를 노출했습니다. 다양한 노래를 들어봤지만 정말 좋았던 건 바로 '노부영'입니다. 큰아이는 노래를 불러본 적이 없기에 노래를 싫어하는 줄 알았습니다. 아기 때 사놓은 노부영과 문진미디어 책을 제대로 활용한 건 둘째를 낳고 나서였습니다.

그런데 첫째가 학교에 입학한 후 놀라운 일이 일어났습니다. 아들이 다니는 학교에서 영어를 노부영으로 노출해주었습니다. 영어책을 접해보지 않은 아이들도 노래에 빠져서 노래를 부르고 책을 사 모으는 열풍이 일었습니다. 더 놀라웠던 건 우리 아들이 이미 다 들어본 노래임에도 찾아서 틀어달라고 하고 가사를 다 외우기까지 했다는 겁니다. 노래를 싫어하는 줄 알았던 아들은 제가 노래를 부르다가 가사를 틀리기라도 하면 답답해하며 바로잡아주었습니다.

처음 소리를 노출할 때 노래만 한 것이 없다고 확신합니다. 둘째 아이도 "엄마, 노래를 듣고 따라 하다 보면 글자가 보여. 참 신기해. 계속 따라 하다 보면 알게 돼"라고 말했어요. 아이에게 책을 읽어주기 힘든 날을 대비해서 침실 천장에 영어 노래 가사를 적은 전지를 붙여놓았습니다. 너무 힘들고 지치는 날이면 천장에 쓰여 있는 노래를 불러주거나 읽어줍니다. 이건 아무리 생각해도 효과 만점입니다.

🔖 노래로 영어 노출하기

[노부영 베이비 베스트] 무슨 책을 사야 할지 모를 때 고민을 덜어주기 더없이 좋은 책입니다. 태교를 할 때부터 사서 들으라고 조언하고 싶어요. 아이들의 일상과 밀접한 주제로 더없이 친근한 원서 그림책입니다. 촉감북과 놀이북이 포함되어 있어 오감 발달에도 좋습니다. '내가 첫아이 키울 때 이 책을 알았더라면 매일 트윙클 트윙클 리틀스타만 불러대지 않고 다양하게 불러줬을 텐데' 하는 아쉬움이 남아서 많은 엄마들이 이런 책들의 도움을 받기를 바랍니다.

[노부영 베스트] 세계 유명 작가의 단행본 모음집입니다. 노부영 그림책 중 엄선된 베스트 도서로, 책 한 권당 음원과 송 애니메이션이 들어 있는 CD가 세트로 나와서 책과 함께 듣기 환경을 주기에 좋습니다.

[슈퍼심플송] 쉽고 짧은 영어 노래라서 금세 따라 부를 수 있고, DVD도 있으며, 유튜브에서도 쉽게 찾아볼 수 있는 노래라는 것이 큰 장점입니다.

[잉글리쉬에그 ZOO(판다북, 비버북, 멍키북)] 수록된 모든 책에 쉽고 뮤지컬 같은 멋진 음원이 있어서 차 안에서나 밥 먹을 때 틀어놓고 참 많이 따라 불렀던 추억의 책입니다. 시간이 지나고 보니 어느새 두 아이는 전권의 노래를 거의 다 외우고 있더라고요.

[웅진잉글리쉬쌩쌩] 반복되는 패턴의 문장을 노래로 만든 CD가 모든 책에 함께 있어서 흥겹게 노래로 책을 줄 수 있는 쉬운 전집 세트입니다. 한 번만 들어도 따라 부를 수 있을 정도로 단순한 멜로디라서 아이들과 노래를 부르며 문장을 익히기 좋습니다.

[길벗스쿨 디즈니 OST 잉글리쉬] 재미있게 본 디즈니 애니메이션에는 너무나 훌륭한 주제곡들이 있습니다. 아이들이 주제곡을 흥얼흥얼 따라 부르기에 가사집을 사서 함께 불러보았더니 듣는 귀가 좀더 업그레이드되었습니다. 총 27곡이 수록되어 있어서 초등까지 함께하기에 손색이 없는 훌륭한 교재입니다.

📖 네 식구가 즐겨 부르던 추억 가득한 대박 노래책

[Lemons Are Not Red] 단어 인지용 그림책으로 단순한 멜로디에 아이가 금세 따라 부르게 됩니다. 아이가 좋아한다면 같은 작가의 다른 책을 찾아보는 것도 좋습니다.

[The Very Quiet Cricket] 곤충을 좋아하는 아이라면 에릭 칼 작가의 책을 한두 권씩은 가지고 있을 겁니다. 글이 다소 많아 보여도 아이는 금세 외워버릴 정도로 좋아했고, 온 가족이 가사 외우기에 도전했던 효자 책입니다.

[Colour Me Happy!] 책은 너무 예쁘고 멜로디는 신나고 내용도 좋습니다. 마르고 닳도록 함께 노래 불렀던 책입니다.

[Owl Babies] 글이 길어서 겁을 먹고 한 줄씩만 읽어주었는데 아이가 두 살 때부터 "또, 또"를 외쳤던 책입니다. 나중에 음원이 있다는 것을 알고 들려주었는데 어느덧 저도 아이도 가사를 다 외우고 있었습니다.

🌱 식탁 리딩

아이를 처음 키우는 부모들이라면 불안한 것들이 얼마나 많을지 너무 잘 압니다. 저 역시 작은 선택을 할 때마다 걱정이 앞섰으니까요. 제 선택이 아이에게 어떤 영향을 미칠지 두려웠습니다. 우리는 처음 하는 것들에 대해 불안감을 느낍니다. 그래서 첫아이를 키울 때도 여러 가지로 혼란스럽고 시행착오도 겪습니다.

아이가 책을 좋아하길 바라서 열심히 읽어주었습니다. 그런데 정작 책을 너무 좋아해서 책 읽느라 밥 먹는 데 2시간씩 걸릴 때면 그렇게 화가 났어요. 밥 먹을 때는 밥만 먹어야 한다는 것은 누구의 기준일까요. 밥상머리에서 버르장머리 없게 똑바로 먹지 않는다고 혼났던, 과거에서 온 믿음이 내 아이의 모습을 두려움으로 보게 한 것입니다. 나는 아이의 밥을 뺏어보기도 하고 책을 던져보기도 하면서 아이의 몰입을 막으려 했습니다. 하지만 아이는 굴복하지 않았어요. 절대로 자신의 욕구를 접지 않았습니다. 지금이야 내가 아이를 잘 키웠음을 알지만, 그때만 해도 무슨 큰일이라도 난 것처럼 선배 맘들에게 하소연을 하기도 했습니다. 식탁 리딩이 주는 이득이 얼마나 많은지 그때는 알지 못했기에 내 두려움에 압도당하고 만 것입니다.

아이 둘과 온종일 가정보육을 하다 보면 책을 많이 읽어주기가 쉽지 않았습니다. 둘이 돌아가면서 놀이터 가자고 할 때도 있고, 외출을 해야 할 일도 많이 생기니까요. 어린이집이나 유치원에 다니기라도 한다면 책 읽어주는 시간을 확보하기는 더더욱 어려워집니다. 그래서 만든 게 식탁 리딩이에요. 하루가 어찌 돌아가든 하루에 한 끼라도 집에서 밥은 먹습니다. 밥 먹는 시간에는 아이가 한곳에 앉아 있기 마련이고 엄마도 함께하죠. 이럴 때 엄마 리딩을 했던 책이나 아침 소리 노출을 했던 책을 읽어주거나 함께 노래를 부르면 부족한 영어책 양을 채울 수 있습니다.

식탁에서는 가족끼리 대화를 해야 좋은 거 아니냐고 묻는 분들이 있는데요, 대화는 꼭 식탁이 아니어도 할 기회가 많습니다. 아이랑 짧게 산책할 때는 물론, 마트를 가거나 어딘가 외출할 때도 이야기를 나눌 수 있습니다.

밥을 먹을 때 엄마가 배고프면 책이 눈에 안 들어올 때가 있죠. 저도 배고프면 밥 먹고 싶지 아이 책에 눈이 안 갑니다. 그래서 너무 배고프면 밥을 차리면서 허기를 조금 달래기도 합니다. 그러면 아이가 밥 먹는 동안 책을 두어 권이라도 읽어주고, 아이가 다 먹고 난 뒤 뿌듯하고 여유 있는 마음으로 식사를 즐길 수 있습니다. 하루에 한 번이라도 식탁 리딩을 진행해보세요. 이것만이라도 일상이 된다면 영어책 노출의 양을 자연스럽게 늘릴 수 있습니다.

🌱 잠자리 리딩

엄마 리딩도 안 되고 식탁 리딩도 힘들다고요? 좌절하지 마세요. 잠자리 리딩이 있으니까요. 이때는 아이가 원하는 책이 먼저입니다. 만약 한글책부터 읽어달라고 하면 한글책부터 읽어주는 게 맞습니다. 엄마의 욕심으로 영어책을 들이밀지 마세요. 우리가 잊지 말아야 할 것은 아이의 욕구가 우선되어야 한다는 것입니다. 아이가 원하는 책을 읽어주는 사이에 영어책도 한 권씩 끼워 넣어보세요.

만약 영어책을 극도로 거부하는 시기라면 한글책만이라도 놓지 말고 읽어주면서 시도해보면 됩니다. 아이가 잠자리에서도 영어책을 거부한다면 소리 노출에 더 신경을 쓰면서 아이가 영어 소리에 익숙해지도록 기다려주어야 합니다. 영어 소리를 들어본 적도 없고 영어 그림책을 처음 본다면, 아이가 거부하는 것도 자연스러운 일입니다. 엄마만 포기하지 않는다면 아이는 반드시 영어책도 즐기게 될 것입니다. 아이는 절대 포기하지 않거든요.

아이가 영어책을 잘 읽다가도 엄마가 강압적으로 나온다고 느끼면 거부할 수도 있습니다. 그리고 단순히 재미없는 영어책이라서 안 보고 싶은 것일 수도 있습니다. '우리 아이는 영어를 싫어해'라고 선불리 판단하여 포기하지 말고, 아이를 잘 관찰하면서 원인을 찾아보면 됩니다. 자려고 누웠을 때 저는 먼저 아이들에게 뽀뽀를 퍼붓거나 진하게 안아줍니다. 잠자리 리딩은 엄마 가슴에 아이를 품고 엄마 냄새 풀풀 풍기는 사랑 타임이 되어야 합니다.

❦ 책육아는 나 자신을 키운 시간이었다

어릴 적에 저는 책이란 것을 교과서 말고는 구경해본 적이 없습니다. 워낙 어려운 살림이어서도 그랬지만 돈이 있었어도 부모님이 책을 사줬을 것 같지는 않아요. 그랬기에 제 아이들에게 책을 읽어주는 게 쉬운 일은 아니었습니다.

한글책은 그래도 주는 게 그리 어렵지 않았지만, 영어 그림책은 보드북에 있는 쉬운 어휘조차 이해하기 어려웠습니다. 아이들 그림책에 나오는 어휘는 우리가 교과서에서 배운 어휘와 다르거든요. 잠 줄여가며 밤새 단어를 찾아놓아야 읽어줄 수 있었습니다. 그 시간은 저도 영어 영재가 되게 했습니다. 아이들 읽어주면서 내가 듣고, 내가 보고, 내가 읽으니까요. 어느 순간 보니 내 실력이 껑충 레벨업돼 있었습니다.

무엇보다도 제가 영어를 좋아한다는 사실을 깨달았습니다. 밤을 새워가며 영어 공부를 하기도 했습니다. 영어 하면 두드러기가 날 정도로 두렵고 어려운 것이라고 믿었던 내가 영어를 좋아하는 사람이었던 겁니다. 영어를 못하는 게 아니라 영어를 재미없게 배운 거예요. 결국 내 아이들에게 읽어준 책이 어린 시절 받지 못한 채 엄마가 된 나에게도 지혜와 지성을 주었습니다.

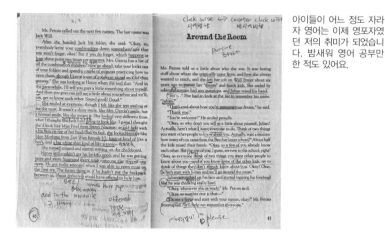

아이들이 어느 정도 자라 자 영어는 이제 영포자였 던 저의 취미가 되었습니 다. 밤새워 영어 공부만 한 적도 있어요.

우리 두 아이에게 영어 사교육으로 돈 나갈 일은 이번 생에서는 없으리라고 확신합니다. 우리 가족은 지금도 함께 영어 노래를 부르 고, 모르면 가르쳐주며 함께 배워나갑니다. 어떤 목적이 있는 건 아 닙니다. 이제 영어가 우리 가족에게 사랑 표현의 도구가 된 거예요.

🌱 엄마가 오디오북이 되어주자

책 좋아하는 아이를 보면 책을 좋아하지 않는 내 아이와 자동으로 비교가 되시나요? 아이들은 저마다 타고난 기질이 다릅니다. 보는 것으로 세상을 배워가는 아이가 있는가 하면, 유독 소리에 섬세한 아이들도 있고, 온몸을 써서 탐색해가는 아이들도 있습니다. 또 환 경에 따라 아이들은 모두 다르게 성장합니다. '내 아이는 왜 책을 한 권도 읽지 않을까?' 하고 밉고 야속한 마음이 든다면 혹시 내 아이 기질을 내가 모르고 있지는 않은지, 우리 집 환경은 어떤지 한 번쯤 돌아봤으면 좋겠습니다.

꼭 책으로만 지혜와 지식을 얻는 건 아닙니다. 내 아이는 세상과 어떻게 소통하는지, 어떤 방식으로 배움의 즐거움을 키워가는지 지켜보세요. 아무리 해도 책을 받아들이지 않는다면, 아이와 대화를 많이 하면 됩니다. 부모들은 아이들이 엄마 · 아빠와 이야기하는 것을 얼마나 좋아하는지 잘 모릅니다. 게임하느라 유튜브 보느라 우리 집 애들과는 대화가 없다고 말하지만, 정작 핸드폰 보느라 청소하느라 바쁜 건 부모님이 아닐까요?

한적한 공원이나 아파트 정원이라도 아이들과 함께 자주 산책해 보세요. 킥보드나 자전거도 타지 말고 그냥 걸으면서 아이들과 수다 떠는 시간을 가져보세요. 아이들은 쉴새 없이 쫑알거리며 정말 많은 말을 할 겁니다 내 아이가 얼마나 성숙해졌는지 알 수 있는 기회가 되고, 그냥 지나치고 묻혔을 이야기도 꺼내게 되는 시간이 됩니다. 저도 그런 시간을 보내면서 알았습니다. 아이들이 얼마나 하고 싶은 이야기도 많고, 듣고 싶은 이야기도 많은지. 제가 읽고 보고 들었던 여러 이야기를 들려주면서 아이의 호기심을 자극하기도 했고, 생각도 못 한 아이의 관심사도 알게 됐습니다. 그래서 저는 신문도 구독하고 과학 잡지도 구독하면서, 견문을 넓혀나갔습니다. 어느 순간 아이와의 대화에서 내가 아이의 지성을 따라갈 수 없음을 알게 됐기 때문입니다. 아이와 더 깊고 재미난 대화를 나누고 싶어서 저 역시 세상 공부 열심히 하고 있습니다.

❦ 책보다 관계가 먼저다

영어 학습에 정말 관심이 많은 엄마에게 자주 하는 질문이 있습니다.

"내 아이가 왜 영어를 잘했으면 하시나요?"

돌아오는 대답은 크게 몇 가지로 좁혀집니다.

"내 아이가 영어를 빨리 읽고 말하고,《해리포터》같은 원서도 빨 리 읽었으면 좋겠어요."

"영어를 못하면 성공하지 못할 것 같아서요."

"영어 때문에 나처럼 고생 안 하고 살았으면 해서입니다."

내 아이만큼은 영어로 나처럼 스트레스 받지 않았으면 하는 것이 당연한 부모의 마음입니다. 하지만 좋은 거 주자고 정작 아이의 욕구를 무시하거나 아이가 원하는 사랑을 미뤄둬서는 안 됩니다. 엄마가 진짜 원하는 것을 얻기 위해서는 그것이 먼저이기 때문입니다.

책 한 권 읽히는 것보다 우선되어야 하는 것은 아이의 욕구와 감정에 대한 공감과 존중입니다. 아이는 엄마에게 안겨 엄마 냄새를 맡고 안정감을 느끼고 싶어합니다. 그런데 엄마가 영어책 한 권 더 읽히려고 붙잡아 앉혀서 책을 펼친다면, 아이에겐 영어책이 엄마 사랑을 뺏어간 원망의 대상이 됩니다. 아이가 원하지 않을 때는 과감히 내려놓을 수 있어야 해요. 아이가 한글책을 더 원할 때는 원하는 책부터 읽어주는 게 맞고요.

아이 욕구가 충분히 채워지면 엄마가 들이미는 영어책 한 권도 봐줄 거예요. 사랑의 힘은 우리가 상상하는 것보다 큽니다. 엄마가 주는 배려 깊은 사랑은 몇 배가 되어 다시 돌아옵니다. 아이의 눈빛과 손길이 어디에 가 있는지 봐주는 게 사랑입니다.

🌱 행복한 아이는 지성도 따라온다

우리는 처음 하는 일 앞에서 두려움을 느낍니다. 아이도 처음 낳아보고 처음 부모가 되었기에 두려운 것입니다. 저 역시 첫아이는 하나부터 열까지 두렵지 않은 게 없었습니다. 울 땐 어떻게 해야 하는지, 아이가 눈을 말똥말똥 뜨고 있을 땐 뭐라고 말해주며 시간을 보내야 하는지, 부모가 됐지만 익숙하지 않은 상황에 혼란스럽기만 했습니다.

첫째 아이는 백일 때 중증 아토피 진단을 받았고, 아빠와 떨어져 1년 5개월을 외할머니 댁에서 살았습니다. 그때 친정엄마와 제가 절대 놓치지 않으려 했던 것은 아이가 매일 한 번이라도 웃게 해주는 일이었습니다. 남들 다 하는 좋은 육아는 꿈도 꾸지 못했고, 아토피 때문에 집 안의 많은 물건을 버릴 수밖에 없어서 장판과 벽지만 있는 집에서 아이는 생활해야 했습니다.

그럼에도 아이는 책을 좋아하고, 좋아하는 일에 몰입하는 행복한 아이로 자라고 있습니다. 좋은 교구 또는 비싼 책을 사주었느냐가 아니라, 정서적으로 얼마나 안정됐고 부모와의 애착이 얼마나 잘 형성됐는지가 결정적인 이유라고 저는 믿습니다.

둘째 아이인 딸은 배 속에서부터 푸름이교육으로 자란 아이입니다. 그렇다고 제가 완벽하게 배려 깊은 사랑을 준 것은 아닙니다. 둘째를 낳고 내 상처가 바닥까지 드러났기에 참 많이 울고 힘들었습니다. 아이가 어릴 때 한글을 가르쳐달라고 하거나, 한글카드를 갖고 놀자고 할 때도 그렇게 해주지 못했습니다. 대신 내가 줄 수 있는 것들을 사랑으로 충분히 주고자 했습니다. 무기력해져서 누워 있는 내 곁에 온 아이에게 충분히 스킨십을 해주었고, 사랑한다고 많이 표현해주었습니다.

둘째는 놀랍게도 혼자서 한글을 뗐어요. 네 살 때부터는 한글 쓰기를 하더니 하루가 다르게 정확하고 긴 문장들을 쓰면서 놉니다. 영어 알파벳 노래책을 듣고 영어 글자 자석을 가지고 놀다가, 파닉스 원리를 알게 되면서는 직접 소리만 듣고 써보고 읽어보기도 합니다. 이런 일을 아이는 게임처럼 즐깁니다. 수학은 바둑알을 가지고 놀면서 연산을 뗐고, 구구단까지 외우고 있습니다. 아이는 배우는 게 너무 즐겁다고 합니다.

둘째 아이까지 키워보면서 아이가 행복하면 이렇게 아이 안에 있는 위대한 힘이 나온다는 것을 두 번이나 경험했습니다. 아이에게 무언가를 욱여넣는 건 두려움의 교육입니다. 아이의 꽃봉오리를 일찍 벌리려 하지 마세요. 따뜻한 햇볕과 충분한 물이 있으면 스스로 때가 되어 아이만의 아름다운 꽃이 됩니다.

Q 아이가 유튜브나 게임을 알게 되고서는 영어책을 전혀 보지 않아요. 이럴 땐 언제까지 그냥 놔둬야 하나요?

A 유튜브와 게임이 너무 재미있을 때는 아무리 재밌는 영어책을 사줘도 흥미를 보이지 않을 수 있습니다. 한글책도 잘 보지 않는데 게임에 맘을 뺏겼으니 어쩌면 당연한 일일 수 있어요. 이럴 때 무조건 하고 싶은 것을 못 하게 하고 영어책을 들이밀면 오히려 관계가 나빠질 수 있으니, 아이가 하고 싶은 것을 하도록 존중해주세요. 다만 게임이나 유튜브를 하지 않는 식사 시간이나, 잠자리에서 한두 권씩 읽어주세요.

그리고 배경음악처럼 영어 노래를 틀어주고 재미난 DVD를 틀어주세요. 영어책을 한 권이라도 더 읽히려다가 관계가 나빠지면 안 되니까요. 아이의 욕구를 인정해주면서 아이가 흥미를 보이는 것에 엄마도 관심을 보여주고 그 즐거움에 함께한다면, 엄마가 주는 영어 환경도 사랑으로 받아들입니다.

Q 엄마가 영어를 전혀 읽지 못하고 발음도 안 좋은데 세이펜을 주고
읽으라고 하면 될까요?

A 세이펜도 잘 활용하면 훌륭한 도구가 됩니다. 다만 아이에게 세이펜
을 던져주고 혼자 읽어보라고 하면, 처음에는 호기심에 몇 번 찍어
보고 놀지만 점점 흥미를 잃게 됩니다. 영어책도 아이와 엄마를 연
결해주는 도구입니다. 읽어주는 게 너무 힘들다면, 엄마가 세이펜을
함께 사용하며 책을 봐주는 게 좋습니다.

Q 영어책을 너무 어린 나이에 줘도 상관없을까요? 아직 한글도 떼지
못했거든요.

A 저는 다시 영어 책육아를 한다면 태교부터 시작할 것 같습니다. 아
이가 태어난 후에는 안고 있을 때 영어 노래를 틀어주거나 불러주는
것부터 시작하면 됩니다. 이른 나이에 주면 한글도, 영어도 제대로
못 하는 아이가 될까 봐 두려움도 들지요. 그런데 모국어가 아직 정
착하지 않았을 때, 오히려 자연스럽게 여러 언어를 받아들이고 습득
하게 됩니다.
모국어가 익숙해질 때쯤에 시작하면 영어 거부가 올 수도 있지만,

일찍부터 영어 소리를 접하고 자란 아이들은 거부감 없이 영어를 모국어처럼 받아들입니다. 어릴 때는 흥겨운 노래와 어휘를 익힐 수 있는 보드북을 여유 있는 마음으로 접하게 해주세요.

Q 파닉스 교재로 영어 글자를 가르치면서 아이에게 쓰기도 시키고 있습니다. 그런데 아이가 하기 싫어해요. 이럴 땐 어떻게 해야 할까요?

A 고학년인데도 영어를 읽는 게 힘들다고 하면 파닉스를 교재로 가르쳐볼 수 있지만, 아직 어린 나이에 영어를 학습적으로 다가가는 것은 결국 영어와 멀어지게 할 뿐입니다. 유아들은 아직 한글을 쓰는 것도 어려워하죠. 그런데 영어까지 쓰고 외우라고 하면 '영어는 재미없고 힘든 공부일 뿐이야'라고 인식하게 됩니다.

듣기가 충분히 돼서 듣는 귀가 뚫리는 게 가장 먼저이고, 그다음은 그림책을 접하며 글자에 관심을 가지게 됩니다. 그럴 때 알파벳을 가지고 놀 수 있도록 도구도 주고, 알파블록스 같은 파닉스 DVD도 주면서 자연스럽게 접근하세요.

인풋이 많이 되면 아이들은 표현하고 싶어 합니다. 아이가 쓰기에 관심을 보일 때 쓰기에 도움을 주세요. 초등학교 3학년이 되면 학교에서 영어 쓰기를 시작하는데요. 그 시기라면 학교에 맡겨두는 것도 좋습니다. 학교의 영어 시간이 두렵지 않고, 쓰기에 거부감이 없도록 해주세요. 엄마가 영어도 즐겁게 배울 수 있다는 것만 알려줘도 엄마표는 성공입니다. 욕심을 내고 싶을 때일수록 아이와 더 자주 대화하세요. 더 재밌고 예쁜 그림책과 DVD로 환경을 주면서 아이를 기다려주시기 바랍니다.

7장

풍요를 창조하는 아이로
자라는 푸름이교육

어렸을 때 부모님이 자동차를 사줬는데 인형을 또 사달라고 울어서 부모님이 저를 때렸다
는 얘기를 들었습니다. '내가 부잣집에 태어났으면 원하는 걸 다 가질 수 있고 사랑받고 자
랐을 텐데'라는 생각을 그때 하게 되었어요.
초등학교 2학년 때부터는 친구 생일이라고 거짓말을 해서 타낸 돈으로 설탕을 녹여서 바
늘로 콕콕 찍는 '띠기'를 온종일 했습니다. 그것으로도 부족해 엄마 돈을 훔쳐 과자를 사
먹다가 죽도록 맞은 적도 있고요. 돈이 없어서 하고 싶은 일을 포기해야만 하고, 내가 거
짓말쟁이가 되고 도둑이 되는 상황이 지긋지긋했어요. 중학교 때는 용돈이 부족해서 전
단 돌리는 아르바이트를 하기도 했습니다. 하루 일하고 나면 사흘간 몸살을 앓을 정도로
힘들었어요. 경제적으로 여유로웠지만, 검소한 부모님께서는 늘 제가 쓰기에 빠듯한 돈을
주셨어요. 설상가상으로 IMF 이후에는 아버지가 은퇴를 하셔서 더더욱 돈 얘기를 할 수가
없었죠.

그랬던 저이지만, 엄마가 되고 보니 부모님이 저를 위해 최선을 다하셨다는 걸 알게 되었
습니다. 제주도 한 번 못 가본 분들이 저는 외국에 여러 번 보내주셨고, 대학을 나오지 않
은 분들이 저는 대학에 보내주시고 학비와 용돈도 모두 지원해주셨어요. 교환학생으로 호
주에도 보내주시고요. 그런데도 저의 내면아이는 안 사준 것, 못 먹은 것, 못 받은 것에 한
이 맺혀 있었습니다. 내면아이를 치유하기 전에는 내가 받은 것이 아무리 많아도 보이지
않았어요.

아이를 낳고 키우면서, 아이가 장난감을 원할 때 다 사줄 수가 없다는 걸 알게 되었습니다.
먹고 싶다고 하는 걸 다 사줄 수도 없었습니다. 사랑하는 내 아이들 정말 잘 키우고 싶은
데, 결핍 대신 풍요를 주고 싶은데 어찌해야 할지 몰라서 돈을 공부했습니다. 세 아이를 키
우며 밤을 새워 공부하고, 눈이 오고 비가 오는 날에도 아이를 업고 부동산 중개소에 다녔
습니다. 적어도 아이들 사춘기 때는 돈 걱정 없이 살게 하겠다는 목표 하나로 달렸습니다.
지금은 아이들에게 돈 걱정 없이 무한하게 꿈꾸게 하고, 갖고 싶고 먹고 싶은 것이 있으면
충분히 해주는 엄마가 되었습니다. 그리고 이제는 저를 훨씬 뛰어넘는 부자로 살아갈 아
이들을 꿈꾸며 살고 있어요. 집 한 채 없던 외할머니보다 친정엄마가 훨씬 부자가 됐듯
이, 내 아이들도 그렇게 자랄 겁니다. 시간은 미래, 즉 풍요의 방향으로 흐르니까요.

어디서도 환영받지 못했던 어린 시절

🌱 연약하고 아픈 아이

두 딸 중 첫째로 태어난 나는 돌 즈음 보행기에서 떨어진 뒤 가끔 기절을 하게 됐어요. 책상 위에서 놀다 떨어져 기절한 적도 있고, 터진 축구공을 차다 넘어져 기절하기도 하고, 학교 복도에서 뛰다 넘어져 의식을 잃기도 했어요. '이러다 죽는 게 아닐까? 나는 왜 약하게 태어났을까?' 늘 생각했어요. 생이 불안했기 때문에 몸이 조금이라도 아프거나 이상한 증상이 생기면 깊은 우울감에 빠져 끙끙 앓았어요. '내가 병들어 죽어간다는 걸 엄마가 알면 얼마나 슬플까?' 하는 생각에 내 몸이 이상해도 말하지 못했어요.

TV 드라마에서는 병들어 죽어가는 주인공 이야기가 곧잘 소재가 되고, 각종 끔찍한 사건들로 죽음을 다루는 스토리가 많죠. 나는 어떻게 죽게 될지 너무나 불안하더라고요. 그 불안이 나를 심약하게 만들었는데, 급기야 교통사고까지 당하고 말았습니다.

학교 앞 도로에서 사고를 당했는데, 병원에 실려 간 후에도 몇 시간 동안 의식이 없었습니다. 깨어났는데 온몸이 욱신욱신 너무 아팠어요. 엄마가 울고 있더라고요. 평소에 차갑고 냉정하고 공부만 시키던 엄마였던지라 '아, 새엄마인 줄 알았더니 우리 엄마 맞구나' 하고 안도감이 들었어요. 의사가 와서는 어디 아픈 곳 없냐며, 특히 머리가 어떤지 물어봤어요. 아마도 뇌를 다쳤을까 봐 걱정해서겠지요. 여덟 살의 어린 나는 내 머리를 톱으로 잘라 열어보기라도 할까 봐 덜덜 떨며 아무 데도 아프지 않다고 둘러댔어요. 사실은 두통이 있었는데 아무렇지 않은 척했어요. 그 일 이후로 열아홉 살 때까지 잦은 두통에 시달렸는데, 그때 치료받지 않아 후유증이 있는 거라며 그냥 무시하고 넘어갔어요.

🌱 자신이 무가치하다는 생각

지방에 있는 대학에 입학해 나와 맞지 않는 분야를 전공했고, 졸업 후에는 국민은행 계약직으로 입사해 계약직의 설움과 차별대우를 경험했습니다. 어디에서도 환영받지 못한다는 생각 속에서 입사한 지 11개월 만에 임신과 함께 퇴사를 결정했어요. 회사에서는 임신을 했으면 7개월까지 다니다가 육아휴직을 들어가면 되는데 뭐하러 퇴직을 하냐며 만류했어요. 하지만 나는 스트레스가 너무 커서 돈도 필요 없고 하루도 더 일하고 싶지 않았어요. 직장 생활도 똑바로 할 수 없는 의지박약에, 예쁨도 못 받는 직원이라고 자책하면서 말이지요.

그런데 퇴사 후 유산을 하게 됐어요. 직업도 없고 애도 없는, 정말 무가치한 사람이라는 생각을 떨칠 수가 없었습니다. 앞날이 캄캄하고 우울한 날들이 이어졌어요.

그러다가 도서관에 가서 임신, 출산, 건강 관련 책을 섭렵하기 시작했습니다. 아이를 꼭 낳고 싶었거든요. 다른 것은 성공하지 못해도 행복한 가정은 꼭 이루고 싶었어요. 나를 빛내줄 아이, 똑똑하고 잘생긴 아들이 필요했어요. 왜 굳이 아들이냐면, 딸을 낳았다고 구박받는 사례를 많이 봐왔기 때문입니다. 사실 나는 예식장을 예약하자마자 아들을 낳기 위해 임산부가 먹어도 괜찮은 체질 개선제(칼슘제)를 하루 세 번씩 먹기 시작했습니다. 은행 다닐 때 언니들이 "넌 뭘 그렇게 먹니?" 하길래 "아들 낳는 약이요. 전 딸 낳고 눈치 보며 살고 싶지 않아요"라고 했어요. 그랬더니 "대단하다. 잘 생각했다. 아들 낳아야 속이 편하지"라고 이야기해줬어요. 남편에게도 결혼 전부터 나는 아들을 낳을 거라고 말했고, 남편도 동의해주었어요.

내가 너무나 보잘것없었기에 아이가, 그것도 아들이 꼭 필요했어요. 우아하게 "안녕하세요? 저는 누구 엄마입니다" 하고 인사하고 다니고 싶었어요. 시댁에 가서도 인정받고 싶었고, 사람들이 나를 부러워했으면 좋겠다는 생각뿐이었어요.

내가 찾던 육아법, 푸름이교육

🌱 아이를 위한 공부

임신 초반에는 입덧이 심해 아무 생각도 할 수가 없었습니다. 18주 쯤 돼서 정신을 차리고 보니 태교를 해야겠다는 생각이 들었어요. 배 속에서부터 똑똑하게 키워야 하는데 너무 늦은 것은 아닌지 마음이 조급했어요. 우연한 기회에 맘카페 댓글을 통해《배려 깊은 사랑이 행복한 영재를 만든다》라는 책을 접하고, 계속 공부한 결과 이것이 내가 찾던 교육이라는 것을 알게 됐습니다. 억지로 하거나 잔소리하지 않고 있는 그대로 아이를 바라보면서 영재를 만드는 교육이죠.

홈페이지에서 MP3 강연 파일을 다운로드받아 마르고 닳도록 들었고, 도서관을 오가며 '영재', '천재'라는 키워드가 들어간 책은 모두 빌려봤어요. 아이의 지능이나 정서를 다룬 다큐멘터리나 방송도 찾아서 열심히 봤고요. 당장 아이가 태어날 예정이니 돌 전까지 해 줘야 할 것이 무엇인지 중점적으로 공부했습니다. 세상에, 내가 이렇게 책 읽고 공부하는 걸 좋아하는 사람인 줄은 미처 몰랐어요. 내아이를 위해서라고 생각하니, 온종일 공부해도 힘들지 않더군요.

아이가 태어나자 아름다운 클래식과 동요를 많이 들려주었어요. 최대한 작은 볼륨으로 시끄럽지 않게 섬세하게 들을 수 있도록 배려 했고요. 동화책을 영어, 한글 구분하지 않고 보여줬습니다. 카드는 배경이 깨끗하고 단순한 것으로 은하수 미디어 카드를 모두 구입해서 5초에 5장씩 플래시 카드 형식으로 매일 보여줬어요. 집 안의 모든 벽면은 포스터로 도배했고, 이유식 먹일 때마다 벽에 있는 동물 울음소리를 흉내 내 들려줬어요.

🌱 듣고, 만지고, 맛보게 하다

오감을 발달시키기 위해 많은 말을 들려주고 다양한 경험을 하게 해줬어요. 비누를 만질 때는 "미끌미끌 비누"라고 말해주고, 거칠한 나무를 만지게 하고는 "거칠거칠 나무껍질"이라고 알려주었어요. 요리를 할 때는 간장을 살짝 맛보게 하고 "짜다. 짠맛이 나지? 간장은 짜"라고 알려주었고요. 시고 달고 짜고 맵고를 돌 전에 조금씩 알려주었어요. 이때가 가장 흡수력이 강력한 시기라는 것을 알았기에 가능한 한 많은 것을 보여주고 들려주고 만져보게 했습니다.

　장을 보고 오면 수박을 꺼내서 보여주었고, 요리하면서 오이나 당근을 쓸 때면 씻어서 아이가 보고 만지고 냄새 맡을 수 있게 도와주었습니다. 소리가 요란하고 불빛이 나는 장난감은 사지 않았어요. 미디어에도 노출하지 않았고요. '지금이 조선 시대다'라고 생각하고 살았더니 무엇이든 선택하기가 쉬웠어요. 아이는 돌 때쯤 되자 동화책 제목을 영어로 이야기하면 기어가서 수십 권 중에 바로 그 책을 찾을 정도로 인지가 빨랐습니다. 엘리베이터를 기다릴 때마다 숫자를 읽어주었더니 숫자도 금방 알더라고요. 푸름 부모님께서 아이가 "엄마"라고 말할 때 '엄마'라는 글자를 가르치라고 했는데, 그 방법을 따라 글자도 빠르게 노출해주었어요.

플래시 카드 생생 활용법

플래시 카드를 많이 보여줬기에 모든 사물을 인지할 수 있었어요. 뒷면에는 한글이 있었거든요. 아이에게 글자가 보이도록 두 장의 카드를 들고 노래를 불렀어요. 일테면 이런 식이에요.

고구마와 무 카드를 들고 아이에게 보여줍니다. 내가 "고구마 어디 있나, 여~기"라고 노래를 부르는 동안 아이 눈이 고구마에 머물더라고요. 일부러 세 글자랑 한 글자 카드를 보여줘서 쉽게 맞힐 수 있도록 했어요. 아이가 고구마를 맞히면 봇물 터지듯 손뼉을 쳐줬어요. "벌써 글자를 아네? 우와, 천재야!"라고 호들갑을 떨면서요. 만약 아이가 고구마가 아닌 무에 눈길을 주면, 고구마를 얼굴 앞으로 쑥 내밀면서 "고구마 어디 있나, 여~기" 하고 보여주면 그만입니다. 그런 다음 글자 하나씩을 가리키면서 '고, 구, 마'라고 세 글자를 또박또박 읽었어요.

그런 식으로 파와 토마토처럼 글자 수가 다른 것을 계속 노출하면 아이는 이 놀이를 매우 즐기게 되고 한글을 익혀갑니다. 한글이 재밌다고 생각하게 되죠.

낚시놀이

플래시 카드에 클립을 꽂아서 바닥에 깔아놓고, 아이와 낚시를 하면서 "양파를 건져볼까요?" 하고 건져도 좋아요. 플래시 카드 앞면에는 양파 사진이 있고 뒷면에는 '양파'라는 글자가 있는데, 하늘로 들어 올렸을 때 빙글빙글 돕니다. 이때 잡아서 글자를 딱 한 번만 보여줘요. 아니면 아이가 토마토를 집었을 때 "우와, 토마토를 집었네. 대단하다. 토마토 빙글빙글~" 하면서 토마토를 집었음을 알려줘요.

푸름이교육에서 아이가 아는지 모르는지 확인하지 말라고 해서, 한 번도 물어본 적이 없어요. 단, 아이가 어느 수준으로 인지하고 있는지 눈빛을 보고 파악하여 적절한 수준의 놀이로 성취감을 느끼게 해주었습니다. 아이가 태어나기 전에 수백 권의 육아서를 읽고 준비한 덕분에, 나처럼 바보로 키우지 않겠다는 결심 덕분에 알게 된 사실들입니다.

또 푸름이교육에서는 아이가 울면 3초 안에 달려가라고 했는데, 달려갈 자신이 없어서 포대기로 업고 설거지하고 밥했어요. 모유를 먹이면서 밤중 수유도 18개월까지 했어요. 낮에는 눕히면 울기 때문에 온종일 안고 있거나 안은 채로 같이 잠들었습니다. 상상할 수 없을 정도로 힘들었지만 아이를 영재로 키우려면 이 정도 수고는 감수해야 한다고 생각했어요.

❧ 자발적 가난을 선택하다

첫아이를 낳은 해인 2008년 가을, 미국발 금융위기가 발생했습니다. 서브프라임 모기지가 태풍의 핵이었어요. 서민들을 대상으로 90% 가까이 주택담보대출을 해주었는데, 그것을 환수하지 못해 은행이 큰 손실을 보게 되어 리먼 브러더스가 파산하게 됩니다. 달러를 쥔 미국 은행의 파산이라니…. 전 세계가 달러 부족의 위기에 처하자 우리나라 주식에 투자했던 외국인과 기관들이 모두 돈을 빼기 시작했습니다. 2000대였던 코스피 지수가 한순간에 900대로 떨어졌어요.

은행에 다닐 때 가입한 펀드가 있었는데요. 결혼할 때부터 남편과 내가 모은 돈을 2006년부터 전부 펀드에 넣었거든요. 수천만 원의 손실을 보고 나서야 정신을 차리게 됐습니다. 잘 알지도 못하는 곳에 내 돈을 맡겼다는 사실을 말이죠.

전세가 만료되어 집을 보러 갔는데 전세가와 매매가 둘 다 수천만 원이 올라 있었어요.

'아니, 경제가 어려운데 서민들이 사는 20평대 아파트값은 왜 이렇게 올랐지?'

이해가 되지 않았어요. 그때부터 다시 도서관에 가서 책을 빌려오기 시작했습니다. 어떤 책을 읽어야 할지 알 수가 없어서 손때가 묻은 책부터 빌렸어요. 막상 빌려왔는데 이해가 안 돼서 읽을 수 없는 책들이 많았기에 10권씩 아주 많이 빌려와서 볼 수 있는 것만 보고 반납하기를 반복했어요(남편과 나의 대출카드를 둘 다 활용했어요). 돈을 아껴야 했기에 신간은 우선도서 신청을 하여 도서관에서 구입해주는 것 위주로 봤습니다.

모든 재테크 책에서 말하는 부의 기본 원리는 지출을 줄이고 수입을 늘리는 것이었습니다. 아이를 키우는 나는 수입을 늘리는 것이 어려웠기에 지출을 줄이기 시작했어요. 먼저 수입의 50%를 저축했습니다. 매월 결산을 하여 총자산이 얼마나 늘어났는지 확인하는 재미가 있더라고요(자세한 이야기는 매년 발간되는《내 집 마련 가계부》를 참고하면 좋아요). 남편과 공유할 수 있는 카페를 만들어서 그곳에 월별 목표와 결산을 올리고 엑셀 파일도 올렸어요.

250만 원 남짓 외벌이 수입에서 50%를 저축하기란 쉬운 일이 아니었어요. 실패한 달도 많았습니다. 그러나 저는 꾸준한 독서를 통해 절약의 중요성을 잊지 않았고, 근검절약으로 부자가 된 사람들의 이야기를 매일 접했습니다. 저도 그들처럼 될 수 있으리라는 희망을 품고, 힘들지만 버텨나갔어요.

❦ 마트보다 부동산을 좋아하는 아이들

줄줄이 아들 셋을 낳았는데, 세 아이 모두 모유를 먹였기에 어디에 맡기고 부동산 중개소에 갈 수가 없었어요. 그러다 보니 부동산 사무실에 가는 날이면 온 가족이 총출동하게 됐습니다. 아이들은 글자를 뗄 때도 '부동산'이라는 단어를 굉장히 빨리 읽었어요. 사방팔방에서 볼 수 있는 간판이잖아요. 게다가 엄마가 슈퍼나 편의점보다 더 많이 들어간 곳이 부동산 사무실이니까요.

우리 가족은 여행 대신 부동산을 많이 보러 다녔어요. 부동산 사무실에 가면 소장님이 아이들에게 사탕을 한 주먹씩 쥐여주셨어요. 엄마는 절대 안 주는데 말이죠. 아이들 봐줄 테니 편하게 보고 오라며 맡아주시는 분들도 많았어요. 집을 몇 채 둘러보고 오면 아이들은 과일이나 빵을 배불리 먹고 있었죠. 대전에 내려가야 한다고 하면 차에서 먹으라며 먹을 것을 싸주시는 좋은 분들도 계셨어요. 아이들은 부동산을 보러 가면 새로운 지역의 놀이터를 가게 돼서 좋아했고, 또 먹을 것을 실컷 먹고 환영받아서 좋아했어요. 부동산 가자고 말하면 아이들이 폴짝폴짝 뛰며 "부동산! 부동산!" 하고 좋아하던 장면이 눈에 선합니다.

아이들끼리 놀이를 하는데 한 명이 "2억입니까?" 하고 물으니, 다른 한 명이 "아니요, 3억이에요"라고 대답하더군요. 이런 대화를 나누는 것을 보고 빵 터졌어요. 이래서 엄마가 하는 말이 중요하구나 하는 것을 느꼈어요. 저는 매매나 전세를 위해서 부동산 사무실과 통화하는 일이 잦았는데 2억 6,000에 된다, 안 된다 또는 3억 정도면 계약하겠다 같은 말을 하니 아이들이 그 돈의 단위를 듣고 자연스럽게 사용하더라고요. 억 단위의 돈을 모으려면 보통 오랜 시간이 걸리지만 아이들의 무의식에는 1만 원과 1억 원이 별반 다를 것이 없었어요. 아이들의 눈에 비친 엄마는 1만 원을 쓰는 것보다 2억 원짜리 집을 살 때 더 행복해 보였겠죠. 실제 2억짜리 집을 사는 데 2,000만 원 정도 들었는데, 안 입고 안 쓰고 1년간 모으면 그 돈을 충분히 모을 수 있었어요.

❀ 현실에 바탕을 둔 돈 교육

어느 날 경매로 아파트를 낙찰받았어요. 집을 비워야 하는데 소유주가 연락이 안 되더라고요. 정해진 날짜에 열쇠공을 불러 문을 따고 법원 관계자와 이삿짐센터 직원을 동행하여 짐을 들어내야 했어요. 지방에 있어서 아이들을 맡기고 가야 했죠. 대출도 받아야 하고 수리도 해야 하고 다시 전세도 놓아야 하고 할 일이 많았어요.

　TV에서 비치는 부동산 경매는 빨간 딱지를 붙이고 사람을 끌어내고 울고 아우성치는 장면이 보통이어서 마치 경매를 하는 사람이 그들에게 불행을 안기는 것 같은 느낌을 줍니다. 부자는 나쁘고 가난한 사람은 선량한 피해자라는 프레임이죠(드라마는 고구마를 먹은 듯 답답하고 분노가 일어야 시청률이 잘 나오잖아요). 어린아이는 순진하고 맥락이 없기에 있는 그대로를 흡수하고 받아들이기가 쉽습니다. 부모가 이것을 바로잡고 진실을 알려주어야 해요. 어린 시절에 부자는 나쁘고 부동산 투자나 경매는 나쁜 사람이나 하는 것이라는 무의식이 뿌리 깊이 박히면, 그 사람은 풍요를 선택하기 어려워집니다. 대출을 받으면 망한다고 믿을 경우 대출은 나쁜 것이고 경매를 당할 수도 있다는 불안감을 갖게 돼요. 돈이 곧 불안이 되는 것입니다. 불안하고 나쁜 것을 선택하는 사람은 없습니다.

저는 그래서 아이에게 부동산, 대출, 경매에 대해 긍정적인 관점을 가질 수 있도록 그때그때 진실을 이야기해주었습니다.

엄마 이 집을 살 때 은행에서 1억 3,000만 원을 빌렸어. 한 달에 4% 이자로 매달 43만 원씩 이자를 내고 있어. 그런데 엄마가 돈을 빌려놓고 이자를 갚지 않아도 될까?

아이 그러면 안 되지.

엄마 그렇지? 돈을 빌린 덕분에 우리가 이 집에서 편하게 살고 있잖아. 그래서 엄마랑 아빠가 열심히 일하고 낭비하지 않고 돈을 모으는 거야. 갚아야 할 빚이 있으니까. 만약에 이 돈을 계속 갚지 않으면 어떻게 되는지 알아?

아이 몰라.

엄마 가끔 TV에서 보면 집에 들어와서 가구 같은 데 딱지를 붙이고 나가라고 막 쫓아내고 그러잖아. 그걸 부동산 경매라고 해. 은행이 집 사라고 돈을 빌려줬는데 못 갚으면 그 집을 대신 가져가는 거야. 법원에서 집을 대신 팔아서 그 돈을 은행에 돌려줘. 빌린 돈은 돌려주는 게 맞겠지?

아이 응.

엄마 빌렸는데 갚지 않으면 그게 나쁜 거야. 그래서 돈을 빌릴 때 갚을 수 있을 만큼 적당하게 빌려야 하고.

아이 돈을 빌려준 은행이 착하네.

엄마 엄마가 그렇게 경매로 낙찰받은 아파트가 있어서 내일 지방에 다녀오려고 해. 엄마가 그 집을 법원경매를 통해 사게 돼서 은행 빚도 갚을 수 있고 그 집주인도 약간의 돈을 받을 수 있었어. 법원을 통해 집을 사면 빚으로 복잡했던 관계들이 모두 지워져. 그 집에 꼭 필요한 사람이 들어와서 살 수도 있고, 나중에 엄마가 다시 팔 수도 있지. 엄마는 그런 일을 하고 있어.

이런 대화를 통해 은행에서 돈을 빌리는 것은 집을 살 때 필요한 일이고, 돈을 갚는 것은 중요한 일이라고는 걸 알려줍니다. 법원 경매를 통해 낙찰받은 사람은 나쁜 사람이 아니라 채무 관계를 해결해준 사람이고, 그걸 통해 그 집에 생명력을 불어넣어 주고 임대나 매매가 가능하게 도와주는 사람이라는 것도 얘기해줘요. 이렇듯 제가 하는 일을 아이들에게 당당하게 설명해주었습니다.

세 아이, 돈 안 들이고 행복하게 키우다 ✳

♈ 공짜의 원리: 만화, 홈플러스 기저귀, 경품

2012년 셋째를 임신하고 나서 돈을 더 아껴야겠다는 생각이 들더라고요. 그래서 두 아이를 어린이집에 보내지 않고 용감하게 가정보육을 시작했어요. 한겨울에 오다 가다 감기라도 걸리면 더 힘들겠다는 생각도 들었고, 두 달 동안 데리고 있으면 몇십만 원을 아낄 수 있다는 계산도 있었죠.

그러나 너무 몸이 힘들어서 아이들에게 짜증을 내게 됐어요. 미디어는 최대한 늦게 접하게 하려고 TV나 스마트폰을 아이들에게 주지 않았는데, 아이들을 잡느니 차라리 TV를 보여주는 게 낫겠다는 결론을 내리고 EBS 만화를 보여주기 시작했어요(참고로 우리 집은 공중파만 나와요). 아이들이 만화를 보는데 중간중간 신기한 광고가 많이 나오더라고요. 옆에서 한참을 보다가 아이들에게 말을 건넸어요.

엄마 애들아, 이 재미있는 만화를 어떻게 공짜로 볼 수 있는지 알아?
아이 몰라.
엄마 저 기저귀 회사, 초콜릿 회사, 장난감 회사에서 수억 원의 광고비를 내고 있어. 그 돈으로 만화를 만드는 거야. 너희가 자꾸 광고를 보면 저거 사고 싶어져.

아이 응. 먹고 싶고, 사고 싶겠다.

엄마 엄마는 광고료가 포함된 저런 제품을 한 번도 사본 적이 없어. 기저귀도 광고 안 하는 것만 샀고…. 만화를 보는 건 좋지만 광고에 현혹되어서 사달라고 졸라서는 안 돼. 알았지? 공짜로 만화 보고 광고하는 물건을 더 많이 사면 낭비야.

집 근처에 홈플러스가 있어서 산책 삼아 걸어 다니고는 했는데 고객센터에 가면 기저귀를 하나씩 주더라고요. 200~300원짜리 기저귀를 받으면서 전혀 부끄러워하지 않았어요. 홈플러스에서 미꾸라지를 잡은 만큼 선물을 준다고 하는 날에는 맨손으로 미꾸라지를 잡았고요. 물건을 빠르게 찾는 이벤트로 상을 줄 때는 미리 마트에 도착해서 전체 도면을 그린 후 어떤 물건이 배치되어 있는지를 기록했어요. 그 덕에 저는 일등을 할 수 있었고, 남편은 3등을 했어요. 이런 모든 과정을 늘 아이들과 함께했습니다.

한번은 청소기가 고장 나서 친정 식구들에게 홈플러스 노래자랑에 나가자고 했어요. 엄마가 1등으로 10인용 압력밥솥을 받았고, 여동생이 3등으로 청소기를 받았어요. 아쉽게도 저는 탈락했어요(제 유튜브에 '밤이면 밤마다'를 부른 당시 영상도 있어요). 이렇게 아이에게 이 세상이 풍요롭다는 사실을 경험으로 알려주었어요.

저는 지금도 남편과 마트 오픈 행사에 참석하거나 이벤트에 응모하여 선물을 받곤 합니다. 최근에는 오디오가 사고 싶었는데, 마침

홈쇼핑에서 물건을 구입하면서 경품으로 작은 오디오를 받았어요. 무려 42만 원짜리 오디오였답니다. 필요한 것은 가슴에 품기만 해도 저절로 온다는 진실과 함께하고 있어요. 기적에는 난이도가 없다는 것을 늘 경험합니다. 조급하게 구입하기보다는 느긋하게 때를 기다리는 여유를 가질 수 있게 됐어요. 부동산이나 주식을 제외하고는 물건 가격이 급등하는 경우가 없기에 더더욱 그렇죠.

우리 아이들도 돈을 주고 사는 것보다 공짜로 받는 것을 좋아해서 친구들이나 누군가가 사탕 하나라도 주면 매우 기뻐해요. 받을 때 크게 기뻐할 줄 아는 우리 가족이기에 주는 사람도 덩달아 기분이 좋다고 합니다. 진정으로 감사할 줄 아는 소박한 마음이 있어야 공짜라는 풍요의 축복을 누릴 수 있어요. 남이 거지로 보지 않을까 두려워하는 마음이 없으면 기쁨만이 남기에 기쁨으로 나누는 세상을 발견할 수 있어요. 아이들이 어렸을 때는 중고를 많이 활용했고, 최근엔 도서관에 가 놀이터에서 실컷 놀게 하고 있어요. 초등 이후에는 책이나 장난감도 거의 사지 않았습니다.

🌱 1만 원으로 장 보기

저는 아이들을 데리고 동네 슈퍼나 편의점은 가지 않았어요. 매일같이 자잘하게 돈을 쓰는 습관을 보여줄 수 있기에 조심했거든요. 과자 몇 개, 아이스크림 몇 개를 사도 1만 원이 훌쩍 넘기에 결코 푼돈으로 볼 수가 없어요. 카드로 결제하는 것도 되도록 보여주지 않았어요. 어린아이들은 카드에 돈이 무제한으로 있다고 생각하기 때문에 원하는 것을 빨리 사달라고 떼쓰기 쉬워요.

쇼핑할 것이 있으면 꼭 적어서 그 품목만 장을 봤어요. 대형마트를 가도 2~3만 원을 넘지 않는 한도에서 장을 봤으며, 장난감 코너가 있는 층은 아예 지나가지도 않았습니다. 장난감을 보여주면서 안 사주는 것도 아이에게 못할 짓을 하는 거라고 생각했기 때문이에요. 저역시 어렸을 때 갖고 싶은 것을 부모님이 안 사줘서 힘들었거든요.

아이들이 어린이집 다닐 나이가 됐을 때는 되도록 그 시간을 활용하여 쇼핑을 했고, 아이가 꼭 필요하다고 말하는 것이 있으면 인터넷 최저가를 검색해서 보여주고 주문했어요. 인터넷으로 주문하고 나서 일상을 즐겁게 살면 며칠 후에 필요한 물건이 도착하는 경험을 반복했죠. 아이는 저절로 인내심을 기를 수 있었고, 기다리는 동안 갖고 싶은 마음이 시들해지는 경험도 하게 되었답니다. 그러려면 부모가 모든 것을 최저가로 구입하는 습관을 몸소 보여줘야 해요. 우리 부부는 늘 그런 대화를 하며 인터넷이 더 저렴할 땐 늘 인터넷으로 구입했습니다. 그랬기에 아이들도 자연스레 따라 할 수 있었어요.

당시 면허가 없었던 저는 세 아이를 데리고 장을 보기가 쉽지 않아서 1주일에 한 번씩 서는 아파트 장터를 잘 이용했어요. 1만 원짜리 한 장을 들고 "오늘은 1만 원 가지고 장을 볼 거야"라고 말하고는

다 같이 나갔습니다. 오뎅을 사달라고 하면 세 개에 2,000원짜리 오뎅을 사주고 "아, 그럼 8,000원 남았다"라고 말해주었어요. 사고 싶은 나물이 눈에 띄면 1,000원어치만 달라고 했어요. 그렇게 말하면 무시할 것 같겠지만, 실제로 엄청나게 많이 주십니다. 물미역과 두부를 사고, 과일가게에 가서 토마토를 한 바구니 샀더니 돈이 딱 맞더라고요. 아이들이 바나나도 먹고 싶다고 하길래 돈을 다 써서 없다고 했더니, 과일가게 사장님께서 "아이고 새댁, 이거 그냥 가져가" 하면서 바나나 한 송이를 품에 안겨주셨어요. 아이들과 감사 인사를 하고 집에 오면서 "아들 셋이라 좋구나"라며 함께 웃었습니다.

🌱 한 달 세 아이 교육비 13.5만 원

남들보다 뒤처질까 하는 두려움으로 사교육을 하기보다는 기쁨으로 세 아이를 키웠어요. 2021년 한 해 동안 세 아이 교육비로 한 달에 135,000원을 지출했어요. 둘째 아이 피아노학원을 보내고 첫째랑 막내는 아무것도 시키지 않습니다. 선생님이 아니라 삶에서 모든 것을 배우고 있죠. 아이들이 원해서 구몬학습을 두어 달씩 해본 적도 있고, 영어 공부방을 보낸 적도 있지만 결국 흐지부지되더라고요. 첫째가 중학교 1학년, 둘째가 초등 5학년, 막내가 2학년인데 저는 돈 안 들이고 아이들을 키운 셈이에요.

제가 교육비를 거의 지출하지 않고 지낼 수 있었던 가장 큰 이유는 다른 아이들과 비교하지 않았기 때문이에요. 남들이 뭘 배우는지 어느 수준인지 관심 갖거나 비교하지 않았어요. 공부를 잘하든 못하든 고유하게 있는 그대로 아이들을 바라봤어요. 물론 저 자신을 있는 그대로 바라보는 훈련도 병행했어요. 나를 미워하면서 아이를 사랑하기란 어려운 일이니까요. 큰아이는 초등학교 졸업할 때까지 저와 함께 시험공부나 준비를 해본 적이 한 번도 없어요. 모든 것을 골고루 잘하고 어려운 퀴즈 문제도 척척 맞혀 담임 선생님이 '멘사'라는 별명을 붙여주었다고 해요. 전 이 아이가 초등학교 1학년 때 받아쓰기 몇 점 맞았는지도 몰라요. 30개월 때 한글을 뗐고 다섯 살 때부터 스스로 편지를 썼으며 워낙 생각이 깊은 아이기에 점수에 집착하지 않았어요.

교육비가 거의 들지 않은 또 다른 이유는, 집에 오면 무조건 놀라고 말했기 때문이에요. 학교에서 온종일 공부하는데 집에 와서 또 공부하는 건 바보 같은 짓이라고 이야기해줬어요. 어차피 시험은 선생님이 가르쳐준 것에서 나오니 수업 시간에 집중하고 집에서는 푹 쉬고 놀면 된다고 말이죠. 단 숙제나 시험 준비를 도와달라고 하면 엄마가 도와주겠다고 했고, 시험 100점 맞기 위해 과외 선생님이나 학습지를 구해달라고 하면 얼마든지 해주겠다고 했어요. 요즘은 아이들이 슬슬 필요성을 깨닫고 있어요.

둘째 아이는 한글을 일곱 살에 겨우 뗐기에 학교에 들어가 받아쓰기 0점을 맞았어요. 그래도 때가 되면 잘하려니 무한하게 지지해주었더니 최근에는 사회 과목에서 90점을 받아 올 정도로 성적이 올랐어요. 1학년 때는 무척 산만해서 담임 선생님이 이런 아이 처음 본다고 상담까지 요청하기도 했어요. 저는 선생님께 아이가 호기심이 많고 친구들을 좋아하고 부모에게 혼난 적이 없어서, 밝고 천진난만하다고 이야기했어요. 실제로 제 믿음대로 밝고 자유롭게 잘 자랐어요. 막내는 형들 틈에 끼어 책 읽고 노는 게 전부인데 학교 입학하자마자 100점만 맞고, 합창이나 연극에서도 주인공을 도맡을 정도예요. 막내는 집에서 게임을 할 때도 일등을 하지 않으면 눈물을 흘리고 우는데, 형들이 최대한 배려해줘서 90% 이상 이기면서 살고 있어요.

이러한 육아 과정은 푸름이교육에 대한 깊은 신뢰가 있었기에 가능했어요. 2007년에 푸름이교육을 접하고 선배 맘들이 얼마나 멋지게 아이를 키웠는지 잘 봤거든요. 그래서 저도 2008년에 첫아이를 낳자마자 책육아로 아이들을 키웠고 배려 깊은 사랑을 해주었어요. 아이들이 자기 자신을 사랑할 줄 알기에 자신에게 유리한 방향으로 최선을 다할 것을 믿습니다. 엄마를 위해서가 아니라 자기 자신을 위해서 매 순간 행복할 수 있도록 지지하고요. 어린 시절이 행복한 아이는 평생 행복하겠죠?

🌱 공평하게 사랑하면 싸우지 않는다

사랑을 공평하게, 무한하게 주면 아이들은 싸우지 않아요. 싸우는 형제는 편애하는 부모 밑에서 생겨납니다. 저 또한 이 과정을 지독하게 겪었어요. 아이들에게는 아무런 문제가 없더라고요. 어린 시절의 저를 투사하고 아이의 특정 행동을 미워하는 제가 있을 뿐…. 미운 아이 행동이 제가 꾹 참고 하지 못했던 행동이라는 걸 알고 나니 눈물이 났어요. 그리고 우리 집이 안전하기에 아이들이 표현할 수 있음에 감사하기 시작했어요.

'나는 저런 행동이나 말을 했다면 맞아 죽었을 텐데….'

사랑받는 아이들이 부럽기도 하고 세 아이를 사랑으로 키울 수 있는 제가 대견하기도 하더라고요. 심각한 문제 행동으로 보이는 일들도 상담센터나 치료를 받기 위해 달려가지 않고 저를 들여다보는 일에 집중했어요.

문제 아이가 아니라 문제 부모가 있다고 했는데, 저는 이 말에도 동의하지 않아요. 문제라는 걸 안다면 누가 그렇게 하겠습니까. 세상에 나쁜 부모는 없다고 생각해요. 그저 모르는 부모가 있을 뿐이에요. 몰라서 그랬다면 용서가 되죠. 아이들을 키우면서, 세상에는 해결해야 할 문제 따위는 존재하지 않음을 알게 됐어요. 매 순간 사랑을 선택하는 것이 제가 유일하게 할 수 있는 일이라는 것도 알게 됐고요. 사랑이 모든 것의 해결책이며 모든 사람이 원하는 단 한 가지였어요. 세 아이를 키우며 제 삶이 사랑으로 가득 차고 풍요로 가득 차게 됐어요.

풍요의 원천은 바로 나

🌱 결핍을 알아야 풍요를 안다

아이들이 유아기에 결핍의 시기를 결핍의 시기인지도 모르게 보내는 것이 중요해요. 돈이 뭔지도 모르는 아이들에게 돈을 쓸 필요가 없거든요. 최대한 종잣돈을 모아서 소비가 아닌 투자에 집중해야 해요. 결혼 직후부터 아이들이 초등학교에 입학하기 전까지가 황금 시기이고, 그때를 놓쳤다면 중학교 입학 시기를 보면 됩니다. 아니, 사실은 지금이 가장 빠릅니다. 오늘이 가장 빠른 날이에요. 최소 8년에서 길게는 십몇 년을 투자할 수 있어요.

아이들에게는 결핍의 시기 이후에는 꼭 풍요를 경험하게 해야 합니다. 그리고 지금의 풍요는 과거의 절제와 인내에서 왔음을 분명하게 알려주고요. 결핍과 풍요를 모두 경험해야 풍요를 알아차릴 수 있어요. 결핍이 축복이었음을, 실패가 실패가 아니었음을 알게 되죠. 사실상 가난이나 결핍은 존재하지 않는다는 것을 경험으로 알아갈 수 있습니다. 풍요의 부재가 가난일 뿐, 가난은 그렇게 느끼는 감정일 뿐입니다.

그래서 저는 아이들에게 풍요는 선택임을 알려주고 있어요. 엄마는 통장에 돈이 있음에도 허투루 쓰지 않고 모았다는 사실을 분명히 알려주었어요. 그리고 함께하기를 요청했습니다. 어느 정도 돈을 모으고 방 네 개짜리 새 아파트로 이사하고 나서는 아이들에게 본격적으로 풍요를 누리게 해주었어요.

어느 날 가족이 부산의 한 관광지에 놀러 갔는데, 아이들이 뽑기 기계에서 인형을 뽑고 싶어 하더라고요. 그러자 같이 갔던 부산의 아는 언니가 아이들에게 용돈을 줬어요(저는 안 주니까요). 너무나 재미있다면서 언니가 준 돈을 거기다 다 쓰는 거예요. 그걸 보고는 집에 돌아와서 인형뽑기 기계를 사주었어요. 이 기계를 통해 매 순간 무한한 가능성을 열어놓는 경험을 하게 됐죠. 아이들은 집에 인형뽑기 기계가 들어온 순간 뇌가 열렸어요. 세상에 거실에 인형뽑기 기계가 들어올 수 있구나, 불가능은 없구나 하는 것을 경험으로 알게 됐어요. '이것은 되고, 저것은 안 된다'라고 한계를 두지 않는 삶을 경험한 거예요. 사실 기계가 엘리베이터에 들어가지 않아 분해를 했고, 경사진 현관 문턱을 넘을 수가 없어 남편 친구까지 부르기도 했어요. 아이들은 친구들을 데려와서 무제한 인형뽑기를 하고 본인들이 기계에 들어가서 인형처럼 앉아 있기도 했어요. 저는 이때 무척 놀랐지만 아이의 생명에 지장이 있는지 남에게 피해를 주는 일인지 판단한 후에 괜찮다는 생각이 들어 지지해주었습니다. 이날 이후로 우리 아이들은 누구도 길거리에 있는 인형뽑기 기계에 돈을 넣지 않아요. 충분히 욕구가 충족됐기 때문이죠. 해보고 싶은 것을 원 없이 해보면 사라진다는 것을 알게 됐죠.

🌱 좋아하는 것을 잘할 수 있게

저는 아이가 싫어하는 것을 억지로 하게 하지는 않아요. 억지로 재우고 억지로 씻기고 억지로 먹이고 억지로 공부시키고 해본 적이 없어요. 그저 아이의 눈빛을 따라갈 뿐이죠. 책육아를 하며 언어를 중시했고 스킨십과 공감, 경청을 하니 아이가 징징대지 않았어요. 눈빛만 봐도 뭐가 필요한지 제가 알았고, 아이가 또 말로 표현했을 때 곧바로 욕구를 해결해주었어요. 아들 셋을 키울 수 있었던 비결입니다.

뭐든 억지로 하면 분노와 원망만 쌓여요. 다들 경험이 있으시죠? 복수의 칼날만 갈며 힘이 센 어른이 되길 기다리는 아이가 됩니다. 그러나 저는 아이가 좋아하는 것이 있으면 밀어줄 준비가 되어 있는 엄마였어요. 좋아하는 것을 더 좋아하게 하는 것이 저의 교육 철학입니다.

문화센터나 학습지를 안 해본 첫째가 초등학교에 들어가더니 방과후교실 신청지를 가져왔어요. 가격이 저렴하니 배우고 싶은 것이 있으면 마음껏 신청하라고 했죠. 그래 봐야 유치원비보다 훨씬 싸잖아요. 아이는 1학년 1학기 때 무려 여덟 가지 방과후수업을 신청했고 토요일까지 학교에 가는 지경에 이르렀습니다(2학기 때는 바둑과 축구만 하겠다고 했어요).

구글 AI 알파고와 이세돌 기사가 바둑을 두는 것을 TV 앞에 앉아 꼬박 집중하는 것을 보고 이세돌을 만나게 해줘야겠다고 생각했어요. 모든 사람에겐 특유의 기운과 에너지가 있기에 머리 좋은 사람보다 감각 있는 사람이 세상 살기가 편하다고 생각합니다. 몸이 느끼는 섬세한 감각을 믿으면, 선택도 실행도 빨라지고 틀림이 없기 때문이에요. 개그맨 김학도 님의 부인이자 세 아이 엄마인 한해원 프로의 도움으로 아주 좋은 바둑판을 구입했죠. 그리고 2년에 걸쳐 알파고와 겨룬 두 명의 세계적 선수, 한국의 이세돌과 중국의 커제를 모두 만나 사인을 받았어요. 그리고 아이에게 너는 세계 최고를 만났고 그들의 사인까지 받은 바둑판이 있으니 바둑을 잘 둘 것이라고 덕담을 해주었습니다. 아이는 자신감을 가지고 바둑을 두었고, 학교에서나 학원에서나 최고의 성취를 이루며 상도 탔어요.

🌱 새로운 것이 곧 확장이다

저는 첫아이 임신 때부터 지금까지 TV 뉴스를 보지 않아요. 아이들이 세상의 끔찍한 일들을 보면서 두려워하게 만들고 싶지 않았기 때문이에요. 대신 이 세상은 안전하고 평화롭다는 것을 알려줬어요. 아직도 아이들에게 휴대전화를 사주지 않은 이유도 그런 생각에서입니다. 조심할 것들을 강조하기보다는 아이들이 타고난 자신의 생명을 지키는 본능의 지혜를 믿어요. 엄마가 너무 겁을 먹고 안전한 곳이 집이나 학교 또는 학원뿐이라고 알려준다면, 아이는 미지의 세계에 두려움을 갖게 됩니다.

실제 저의 경험에서는 미지의 세계가 훨씬 더 신나고 진정한 풍요의 세계였어요. 그래서 아이들과 해외 한 달 살기를 하면서 세상이 안전하다는 것을 경험하게 했습니다. 최근 3년간 방콕, 세부, 베트남, 발리, 치앙마이, 대만을 아이들과 함께 다니며 많은 이야기를 나누었죠. 누구와도 소통할 수 있고 어디서든 살아갈 수 있다는 무한한 가능성을 열어주었어요. 지구가 이렇게 넓은데 한국에서만 살 필요가 없다고 늘 강조합니다.

우리나라에서 외국인 노동자가 일하는 이유에 대해서도 함께 이야기를 나누었어요. 태국 마사지사는 동남아에서 임금이 30만 원이지만 우리나라에서 일하면 150만 원을 받는다고 알려주었어요. 우리가 부자가 될 수 있는 이유는 국가가 부강하기 때문이라는 것도요. 저는 부유한 국가에서 태어난 것을 무척 감사하게 생각합니다. 대한민국 국민이라는 것만으로도 우리는 세계적인 풍요를 누리는 부자입니다. 우리의 화폐 가치가 높기에 해외여행을 편하게 다닐 수 있다는 것도 아이들에게 알려주었어요.

물건을 하나씩 구입하면서 무역으로 돈을 벌 수 있는 개념도 이야기 나누었어요. 우리나라에서 비싸게 팔릴 제품을 여기서 가져다가 팔면 그게 돈이 되는 것이니 잘 살펴보라고 하고요. 영어는 시험을 잘 보려고 배우는 게 아니라 이런 데 쓰려고 배우는 것이라고 하면서 해외에 나갈 때마다 원어민 영어캠프를 보내주었어요.

✼ 두려움은 두려움을 낳고, 풍요는 풍요를 낳는다

한번은 실거주를 할 아파트를 구입하고 집에 와서 온 가족을 앉혀놓고 새벽 3시까지 강의를 했어요. 어떻게 급매로 살 수 있었는지, 미래가치는 어떻게 되는지, 왜 내가 이 입지를 골랐는지 말이에요. 열심히 돈을 벌고 아끼고 모았다면 결과가 있어야죠. 방학 때마다 한 달 살기 여행으로 보상을 했지만 그에 못지않은 쾌적한 주거 환경도 필요해요. 이사할 때마다 이사를 한 이유와 얼마를 주고 샀고 대출을 얼마 받았는지 아이들에게 모두 이야기했어요. 아이들이 장난감 사달라고 군것질하겠다고 떼쓰지 않은 이유는 우리에게 갚아야 할 빚이 있다는 것을 알았기 때문이죠. 아이들이 너무 걱정하지 않도록 우리가 산 집값이 많이 올랐다는 이야기도 꼭 해주었어요.

2014년, 처음으로 내 집에 살게 된 지 얼마 안 됐을 때 첫째가 이렇게 말하더라고요

"엄마 집을 사는 건 무조건 이익이야. 이렇게 우리가 실컷 쓰고 팔아도 산 가격을 도로 받을 수 있잖아."

조금씩 좋은 환경으로 넓은 집으로 이사하니 아이들은 전학을 두려워하거나 불편해하지 않았어요. 오히려 그곳에 얼마나 좋은 것이 기다리고 있을지, 어떤 새로운 친구가 있을지 기대했어요. 두려워하지 않고 기대하는 삶을 살고 있어요.

풍요의 세상에서는 두려움 없이 선택하는 것만이 존재해요. 기쁨

으로 행동하기만 하면 기쁨이 창조됩니다. 나의 내면에 두려움과 의심 대신 기쁨이 자리 잡게 하는 무의식 정화 훈련을 꾸준히 하고 있어요. 콩 심은 데 콩 나고 팥 심은 데 팥 나듯, 두려움은 두려움을 낳는다는 것을 너무나 잘 압니다. 집값이 떨어질까 봐 두렵고 아이가 적응 못 할까 봐 두려워하면 정확하게 그런 세상이 창조되지요. 그 마음으로 집을 사서 이사를 하는 건 정말 어렵겠지요. 부와 풍요를 누리는 데 걸림돌이 될 만한 것을 알아채고, 나는 늘 최고의 선택을 했다는 진실을 마주해야 합니다. 지나간 일을 후회하고 자책하고 자기 자신을 비난하는 것을 멈춰야 합니다. 과거를 종결하고 신나는 현재를 살아갈 때, 돈도 모이고 사람이 모이고 사랑이 넘치는 삶을 살게 됩니다. 기쁨이 넘치는 것이 진정한 풍요의 삶입니다.

내 아이들에게 물려줄 부의 비밀 세 가지

❀ 가진 자만이 줄 수 있단다

어떤 사람이 부자가 될까? 정답은 '가능한 한 많은 사람에게 나눌 수 있는 사람'입니다. 많은 사람에게 나누는 사람이란 실력 있는 사람을 말하는 게 아니에요. 사랑이 많은 사람이에요. 적당히 벌고 적당히 편안하게 살기를 추구한다면 많은 사람과 나눌 필요가 없어요.

좋은 것을 자기만 쓰려고 하면 부자가 될 수 없죠.

아이들에게도 타인에게 나눌 것이 많은 사람이 부자가 된다는 것을 알려주었어요. 스마트폰 만든 사람, 유튜브나 카카오톡 개발한 사람이 부자가 됐죠. 남에게 무엇을 줄지만 고민하면 부자가 될 수 있으니 그것만 생각하라고 이야기합니다. 선생님이 시키는 공부와 숙제가 전부가 아니라고요.

미래에 대해서 아이들과 대화할 때는 생생하게 꿈꾸고 마치 이루어진 것처럼 신나고 기쁘게 이야기합니다. 가진 자만 줄 수 있기에 아이가 주는 것도 기쁘게 받아보세요. 진정한 풍요의 삶은 기쁘게 주고 기쁘게 받는 거예요. GOD 노래 가사에서 '어머니는 짜장면이 싫다고 하셨어'라는 부분이 있잖아요. 여기에 '엄마는 탕수육도 먹고 싶다'라고 덧붙여보세요.

큰아이가 여덟 살 때 하남 스타필드에서 2억짜리 테슬라 자동차를 타보더니 자기가 나중에 연봉이 50억쯤 되면 부모님을 비롯해 일가친척에게 모두 한 대씩 사주겠다고 하더라고요. 그래서 저는 너무 좋다고 생각만 해도 기쁘다고 했어요. 그랬더니 아이가 한마디를 더 하더라고요.

"근데 엄마, 내가 어른 되면 찻값이 더 비싸지겠다."

화폐 가치의 하락과 인플레이션 개념을 완벽하게 이해하는 여덟 살 아이가 꿈꾸는 미래에는 한 치의 의심도 없습니다. 그 증거가 분명히 있어요. 바로, 지금 제가 한 번도 꿈꾸지 못한 눈부신 미래에 살고 있다는 겁니다. 저는 생각보다 더 풍요롭고 멋진 오늘을 누리고 있어요. 우리 모두가 그렇습니다. 부강한 국가 대한민국에 살면서 물질적 풍요와 첨단 산업의 문명을 누리고 있지 않은가요?

🌱 저축하여 주식에 투자해라

저는 원래 아이들에게 증여 같은 것은 하지 않을 계획이었어요. 그러나 날이 갈수록 증여세와 상속세가 비싸지고 집값이 치솟는 것을 보고 아이들 이름으로 투명하게 자산 관리를 해야겠다는 생각이 들었습니다. 아이가 공직에 오르거나 청문회(?)에 나갈 수도 있으니 애초에 유주택자를 만들 생각은 없었습니다. 종합부동산세나 양도세 등을 절약할 수 있음에도 말이죠. 무한한 가능성을 열어놓고 아이를 바라보면 어린아이에게 줄 수 있는 것이 주식이더라고요.

부모로부터 받는 증여는 10년간 2,000만 원까지 세금을 내지 않고, 할아버지·할머니 세뱃돈은 1,000만 원까지 면제가 돼요. 스무 살 때까지 6,000만 원을 세금 없이 줄 수 있죠. 저는 2019년부터 아이들에게 해외 주식을, 2020년에는 국내 주식을 사주기 시작했어요. 세뱃돈을 은행에 저축하면 이자가 너무 적으니 주식을 사겠다고 이야기하고요.

저는 주식 전문가가 아니어서 종목을 알려주기는 힘든데요. 잘 모를 때는 시가총액이 가장 큰 주식을 선택하면 좋아요. 유튜브를 좋아하는 아이들에게 미국 주식 알파벳A를 사주었는데 코로나 위기에도 폭등하여 벌써 100% 이상의 수익을 냈어요.

참고로 해외 주식은 연간 250만 원까지 양도소득(매매차익)이 비과세되고, 초과분에 대해서는 22%의 세금을 부과해요. 해외 주식과 국내 주식에 적절하게 나누어 투자하는 전략도 있으면 좋겠죠. 아직은 아이들이 스마트폰이 없지만 스마트폰을 사주면 그때부터는 직접 주식계좌를 관리하도록 할 계획입니다. 아이가 20대가 되면 수억 원으로 불어나 있을 것이라서 가슴이 뜁니다.

❦ 투자를 위한 빚은 좋은 거야

은행은 부자에게만 돈을 빌려주려고 합니다. 돈이 없는 사람에게는 빌려주지 않아요. 돈이 없는 사람한테 빌려줘야 맞을 것 같지만 현실은 반대입니다. 좋은 사업체를 가지고 많은 수입을 벌면 신용이 높아지죠. 신용이 높은 사람에게는 더 낮은 이율로 빌려줘요. 은행 입장에서 떼일 염려가 적으니까요. 그런 의미에서 집을 사거나 빌딩을 살 때 현금을 내는 것은 어리석은 행동이에요. 은행에서는 확실한 담보가 아니면 돈을 빌려주지 않는데, 부동산은 확실하기 때문에 빌려줍니다.

언론이나 TV 드라마에서는 대출을 죄악시하죠. 대출을 받으면 망할 것처럼 묘사하고요. 하지만 진실은 그 반대예요. 수억 원의 대출이 이뤄졌다고 할 때 돈을 빌려준 사람이 불안할까요, 아니면 돈을 빌린 사람이 불안할까요? 경제가 어려울수록 불안한 건 돈을 빌려준 은행입니다. 빌린 사람이 아니에요.

저는 아이들에게 엄마·아빠는 더 많은 대출을 받기 위해 수입을 창출하고 있다고 이야기해줍니다. 많은 수입과 신용이 생기면 은행에서 서로 돈을 빌려주려고 할 거라고요. 지금 살고 있는 집을 살 때도 대출을 최대한 받았고, 기쁘게 이사했어요. 4억 원대에 구입하면서 3억 4,000만 원의 대출을 받았는데, 지금은 10억 원 이상 올랐어요.

진실을 보는 안목을 키우면 보석이 보이고 가슴 뛰는 선택과 눈부신 창조의 결과물을 얻을 수 있어요. 1억을 빌려서 1년에 3% 이자를 낸다면 300만 원이죠. 1년에 300만 원 이상의 이익을 낼 수 있으면 돈을 빌리는 거예요. 그렇게 부자들은 은행 돈을 빌려 사업을 하거나 부동산을 매입합니다. 소비를 하기 위해 돈을 빌리는 사람은 영원히 갚을 수 없을 거예요. 쉴새 없이 일해서 번 돈을 다 써버리지 않도록 돈이 돈을 벌게 하는 시스템을 만들어야 합니다. 2021년에도 코로나로 전 세계가 마비되고 봉쇄됐지만 주식과 부동산은 크게 올랐죠. 매 순간 실패의 탈을 쓰고 성공이 옵니다. 위기처럼 보이지만 기회인 거죠. 풍요를 창조하는 아이로 키우고 싶다면 엄마 먼저 기쁨이 넘치는 진정한 풍요의 삶을 살면 됩니다.

사랑하는 아이들에게.

엄마가 많은 실패와 우울증을 겪었지만, 사실상 나쁜 것은 존재하지 않더라.

너희가 매 순간 최고의 것을 선택하는 존재임을 잊지 않기를 바라.

후회할 것도 고칠 것도 없는 삶이 바로 우리의 삶이야.

매 순간 두려움 없이 기쁨으로 풍요를 선택하렴.

신이 너희를 축복할 거야.

사랑한다.

Q 아이가 장난감을 계속 사달라고 하면 어떻게 해야 하나요?

A 일단 저의 교육관은 '한 번도 안 해본 사람은 있어도 한 번만 해보는 사람은 없다'라는 것입니다. 장난감이든 미디어든 과자나 아이스크림이든, 아이가 중독되지 않았으면 하는 것은 애초에 주지 않는 것이 좋습니다. 물론 언젠가 접할 것이기 때문에 그때가 되면 자연스럽게 주어야겠지요.

저는 푸름이교육이 돈이 들지 않는 교육이라고 배웠습니다. 장난감보다 자연을 중시하고 미디어보다 책을 중시하는 교육이기 때문입니다. 아이랑 놀기 귀찮아 장난감을 쥐여주기보다는 늘 아이와 함께 대화하고 놀아주었습니다. 자연과 책을 중시하면 광고에 노출되지 않기에 초등 입학 전까진 아이들이 장난감을 그리 많이 찾지 않습니다. 우리 아이들은 장난감을 어린이날이나 생일, 크리스마스같이 특별한 날 할아버지, 할머니가 사주는 것으로 알았습니다. 만약 이미 노출이 된 아이라면 가계부를 설명해주고 한 달에 장난감과 간식 비용으로 쓸 수 있는 금액을 정해 알려주면 좋습니다. 아무리 어려도 다 알아듣습니다.

Q 아이가 용돈기입장을 쓰지 않아요.

A 이 책을 읽는 분들은 어려서 용돈기입장을 얼마나 잘 쓰셨습니까? 지금 가계부는 잘 쓰고 계신지요? 자기도 해보지 않았고 하기 싫은 일을 아이에게 요구하는 것은 억압적이고 폭력적이라고 생각합니다. 돈을 자유롭게 쓰는 기쁨을 앗아가고, 용돈기입장이라는 도구를 통해 제대로 썼는지 눈치를 주고 거짓말을 하게 만듭니다. 돈을 쓰는 것 자체를 기쁘게 받아들이게 하는 것이 가장 중요합니다. 부모님이 싫어할까 봐 걱정하는 마음으로 돈을 쓰고 용돈기입장을 쓴다면, 이는 향후 그 아이의 소비습관에 나쁜 영향을 주게 됩니다. 돈은 죄책감이 아닙니다. 돈은 기쁨이며 즐거움입니다. 돈은 억압이 아닌 자유를 줍니다. 전 그것을 가르치기 위해 아이에게 용돈기입장을 쓸 것을 권하지 않습니다.

Q 아이 교육비 때문에 저축이 어려워요.

A 아이를 키우면서 하지 말아야 할 말은 '때문에'이고, 해야 할 말은

'덕분에'입니다. 저는 아이들에게 "너희 덕분에 엄마가 부자가 되었어. 고마워"라고 이야기합니다. 돈이 없어서 분유 한 통 안 사고 완전 모유수유를 했고, 이유식 한 번을 사서 먹인 적이 없습니다. 외식비가 비싸서 요리를 하다 보니 요리사가 되었다고도 이야기합니다. 아이들은 엄마의 요리가 식당보다 맛있다며 엄지를 치켜들지요. 우리 아이들은 당근마켓에서 중고 옷을 사줘도 감사하다고 입고 학원을 보내지 않아도 불평하지 않습니다.

돈으로 해결하려 하지 말고 사랑을 쓰세요. 함께 있어줄수록 아이들은 삶의 큰 만족을 느끼며 세상을 살아갑니다. 내가 불안해서 남과 비교하느라 교육비를 과도하게 쓰고 있지는 않은지 살펴보세요.

Q 형제지간에 먹는 것과 장난감으로 많이 다퉈요.

A 아이들은 먹을 것이나 장난감을 가지고 다툴 수 있어요. 정상적인 과정입니다. 장난감에는 소유자의 이름을 붙여주거나 자신의 바구니같이 영역을 만들어 소유 욕구를 충족시켜주면 좋아요. 같이 갖고 놀아야 하고 동생에게 양보하라고 하는 것은 아이에게 분노와 상실감을 안겨줍니다. 저는 세 아이를 키우면서 다 줄 수가 없었기에 커피숍에서 음료를 살 때 두 잔을 사서 아이들이 어리니 석 잔으로 나눠달라고 부탁한 적이 있습니다. 아이들은 먹고 싶었던 비싼 음료수를 최대한 알뜰하게 사면서 공평하게 나누려고 용기 낸 엄마의 모습

에 감동하더라고요. 저는 누구에게도 양보를 요구하거나 차별하지 않고 공평하게 해주려고 늘 노력했어요. 아이들이 초등 고학년쯤 되니 서로 적절하게 나누고 양보하게 되더군요. 아이들이 싸우는 모습을 어떤 판단, 평가, 비난의 마음 없이 귀엽게 사랑으로 봐주었더니 그들 사이에서 변화가 일어났어요.

Q 돈에 대해 부정적이며 결핍이 많은 배우자 때문에 힘들어요.

A 돈에 대해 공부할수록 배우자가 원래 쓰던 말과 행동이 거슬리기 시작할 수 있어요. '저렇게 하면 안 되는데' 싶기도 할 거예요. 배우자가 돈을 못 벌거나 투자에 실패했거나 매사에 부정적인 반응을 보이는 사람일 수도 있습니다. 그런 상황에서도 계속 돈을 공부하고 저축하고 투자하며 자산을 불려나간다면, 결국에는 배우자도 아이도 모두 엄마를 따라오게 되어 있어요.

"당신 그러면 안 돼"라고 지적하는 대신, 그 또한 상처받은 내면아이라는 걸 잊지 마세요. 저축을 좀 많이 해보려고 하면 저축하기 힘든 상황이 펼쳐지고, 투자를 좀 해보려고 하면 반대하고 초를 치는 상황이 벌어질 거예요. 우리 의식의 레벨이 올라갈 때, 기존에 있던 낮은 의식의 에너지들이 여기 그냥 있으라고 붙잡습니다. 무슨 일이 생기든 그저 깨어 있고 알아차리세요. 그리고 그냥 내 갈 길 가면 됩니다. 배우자를 무시하는 게 아니라 언젠가는 그도 알고 함께하게 될 거라는 믿음으로 말이죠.

Q 풍요를 경험하게 하려면 아이들에게 돈을 많이 써야 하지 않나요?

A 저는 돈을 지독하게 아끼고 투자한 덕분에 좋은 집으로 꾸준히 옮길 수 있었습니다. 점점 수입이 늘어나기 때문에 작년보다 올해 가족들을 위해 더 많이 씁니다. 코로나 이전에는 방학 때마다 '해외 한 달 살기'를 다녔지요.

제가 어느 순간부터 돈을 쓰기 시작한 것은 써도 써도 돈이 줄지 않았기 때문입니다. 제가 남편에게 자주 하는 말이 "돈을 써도 써도 줄지가 않아"입니다. 써도 써도 줄지 않는 것이 진짜 풍요입니다. 거짓 풍요에 속지 마세요. 마이너스 통장으로 여행을 가고, 월세를 살면서 백화점 옷을 입는 것이 진짜 풍요일까요?

부자들이 돈을 쓰는 것은 그렇게 써도 절대 줄지 않을 만큼 돈이 굴러가기 때문입니다. 한 달 월급이 300만 원인 사람이 150만 원 쓰고 사는 것이 진짜 풍요를 경험하는 것입니다. 통장에 돈이 늘어나야 가족의 위험을 대비하고 미래의 계획을 세울 수 있기 때문입니다. 수입의 50% 이내에서는 어떤 풍요를 누려도 괜찮습니다.

돈이 없어서 못 쓰는 것을 결핍이라 하고, 있는데도 안 쓰는 것을 풍요라 합니다. 아이에게 무엇을 물려주시겠습니까?

Q 아이한테 돈 얘기를 하면 상처받지 않을까요?

A 급여가 적다든지 이사해야 하는데 전세금이 부족하다든지 하는 어른들의 이야기를 아이에겐 숨기는 분들이 있는데요. 아이들이 나중에 알게 되면 오히려 죄책감을 가질 수 있습니다. '그것도 모르고 나는 용돈 더 달라고 했구나' 하면서 말이죠. 빚이 있으면 있다고 이야기하고 갚을 수 있는 계획을 함께 나누는 게 좋습니다. 빚을 갚아나가는 것도 큰 성취이자 기쁨입니다. 가족이 안정된 경제를 위해 함께 힘을 모으는 것은 아이들의 자긍심도 높게 합니다. 망했다가 다시 일어나는 것을 본 아이들은 실패 후 성공이 기다리고 있음을 배웁니다. 비트코인이나 주식에 투자했다가 실패했다면 아이들을 앉혀놓고 이야기해주세요. '이런 부분은 엄마가 실수했다. 처음이라 공부가 충분하지 않았다'라고요. 저는 최근 비트코인 투자에서 손실을 보았는데요. 상승할 때도 아이들에게 얘기한 터라 하락 후에도 이야기를 나누었습니다. 그리고 이번에 제대로 배웠으니 다음 상승장에서는 큰돈을 벌 수 있을 거라는 희망도 이야기했어요.

이런 이야기가 아이의 무의식에 차곡차곡 쌓입니다. 실상 실패란 존재하지 않습니다. 지금 겪는 모든 일이 부자가 되어가는 과정이라고 이야기 나누고, 부자가 되면 무엇을 할 건지 서로 이야기해보세요. 돈에 대한 진실된 대화가 아이들의 생각을 깊게 하고 부자가 되게 할 것입니다.

Q 아이들에게 꼭 해줘야 할 것이 있다면 무엇일까요?

A 저는 책을 읽거나 놀이를 할 때만이 아니라 장을 볼 때도 수다쟁이가 됩니다. "그램당 가격으로 볼 때 이 물건이 더 싸다"라고 하면서 그램당 가격을 계산하도록 유도한다거나, 저 마트보다 이 마트가 얼마 더 저렴한지 이야기를 나눕니다. 이것이 습관이 되니 아이가 해외 슈퍼에 가서도 현지 과자를 두고 비교를 하더라고요. 여러 슈퍼의 과잣값을 외우고 있는 것을 보고 제가 깜짝 놀랐답니다.

아이들이 커갈수록 그것을 뛰어넘어 주식 가격, 부동산 가격도 일상에서 이야기 나눌 수 있습니다. 길가에 있는 상가를 보고 월세와 권리금 이야기를 나눌 수 있어요. 자동차를 보고 가격에 대한 이야기를 할 수 있겠죠. 저는 남편과 차를 타고 갈 때 "자기야, ○○까지 왕복하면 기름값 얼마 들어?" 하고 자주 묻습니다. 그러면 남편은 "리터당 1,600원이고, 이 차 연비가 리터당 13km니까 26km 왕복하면 3,200원쯤 들겠네"라고 대답합니다.

우리 가족은 돈 얘기를 정말 좋아해서 요리를 해서 먹을 때도 "이거 사 먹으면 5만 원 정도 드는데 만들어 먹으니 1만 원밖에 안 든다. 정말 좋다" 같은 말을 자주 합니다. 항상 뭐든지 계산하는 것이 습관이 되어 있죠. 아이들은 자연스럽게 적은 돈으로 잘 쓰는 법을 익혔고, 투자 가치가 있는 것에 자산을 쌓는 데 관심을 갖게 됐습니다. 그 결과 이제는 낭비라고 계산되는 것에 대해서는 하지 않겠다고 아이들이 먼저 단호하게 이야기합니다. 산수 능력이 좋아지는 건 덤이죠. 숫자와 친해지게 하는 것은 수학문제집이 아니라 이렇게 생활 속에서 돈에 대해 이야기하는 것입니다. 숫자와 친하면 무조건 부자 됩니다. 일상에서 많은 것을 암산으로 빠르게 계산할 수 있도록 늘 부모가 먼저 들려주세요.

자식을
사랑하는
마음이
부모를
변화시킵니다

이 책을 다 읽었다면, 이 안에 육아와 성장에 필요한 모든 것이 있다는 것을 느끼고 일상에서 실천하고 싶다는 마음이 들 것입니다. 그보다 중요한 한 가지는 나도 할 수 있다는 믿음이지요. 그 믿음이 있어야 이 책 곳곳에서 이야기한 실천 방법들이 보입니다.

처음에는 어떻게 해야 할지 막연할 수 있습니다. 그렇다면 책 내용 중에서 쉽게 할 수 있고 재미있고 만만한 것부터 그냥 해보세요. 끈을 놓지 않고 꾸준히 하면, 어느 순간 내 아이의 변화가 감지되고 성장하고 있다는 것을 알아차리게 되지요.

아이의 표정을 보면 알아요. 아이는 매 순간 기쁨과 행복을 표현하고 있을 것입니다. 아이는 깊은 몰입으로 가고 높은 자존감과 유능감이 있지요. 그런 자식을 보는 부모도 함께 기뻐합니다. 아이가 행복하게 잘 자라는 모습을 보는 것은 깊은 만족감과 행복감을 주지요.

푸름이교육에서는 아이를 키우는 일이 자신을 알아가는 성장 과정이자 축복이라고 말합니다. 배려 깊은 사랑은 아이를 있는 그대로 사랑하는 높은 의식입니다. 아이를 있는 그대로 사랑하려면 부모도 자신을 있는 그대로 사랑해야 하지요.

어떤 분이 이런 얘기를 하더군요. "자신을 있는 그대로 사랑하는 것이 너무 어려워요." 맞는 말입니다. 조건 없는 사랑을 받아본 경험이 없으니, 아이를 낳았다고 해서 그런 사랑이 저절로 생기지는 않지요. 하지만 이 책을 읽으면서 '나도 배워서 실천하면 된다'는 희망의 가능성을 보았을 것입니다. 모두가 처음에는 어렵게 시작하지만, 배려 깊은 사랑을 실천하는 과정에서 자신에 대한 믿음이 변화하고 세상을 보는 시각도 달라지지요. 무엇이든 하나를 꾸준하게 실천하면 점점 쉬워지고 익숙해집니다.

아이들은 내면에 위대한 힘을 가지고 태어납니다. 부모가 아이를 사랑으로 비추어주면, 무한한 가능성을 실현하는 무한계 인간이 되지요. 우리는 이 위대한 힘을 '신성'이라고 하고, 그 속성을 표현할 때는 '고귀하고 장엄하며 사랑의 빛이다'라고 말합니다. 배려 깊은 사랑은 아이들이 가진 그 위대한 힘을 발현하게 하고 그 속성을 이 세상에 표현하게 하지요.

우리는 어른이 되면서 자신이 그런 존재라는 사실을 잊어버렸습니다. 하지만 내 아이를 키우면서는 자신이 누구인지를 다시 찾아야 합니다. 그러지 않으면 사랑하는 아이들도 자신이 누구인지를 잊어버리고 부모의 한계 내에 갇히게 됩니다. 이는 아이의 운명이 될 것입니다.

아마 이 책을 읽으면서 아이들을 키울 때 분노가 올라온다면 그 분노의 근원에는 어린 시절에 받은 상처가 있다는 사실을 알아차렸으리라 생각합니다. 아이들은 일상에서 부모의 무의식 깊은 곳에 억압되어 있는 상처를 건드립니다. 순수한 아이들의 사랑이 그 상처를 비추어주는 것입니다. 아이들이 부모에게 이런 메시지를 주는 것이지요.

"엄마, 아빠. 나는 부모님이 행복했으면 해요. 이제 더는 그 상처로 고통받지 말고 나오세요. 나는 엄마, 아빠가 행복하게 웃는 모습이 좋아요. 이제 자신의 내면에 있는 위대한 힘을 다시 찾고 자신을 믿으면 돼요."

육아의 과정은 그래서 축복이 되지요. 내가 성장하지 않으면 내 아이가 그 빛을 잃어버리기에 매 순간 나 자신을 돌아보면서 사랑으로 가는 선택을 합니다. 그 안에는 내 자식에게만큼은 상처를 주지 않겠다는 절실함이 있지요. 그렇게 자식을 사랑하는 마음이 부모를 변화시킵니다.

부모가 성장을 선택하는 순간 아이들은 바로 달라집니다. 아이들은 부모의 변화를 바로 느낍니다. 그러면 부모를 믿고 자신을 표현하며 생생한 삶을 살지요. 영어든 책이든 자신이 좋아하는 것에는 무한 몰입에 들어가지요. 자신이 사랑이기에 다른 사람도 사랑입니다. 사람에 대한 편견 없이 좋은 관계를 만들지요. 어떤 분야에 들어가든 두려움 없이 과감하게 시도하면서 높은 성취를 이루어냅니다. 자신이 받은 그대로 부모를 배려하고 사랑합니다. 말 그대로 시인의 감성과 과학자의 두뇌를 가진 인재로 성장합니다.

푸름이교육은 이론적으로 만들어진 교육이 아니라 실제 아이를 키운 경험에서 탄생한 교육입니다. 이 말은 '그렇게 하면 그렇게 된다'는, 검증된 교육이라는 뜻입니다. 저는 지난 23년 동안 한국에서뿐만 아니라 중국, 일본 등 여러 나라에서 갓 태어나서부터 성인이 될 때까지 푸름이교육으로 양육된 수많은 사람을 지켜보았습니다. 그들 모두는 자신이 사랑의 빛이고, 장엄하고 고귀한 존재라는 것을 아는 아름다운 사람으로 성장했습니다.

이 책은 지금까지 푸름이교육으로 자라난 아이들의 이야기를 담고 있습니다. 저자들 모두는 배려 깊은 사랑으로 아이들을 키우면 세상의 많은 문제를 해결할 수 있고 좀더 나은 세상을 만들 수 있다는 믿음으로, 자신의 이야기를 하면서 배려 깊은 사랑의 증인이 되어 사랑을 나누고 있습니다.

세상을 변화시키는 데는 한 사람이면 된다는 말이 있습니다. 모든 부모가 자신의 아이들에게 배려 깊은 사랑을 실천하여 높은 의식을 가진 인재로 키운다면 행복한 세상이 오겠지요. 부모도 행복하고 아이도 행복하고 우리 모두가 행복한 세상입니다.

이렇게 책을 써서 자신이 가진 것을 기꺼이 공개하고 나누어 따듯한 감동을 주고, 아이들을 어떻게 키워야 하는지에 대해 분명한 방향을 알려준 저자 모두에게 깊이 감사드립니다.

푸름이교육연구소 소장

최희수

푸름아빠 거울육아 실천편

나의 상처를 아이에게 대물림하지 않으려면

제1판 1쇄 발행 | 2021년 10월 25일
제1판 4쇄 발행 | 2021년 12월 1일

지은이 | 김유라, 송애경, 송은혜, 이수연, 이지연, 조영애, 조은화
펴낸이 | 유근석
펴낸곳 | 한국경제신문 한경BP
책임편집 | 마현숙
교정교열 | 공순례
저작권 | 백상아
홍보 | 서은실 · 이여진 · 박도현
마케팅 | 배한일 · 김규형
디자인 | 지소영
본문디자인 | 디자인 현

주소 | 서울특별시 중구 청파로 463
기획출판팀 | 02-3604-590, 584
영업마케팅팀 | 02-3604-595, 583   FAX | 02-3604-599
H | http://bp.hankyung.com   E | bp@hankyung.com
F | www.facebook.com/hankyungbp
등록 | 제 2-315(1967. 5. 15)

ISBN 978-89-475-4765-9   03590